大師如何設計

Residential Renovation Techniques

《全能住宅改造王》的翻修裝潢建議

各務謙司・中西ヒロツグ

瑞昇文化

大師如何設計：《全能住宅改造王》的翻修裝潢建議 Contents

住宅翻修升級改造的
視覺筆記

獨棟住宅篇

改頭換面的「格局規劃」

提升耐震性能的同時也打造出大空間的LDK

屋齡38年的木造獨棟住宅（在來軸組構法）的內部翻修計劃，工程面積為155㎡，工程費用約為日幣3千萬。外牆的水泥塗抹只需要針對拆除窗框的部分，其他部分也只需要重新粉刷。

此案的翻修工程同時賦予了獨棟住宅能同時滿足設計感和性能的兩大要件（參照47～54頁），換個說法就是在「拓寬1樓的LDK空間，以及進行房屋樑柱的補強動作」。

首先是要確認原有的房屋隔間（1樓）。除了仔細規劃出各個房間的格局之外，還發現到房屋北側則是有遠離其他空間的廚房。為了解決空間連結性差的問題，需要移動廚房位置，營造出與客廳、餐廳之間的一體感。

不過也需要注意房屋的構造問題。如果要加大LDK的空間，就必須打掉西式房A與和室、寬

完全獨立的廚房

為了配合側門的位置，而將廚房設在1樓的底端，不但與客廳、餐廳間隔開來，廚房空間本身的光線也過於昏暗。

田園調布

F邸［1F］

設計：各務謙司、中西HIROTSUGU
榮獲2012年「第29屆住宅翻修競賽」優秀獎

Before（S=1:200）

1,480　2,065　3,322　1,820　1,080　1,490

門廊　盥洗室　浴室　廚房　倉庫　玄關　門廳　UP　壁櫥　置物櫃　儲藏室　倉庫　和室　壁龕　活動空間（上升天花板）　寬走道　泡茶設備

8,895　980　1,600　2,110　4,205

915　1,315　910　1,820　1,365　1,365　1,190

1,452　3,693　910　910　2,730　1,365
11,515　455

N

將原來的家俱靠牆面裝設，拆除作業時並沒有直接將其丟棄，透過設計規劃方式，達到調和地板和天花板等設施的效果。

設在玄關正前方的直立式樓梯，由於考量到幼小的3個小孩的活動路線（2樓的小孩房必須經過客廳才能到達玄關），而變更為折返式樓梯。

玄關直接通往2樓的樓梯

可以直接從玄關上2樓的移動路線，會影響家人之間的溝通互動。

西式房與和室的隔間

和室左側的樑柱和牆面是構造上很重要的一部分，如果要移除樑柱和牆面來拓寬空間大小，必須充分考慮到上下樓的構造平衡，必要時還要針對樑柱進行補強動作。

走道之間的樑柱和牆壁。

在規劃上應該要以直下率（2樓的牆壁、樑柱，與1樓的牆壁、樑柱的位置一致比例）、構造區塊（4個角落的樑柱和與其連接樑柱所圍起的構造單位）為基礎，並考慮到上下樓層的樑柱、牆壁等位置關係，樑柱的設置方式也要特別下功夫（參照132頁）。以同樣理論作為撤除樑柱和牆壁的依據，就能同時兼具設計感和耐震性能。

由於在樑柱的架設方式上下功夫，所以能加大LDK空間。其空間開放性不僅止於平面空間，

設有托燈照明的玄關

在鞋子收納空間的上方設有2處相同的托燈，一處是用來照亮斜面天花板，另一處則是負責從天花板的凹洞往下照亮空間。除了在折返式樓梯下方設有收納空間以外，還利用樓梯間平台和牆面的高低差，來安裝隱藏式的間接照明（日光燈）設備。

印象深刻的馬賽克磁磚廁所

牆面並非只是單純的貼上壁紙，而是選用了馬賽克磁磚來作裝飾。為了保持牆面的平整性，也針對基底材進行調整（壁紙下方鋪設有9.5㎜厚的石膏板，馬賽克磁磚的部分則是省略）。

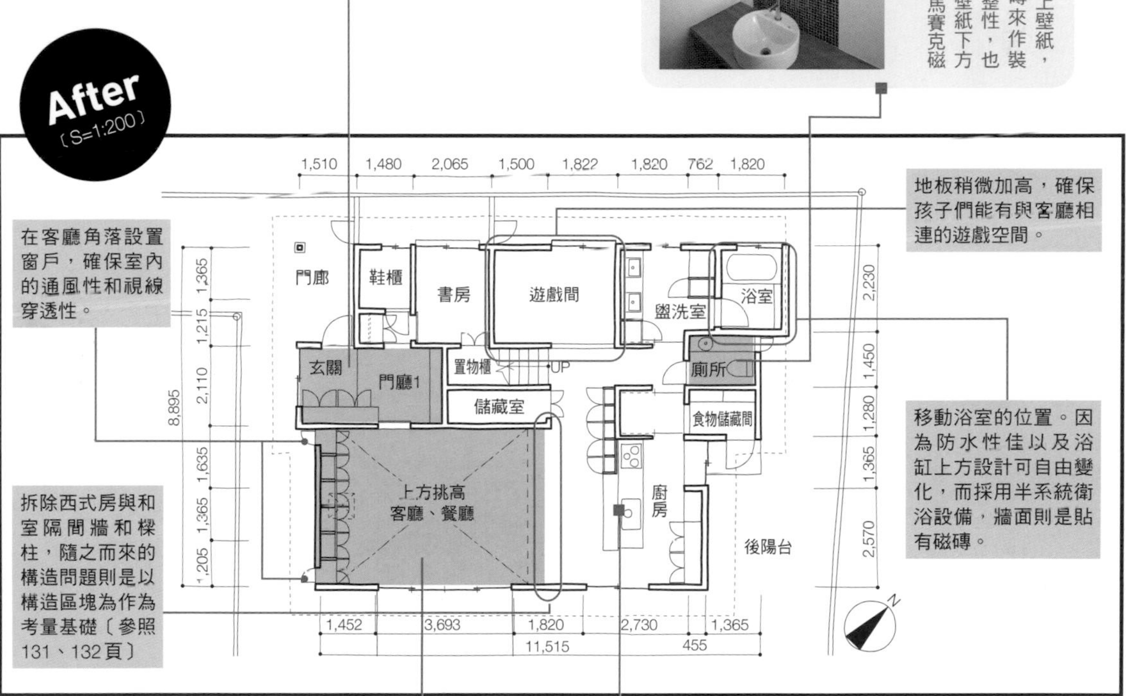

有挑高的LDK大空間

拆除了西式房與和室的隔間牆而拓寬的大空間。牆面採用AEP塗裝，地板則是因為設有暖氣，而使用了比較不會膨脹變化的複合式地板（胡桃木）材質。

磁磚拼貼的木工廚房

除了有特別訂製的瓦斯爐、水槽等廚房器具，廚房吧台也是木工製作。長達4m以上，負責隔開廚房和餐廳的長型吧台上貼有白色的馬賽克磁磚。

也能營造出剖面空間的接續感。其中最受矚目的則是有效利用了原有的天窗，翻修前的天窗只負責間接的光線照射，但由於拆除天花板而設置了挑高空間，就能夠直接將自然光帶往室內的客廳。

而且也在2樓的臥室裝設了能往下眺望客廳的大型窗戶（推窗），並在通往樓梯間平台的空間設置大開口，讓每個房間相互連結成一體，打造出能感受到光線、自然風，以及家人互動性的開放式空間。

考慮到小孩的活動路線規劃

格局規劃上，小孩的動線也是非常重要的一部分。客戶有3名年紀尚小的小孩，這次雖然是針對2樓的小孩房進行改造，但如果要保留翻修前的直立式樓梯，孩子們就會直接往來玄關與小孩房。

然而這卻是大多數希望在LDK渡過親子時間的父母親最擔憂的事，因此決定設置折返式樓梯，希望藉此阻斷原本不需經過LDK，就能往來玄關和2樓之間的活動路線。

2樓的用水區

利用2樓的部分空間密集設置系統式衛浴設備、廁所、盥洗室，翻修工程主要在於樓梯的形狀變更，還有為了補償因為小孩房的拓寬，所造成的浴室喪失部分機能，而將方便使用的盥洗室移動至2樓門廳。

田園調布

F邸［2F］

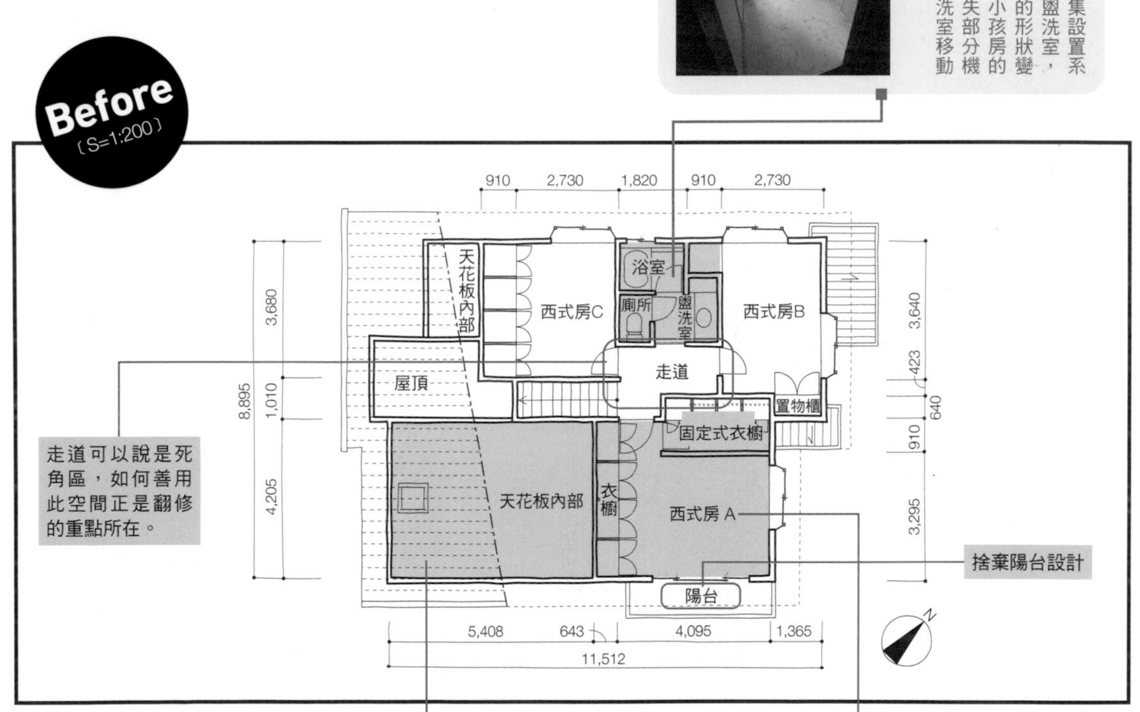

天窗照射進來的光線

原本就有天窗設計，在翻修前能間接讓外部光線照射進室內。翻修計劃則是要將1樓的天花板移除，改為挑高設計，這樣光線就能直接進入。底端空間則是利用原來的木工家俱來做變化。

臥室內的側邊衣櫥

原本在臥室內的側邊（照片左側）設有衣櫥，翻修後將所有的衣櫥都拆除，重新裝設新的衣櫥。在距離臥室入口處約1千400㎜的部分設置開口，營造出和旁邊挑高的空間連貫性。

不過樓梯的翻修還是會面臨到構造性問題，一般來說，樓梯和挑高一樣，最重要的就是要慎重思考如何去平均配置耐力牆面。等到解決了構造性的問題後，才能再繼續進行其他的提案內容。此次的翻修事例就如同132、133頁所提到的內容，由於支撐直立式樓梯的樑柱在構造區塊的範圍內，所以比較容易改造為折返式樓梯。

〔各務兼司、中西HIROTSUGU〕

折返式樓梯的視線範圍

從折返式樓梯的上方可看見玄關，樓梯間平台的書櫃和客廳上方都是傾斜天花板，照片左側的客廳開口為設計重點。

臥室裡的屋頂樑柱支架與原來的照明設備給人深刻印象

讓原來的屋頂樑柱外露，將1樓西式房內原有的吊燈裝設在樑柱上。在施工現場將屋頂支架表面弄得極為工整，並未選用充滿古民族風的塗料方式，而是配合牆面以及地板（複合樺木地板）顏色來選用覆蓋材。

After（S=1:200）

天窗的光線可照射至LDK

因為有挑高空間而讓天窗光線能直接穿透至LDK，挑高的天花板是選用木頭夾板（塗上透明噴漆），並裝設能長時間使用的LED嵌燈。左側為原來的家俱。

推窗可增加與1樓間的互動關係

接近臥室入口處新裝設的窗戶，可直接眺望開放的LDK空間。

公寓篇

改頭換面的「格局規劃」

空間分區效果

屋齡37年的公寓住宅（鋼筋混凝土結構）的內部翻修計劃，工程面積為99㎡，工程費用為日幣2千萬。此事例的公寓住宅翻修工程有2大重點。

第1個重點是「牆面線的協調性」，如同下方圖示，可看出原來的住宅內部設計有許多空間整合性不佳的問題，牆面線參差不齊，很多地方的視線範圍都因此受影響。因此所思考出的有效方法是將空間分為2大區，也就是所謂的「劃分區域」（參照43頁）。在這個事例中是將整體空間區分為客廳、餐廳、廚房，以及臥室、用水區的2大區域空間，並重新規劃牆面線，讓空間保有一體感且可彈性變化（※）。

第2個重點是「移動並加大活動空間」。為了要確保活動空間的光線充足，就必須考慮到建築基準法上的問題，以這個事例來說，移動了廁所和盥洗室，再將

高輪

I邸

設計：各務兼司
榮獲2012年「第28屆住宅翻修競賽」住宅翻修、紛爭處理支援中心理事長獎

浪費空間的長走道

由於用水區位在住宅的中央，導致長距離的周圍往來動線，光線昏暗且單調的長走道佔用了過多的室內空間。

Before（S=1:200）

1,500　5,000　3,000　2,000　1,000

臥室1　衣櫥　儲藏室　走道　廁所2　盥洗室　浴室　PS　臥室2　玄關大廳　廁所1　玄關　客廳、餐廳　廚房

2,000　2,000　1,000　1,000　2,000　500　1,500

沒有用處的長走道空間，佔用了接近10%的總面積，翻修重點是將走道所佔用空間盡量縮到最小。

之前也曾經大規模翻修的用水區也在這個範圍內，將穿透樓板的排水垂直面位置也規劃在此區域內的翻修計劃內。

以採光條件作為隔間方式，沒有仔細思考各個空間的相互關係，整體空間給人雜亂無章的印象。

牆面線整頓前的空間原貌

原來的住宅內部給人空間混亂感，前屋主為了討好小孩歡心，特意將牆面和地板選用鮮豔顏色作裝飾。

視線受阻的玄關

玄關前方為廁所牆面，視線無法穿透至客廳和餐廳，空間給人密閉感。如果移動廁所位置，就能一口氣讓視線貫穿，營造住宅內的開放感。

※ 想要讓牆面線條得整齊劃　，關鍵在於護壁板的設計。採用與牆面吻合的護壁板就能減少失敗要素，達到整頓效果「參照122頁」

臥室移動至整個空間的中央（重新設置），但是臥室卻沒有能直接採光的開口部位。不過只要能夠符合「將2個空間併為1個空間」的條件，就不會有任何法規問題。具體作法是將臥室開口處設為臥室寬度的2分之1以上，開口處則採用能隨時保持開放空間的隔間設計。在此次的事例中，臥室的寬度是3千615㎜，而臥室開口的寬度則是2千500㎜，並在開口處設置格子拉門和室內捲簾作為隔間。

〔各務兼司〕

開口處極具巧思的木製窗框

木製窗框讓2種設計的窗戶和中央的牆面形成一體，窗框為橡木材質，寬度比起LDK空間所使用的木條還要寬10㎜，厚度40㎜的地板也經過加工，電視櫃也是採用相同材質。

明亮又通風的臥室

從臥室眺望外廊旁的開口處。由於用水區的排水管需要有繞轉連接空間，地板因此選用乾式雙層構造，比LDK的地板還要高出170㎜（參照36頁）。因為地板加高，所以牆後的客廳內沙發背面也不會影響到視線。

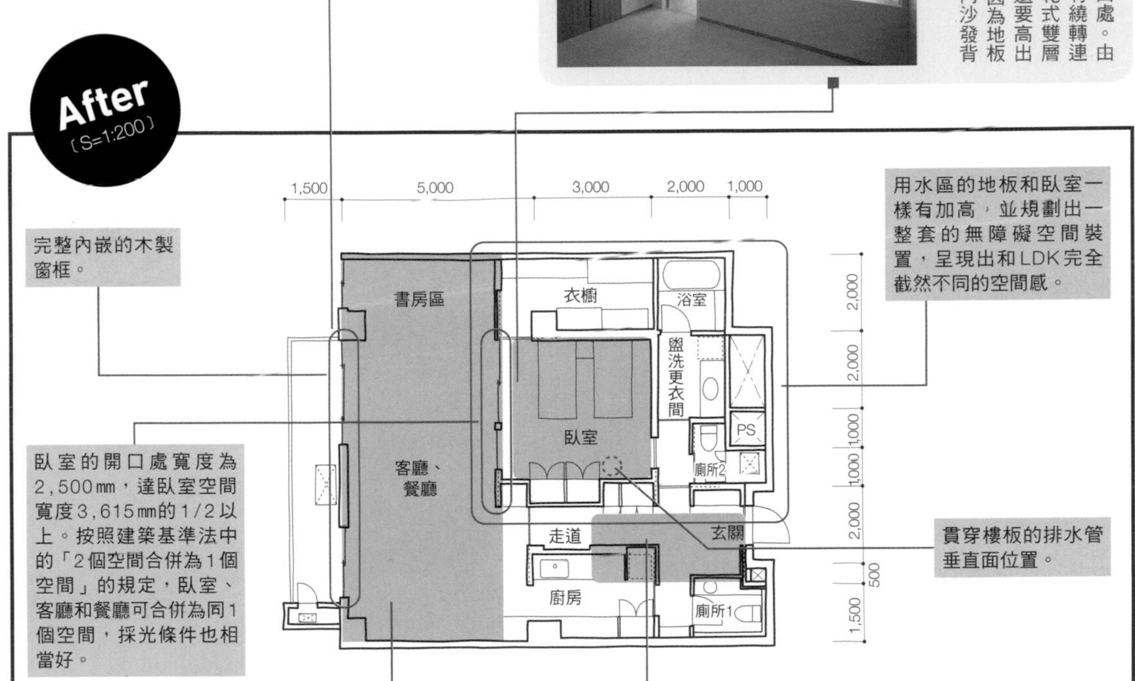

完整內嵌的木製窗框。

臥室的開口處寬度為2,500㎜，達臥室空間寬度3,615㎜的1/2以上。按照建築基準法中的「2個空間合併為1個空間」的規定，臥室、客廳和餐廳可合併為同1個空間，採光條件也相當好。

用水區的地板和臥室一樣有加高，並規劃出一整套的無障礙空間裝置，呈現出和LDK完全截然不同的空間感。

貫穿樓板的排水管垂直面位置。

相互連接成一體空間的寬敞LDK

沿著開口處重新規劃出的寬敞LDK空間，採用橡木複合地板，牆面和天花板則是使用AEP塗裝，護壁板則是採用橡木刷白材質，主要照明是選用小型日光燈泡。

連接客廳的玄關

隨著廁所的移動以及牆面的拆除，確保了玄關的視線穿透範圍。左側的牆面設有全身鏡，右側的長椅和扶手的一體化為設計上的一大重點。

主題式

設計翻修的訣竅

玄關——有隱藏門的玄關

配合開關門把手（高度950mm）位置而設計的壁龕，深度有70mm，可當作小物置物區使用。

許多的公寓住宅翻修都會選擇裝設地板暖氣，但由於需要將地板高度架高，所以會和其他空間出現高低差現象。其中一個解決方式是規劃出斜坡處，而且設在玄關空間會特別有效果。如此一來，玄關就會轉變為沒有踏台設計的無障礙空間，有些事例則需要在玄關旁設置讓客人使用的廁所，這時就可以將該開關門的鉸鏈和把手隱藏起來，也比較能降低開關門本身的存在感。〔各務兼司〕

平面圖〔S=1:100〕

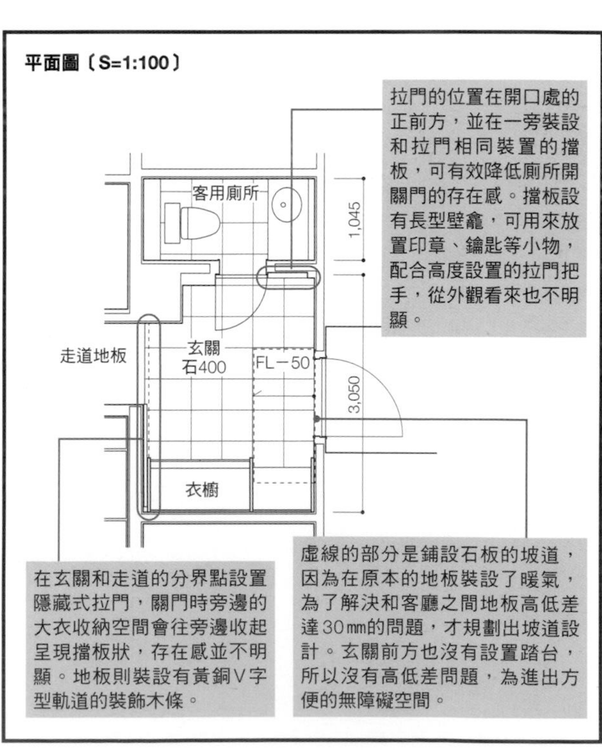

拉門的位置在開口處的正前方，並在一旁裝設和拉門相同裝置的擋板，可有效降低廁所開關門的存在感。擋板設有長型壁龕，可用來放置印章、鑰匙等小物，配合高度設置的拉門把手，從外觀看來也不明顯。

在玄關和走道的分界點設置隱藏式拉門，關門時旁邊的大衣收納空間會往旁邊收起呈現擋板狀，存在感並不明顯。地板則裝設有黃銅V字型軌道的裝飾木條。

虛線的部分是鋪設石板的坡道，因為在原本的地板裝設了暖氣，為了解決和客廳之間地板高低差達30mm的問題，才規劃出坡道設計。玄關前方也沒有設置踏台，所以沒有高低差問題，為進出方便的無障礙空間。

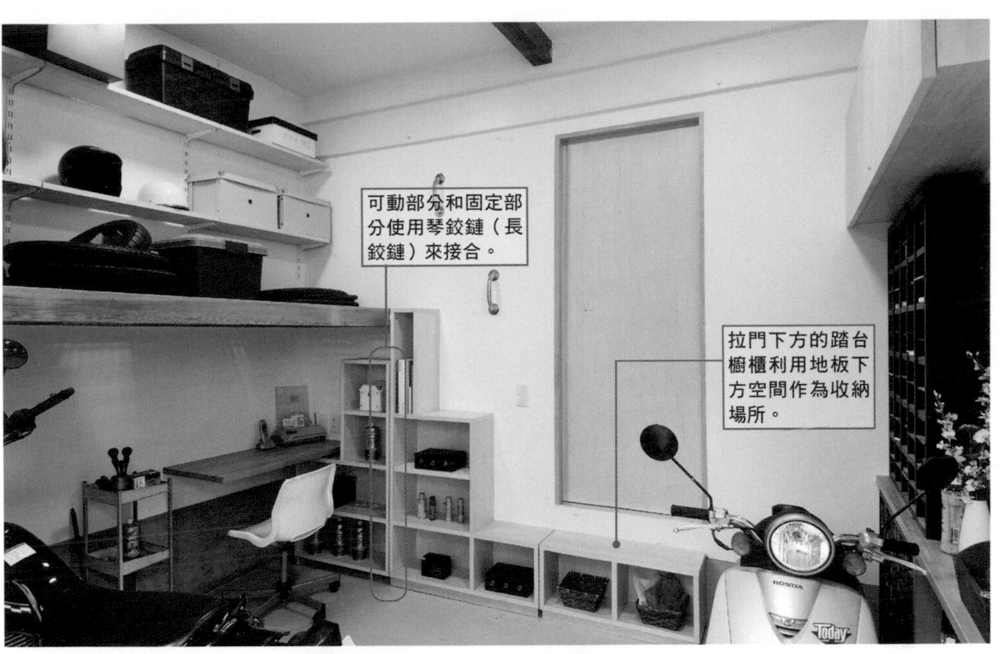

可動部分和固定部分使用琴鉸鏈（長鉸鏈）來接合。
拉門下方的踏台櫥櫃利用地板下方空間作為收納場所。

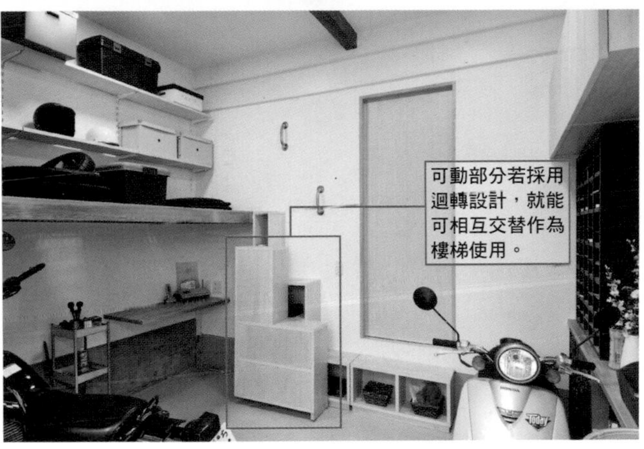

可動部分若採用迴轉設計，就能可相互交替作為樓梯使用。

將木造住宅1樓的地板降低至土間高度，就能營造出高聳天花板的生活空間。雖然有閣樓可作為2樓空間，但是上樓還要使用鋁梯和梯子感覺很麻煩。這時能善用收納箱作為簡易的樓梯使用，只要將一部分的收納箱設為可動式，就能達到活用空間的效果。〔中西HIROTSUGU〕

家俱剖面細部圖〔S＝1:40〕

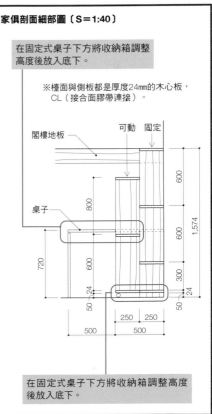

在固定式桌子下方將收納箱調整高度後放入底下。

※檯面與側板都是厚度24mm的木心板，CL（接合面膠帶連接）。

閣樓地板
可動　固定
桌子
600　600　300　24　1,574
800　600　24　50
720
50
250　250
500　500

在固定式桌子下方將收納箱調整高度後放入底下。

家俱平剖面詳細圖〔S＝1:40〕

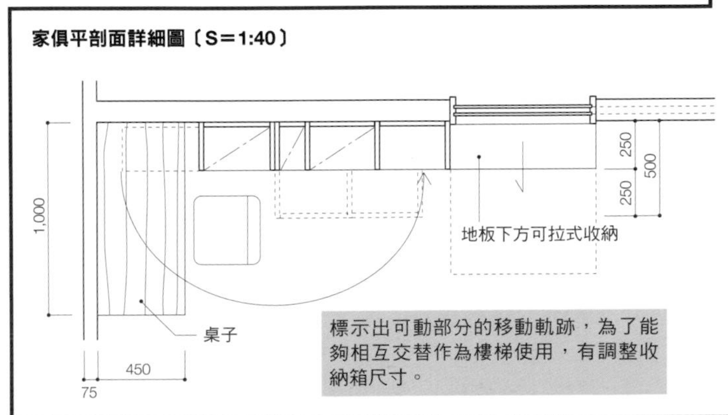

標示出可動部分的移動軌跡，為了能夠相互交替作為樓梯使用，有調整收納箱尺寸。

用水區的的牆面（左側）以及看起來很整齊，採用現成商品（導熱電磁爐）的廚房，牆面粉刷是採用「PORTER'S PAINTS」產品。廚房的天花板為了要遮蔽浴室的排氣管和換風扇管線，有配合排氣管的直徑調整水平高度。客廳和餐廳的天花板則是使用核桃木的木板牆板。

廚房、客廳和餐廳的一體化設計是翻修工程中的常見手法，不過提案內容一定要以符合客戶日常生活作息為前提。為了不要讓廚房的油煙飄散至客廳和餐廳，而在電磁爐前方設置了玻璃牆面，視線範圍沒有受到阻礙，外觀也不會特別突兀。〔各務兼司〕

抽油煙機下端使用強化玻璃補強的部分。強化玻璃和設備接合處裝上白色鋁條，避免油煙在玻璃後方流動。

下降天花板與強化玻璃接合部分，玻璃直達天花板上端。玻璃與連接面構造中間是3方加工的不銹鋼嵌板。構造表面是以黏膠黏合，強化玻璃則是使用構造黏膠黏合。

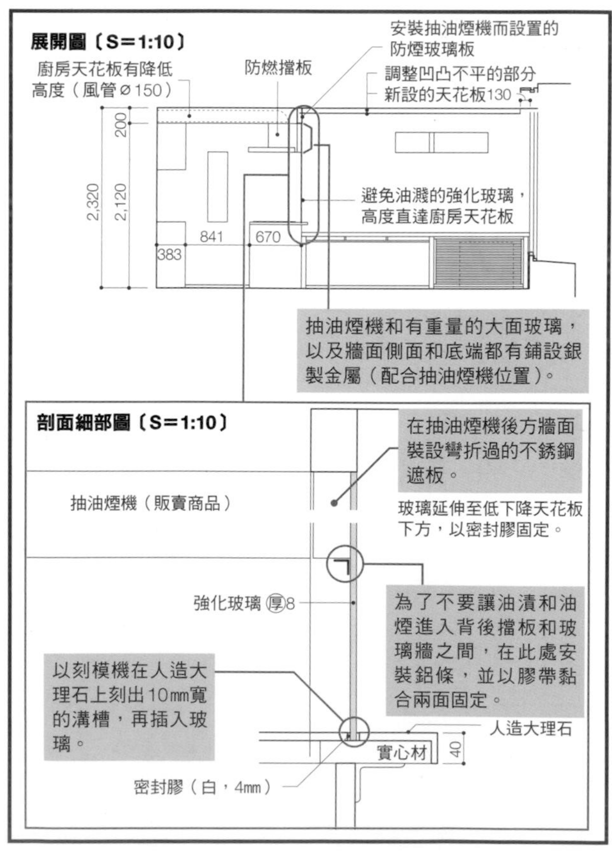
展開圖〔S=1:10〕
安裝抽油煙機而設置的防煙玻璃板
廚房天花板有降低高度（風管ø150）
防燃擋板
調整凹凸不平的部分
新設的天花板130
200
2,320
2,120
避免油濺的強化玻璃，高度直達廚房天花板
841
670
383
抽油煙機和有重量的大面玻璃，以及牆面側面和底端都有鋪設銀製金屬（配合抽油煙機位置）。
剖面細部圖〔S=1:10〕
在抽油煙機後方牆面裝設彎折過的不銹鋼遮板。
抽油煙機（販賣商品）
玻璃延伸至低下降天花板下方，以密封膠固定。
強化玻璃 厚8
為了不要讓油漬和油煙進入背後擋板和玻璃牆之間，在此處安裝鋁條，並以膠帶黏合兩面固定。
以刻模機在人造大理石上刻出10mm寬的溝槽，再插入玻璃。
人造大理石
實心材
40
密封膠（白，4mm）

天花板——下降天花板和家俱成為一體

靠近餐廳的天花板、牆面和衣櫥側面為鋼筋水泥外露部分（EP塗料）。
下方的抽屜底端留有空間，看起來像是核桃木板浮在空中的感覺。

在進行公寓翻修工程時，將天花板的鋼筋水泥樓板外露是很一般的手法，如果要架設嵌燈，那就必須將天花板高度往下降，此時要特別注意的則是與牆面的接合。而天花板所衍生的空間，大多都會被用來裝設間接照明設備，這樣就能營造出天花板的立體漂浮感。以此事例來說，牆面櫥櫃的收納門厚度和天花板完整連接，讓天花板和牆面成為一體空間。〔各務兼司〕

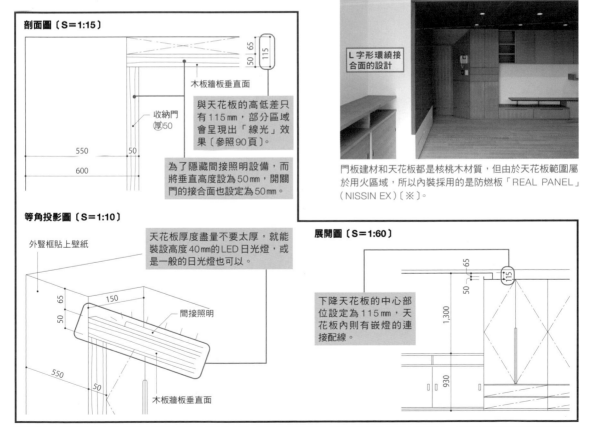

L字形環繞接合面的設計

門板建材和天花板都是核桃木材質，但由於天花板範圍屬於用火區域，所以內裝採用的是防燃板「REAL PANEL」（NISSIN EX）〔※〕。

剖面圖〔S=1:15〕

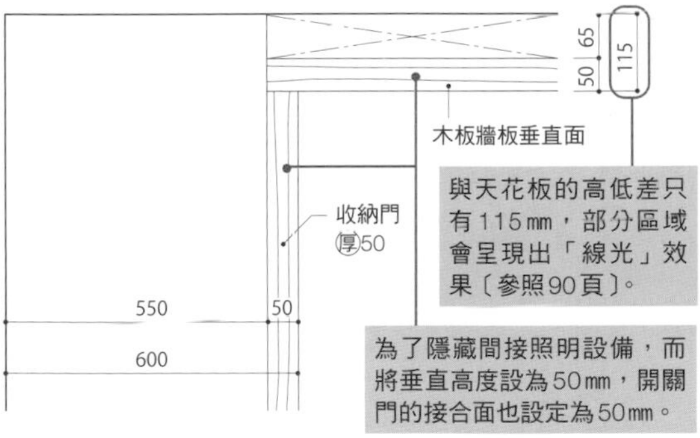

65
50
115
木板牆板垂直面
收納門
厚50
550
50
600

與天花板的高低差只有115㎜，部分區域會呈現出「線光」效果〔參照90頁〕。

為了隱藏間接照明設備，而將垂直高度設為50㎜，開關門的接合面也設定為50㎜。

等角投影圖〔S=1:10〕

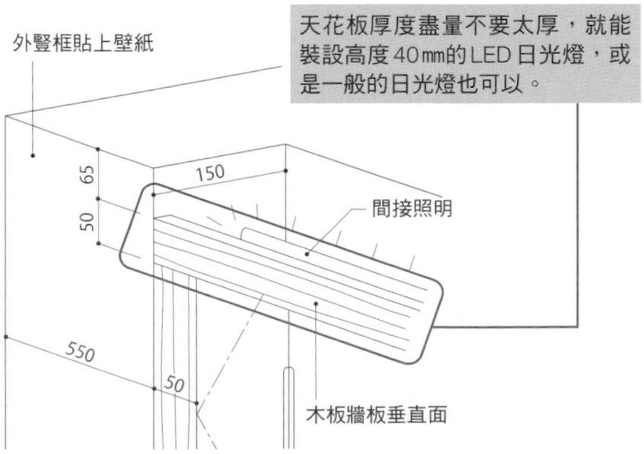

外豎框貼上壁紙
65
50
150
間接照明
550
50
木板牆板垂直面

天花板厚度盡量不要太厚，就能裝設高度40㎜的LED日光燈，或是一般的日光燈也可以。

展開圖〔S=1:60〕

65
50
115
1,300
930

下降天花板的中心部位設定為115㎜，天花板內則有嵌燈的連接配線。

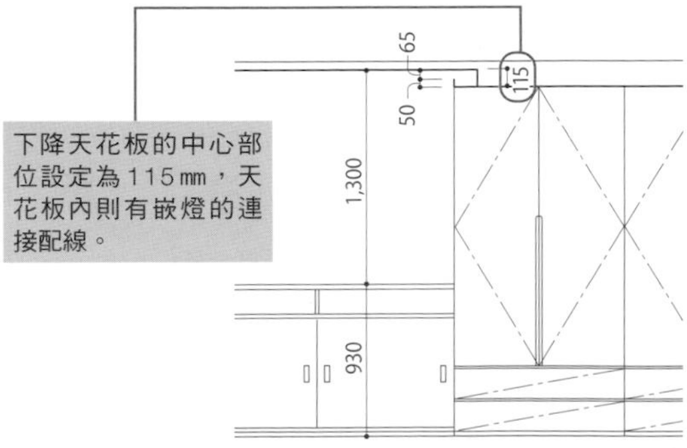

※鋁箔火山性玻璃質複層板（基底）再貼上天然木單板的木板，除了能保有防燃性（取得日本國土交通大臣認定），天然木的顏色和花樣都很突出。施工方式非常簡單，只要黏接在石膏板上，如果面積較大還能使用釘槍等方式固定。

訣竅是將住宅翻修工程中無法移除的樑柱作為基準，再搭配訂製家俱、拉門和間接照明設備。在以杉木夾板為材質的訂製家俱兩旁設置拉門，作為空間兩旁的裝飾。並藉由日光燈所照射的天花板，讓樑柱不那麼醒目。

公寓和獨棟住宅翻修在設計上的共通主題重點就是「處理無法移除、移動的構造體」。對此，可透過收納、開關門、間接照明以及顏色搭配方式來平衡構造體的存在感。建議採用拉門收納間的設計，讓空間可自由變化，也具備有活動牆面的功能。〔中西HIROTSUGU〕

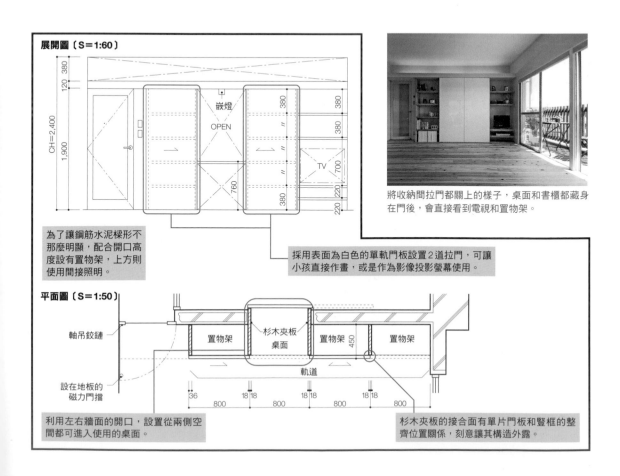

展開圖〔S=1:60〕

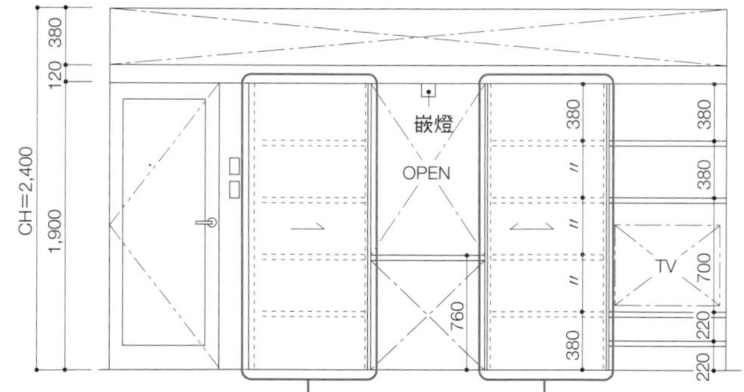

380 120 CH=2,400 1,900 嵌燈 OPEN 380 // // // 380 380 380 TV 700 760 220 220

為了讓鋼筋水泥樑形不那麼明顯，配合開口高度設有置物架，上方則使用間接照明。

採用表面為白色的單軌門板設置2道拉門，可讓小孩直接作畫，或是作為影像投影螢幕使用。

將收納間拉門都關上的樣子，桌面和書櫃都藏身在門後，會直接看到電視和置物架。

平面圖〔S=1:50〕

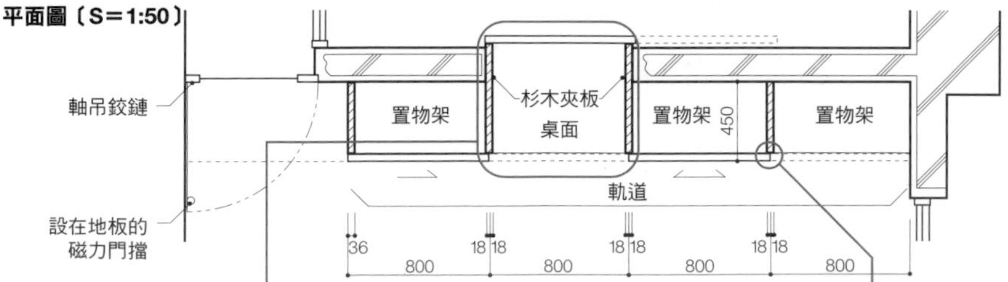

軸吊鉸鏈 置物架 杉木夾板 桌面 置物架 450 置物架 軌道 設在地板的磁力門擋 36 18 18 18 18 18 18 800 800 800 800

利用左右牆面的開口，設置從兩側空間都可進入使用的桌面。

杉木夾板的接合面有單片門板和豎框的整齊位置關係，刻意讓其構造外露。

以木製百葉窗覆蓋鋁製窗框（黑色），讓客廳的採光呈現有別於以往日常感的放鬆氣氛。
開口部中央的牆面與複合式地板（柚木）連接，搭配上木製百葉窗，讓整個開口部呈現出完整的木框邊緣。展現出原木特色的薄木板是採用2.2㎜厚的「20系列亮面油料柚木／IOC」。

公寓住宅的開口部根據區分所有法規定是屬於共用部分，所以基本上無法進行改造。不過還是可以透過鋁製窗框格狀窗和豎框等裝潢方式掩蓋缺點，降低其存在感。其中1種方式是在鋁製窗框上直接設置木製百葉窗的手法。〔各務兼司〕

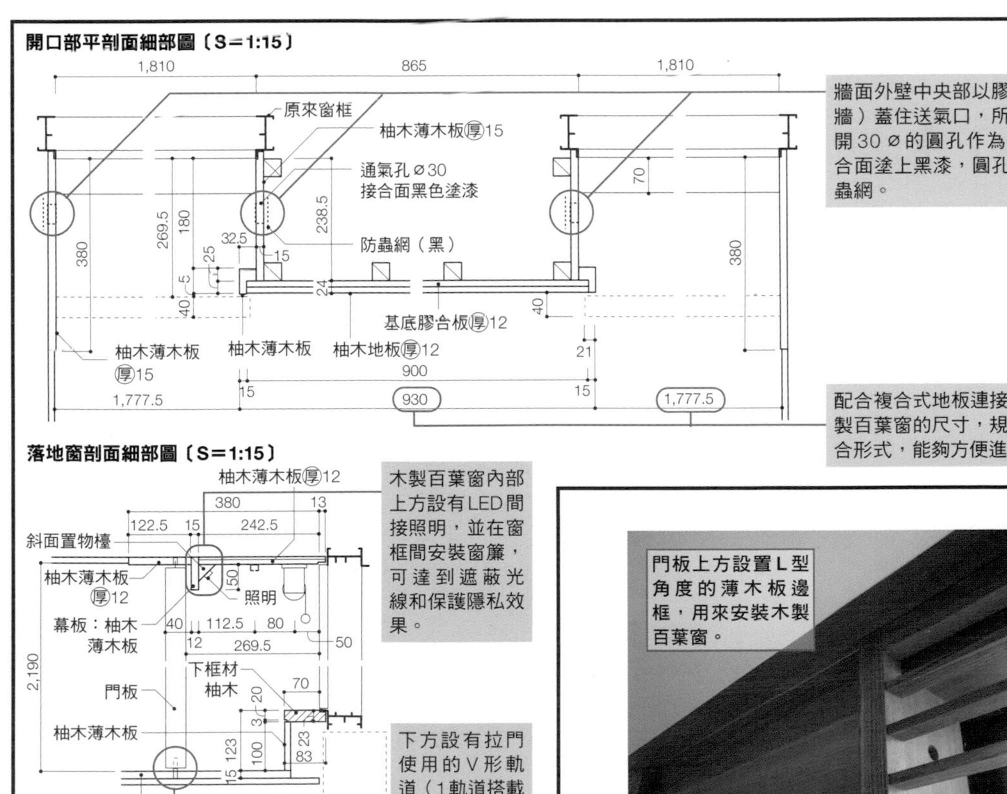

接合面黑色塗漆

柚木薄木板

柚木薄木板

牆面外壁中央部以膠合板（增厚牆）蓋住送氣口，所以又另外鑿開30ø的圓孔作為送氣口。接合面塗上黑漆，圓孔後方裝有防蟲網。
配合複合式地板連接牆面以及木製百葉窗的尺寸，規劃為左右開合形式，能夠方便進出陽台。

斜面置物檯
柚木薄木板

幕板：柚木薄木板

柚木薄木板

木製百葉窗內部上方設有LED間接照明，並在窗框間安裝窗簾，可達到遮蔽光線和保護隱私效果。
下方設有拉門使用的V形軌道（1軌道搭載4道門板）。
門板上方設置L型角度的薄木板邊框，用來安裝木製百葉窗。

可看到幫助木製百葉窗移動的滑軌，以及位在突出窄牆上方接合面的圓孔（送氣口）。

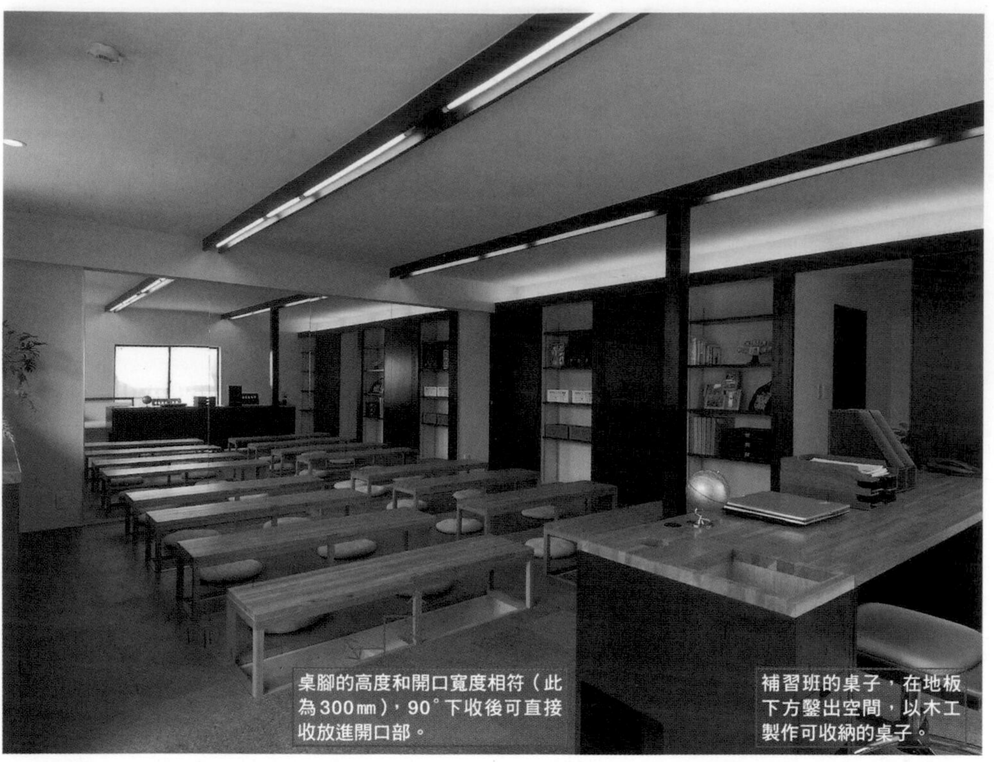

桌腳的高度和開口寬度相符（此為300㎜），90˚下收後可直接收放進開口部。

補習班的桌子，在地板下方鑿出空間，以木工製作可收納的桌子。

剖面細部圖〔S=1:10〕

把桌子折成倒匸型，桌腳90˚下收就能放入地板下方。檯面為正反兩用，收納時和地板一樣是軟木材質，可保持地面平整。

檯面：塗料橡木合成材㊪25
鋪設軟木磁磚㊪3
360
80
25
3
30
300
地板：
軟木磁磚
㊪3
30
30
空隙
1.5
空隙
1.5
桌腳：塗料橡木30□
30
3
3
28
12
45×105
45×105
105
木心板 ㊪24
部材上方接合面貼膠條
360
300
24
300
24
75
6
6
5
24

由於樑柱為鋼筋結構，所以2樓地板下方（1樓天花板內）會有很大一塊死角空間。

掌握原來建築物的構造和高度，善用未使用空間營造出空間感效果。不只是天花板下的閣樓，也要多加利用地板下方空間，從這個部分能看出空間整修發揮的效用。〔中西HIROTSUGU〕

將檯面（橡木合成材）翻過來，表面就和地板是相同的軟木材質，所以不會感覺地板藏有桌面收納空間。

將桌子都收進地板下方，平坦的地面可作為大廳使用。

靠近開口部的樑柱尺寸為500mm，間接照明以「面光」方式照亮整個空間〔參照90頁〕

有效利用空間的其中1種方式，就是設置具備隔間功能的家俱，最好是將家俱門和走道隔間門，都設計成不佔空間的拉門，與露出接合面的豎框、置物架都是很好的搭配。讓部材上方接合樑柱下方，並設置間接照明朝天花板照射，就能讓空間顯得更加寬敞。〔中西HIROTSUGU〕

隔間家俱樣式圖〔S＝1:50〕

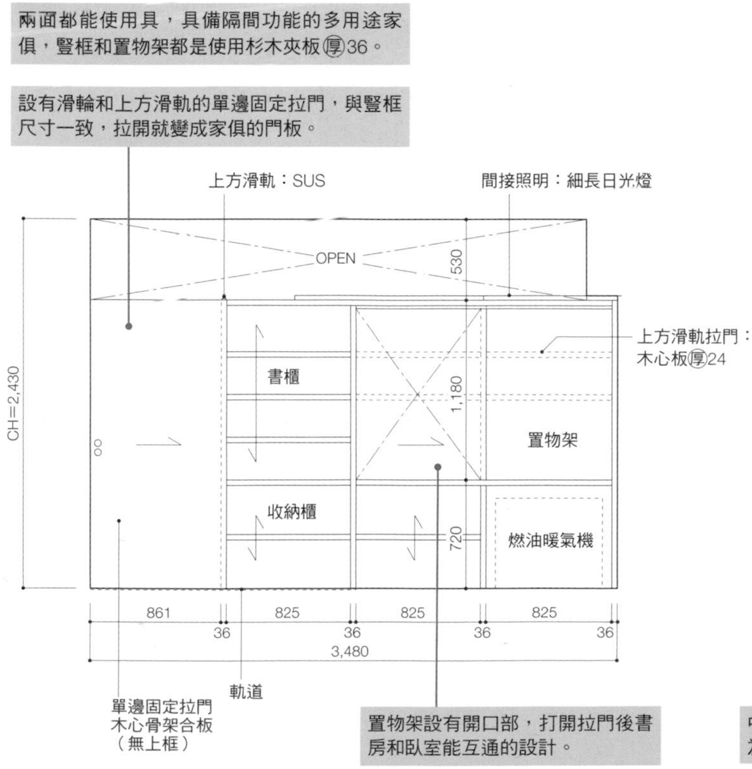

兩面都能使用具，具備隔間功能的多用途家俱，豎框和置物架都是使用杉木夾板㊝36。

設有滑輪和上方滑軌的單邊固定拉門，與豎框尺寸一致，拉開就變成家俱的門板。

上方滑軌：SUS
間接照明：細長日光燈
OPEN
530
上方滑軌拉門：
木心板㊝24
書櫃
CH=2,430
1,180
置物架
收納櫃
720
燃油暖氣機
861
825
825
825
36
36
36
36
3,480
軌道
單邊固定拉門
木心骨架合板
（無上框）

置物架設有開口部，打開拉門後書房和臥室能互通的設計。

隔間家俱剖面圖〔S＝1:50〕

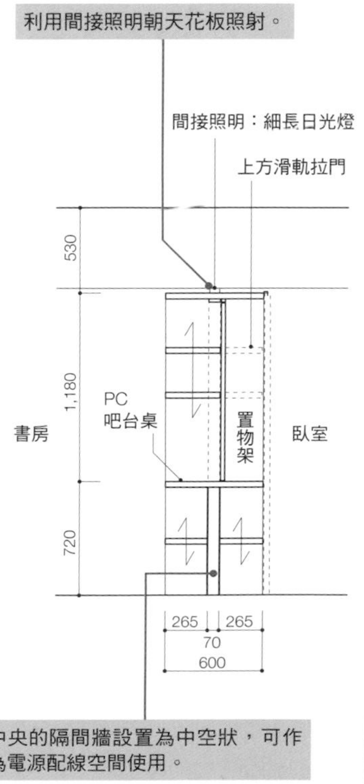

利用間接照明朝天花板照射。

間接照明：細長日光燈
上方滑軌拉門
530
1,180
720
PC
吧台桌
書房
置物架
臥室
265
265
70
600

中央的隔間牆設置為中空狀，可作為電源配線空間使用。

利用牆面凹凸不平處設置小型水槽和紅酒櫃。選用GROHE的水龍頭，上方收納櫃的上下方都設有日光燈式的LED照明，可調節光線亮度。
拉門打開的狀態，左側的2片門板（內嵌式）可直接收合在水槽和紅酒櫃的兩側，存在感不明顯。

可清楚看見關上的4片門板，左側的2片門板為內嵌式，第3片為固定式門板，第4片門板則是通往廚房的拉門。

想要讓空間看起來俐落整齊，選擇關上拉門隱藏水槽等設備時，要特別注意周圍牆面和拉門的接合度，要妥善規劃連接寬度。〔各務兼司〕

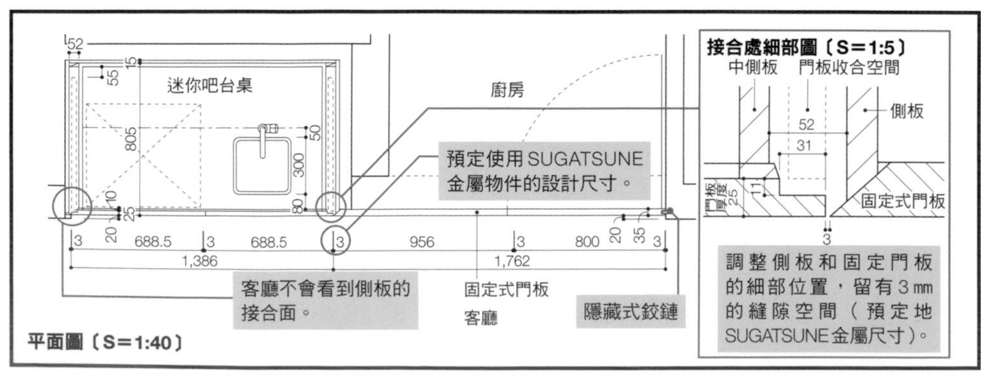

迷你吧台桌

預定使用SUGATSUNE金屬物件的設計尺寸。
客廳不會看到側板的接合面。

隱藏式鉸鏈

門板收合空間

調整側板和固定門板的細部位置，留有3㎜的縫隙空間（預定地SUGATSUNE金屬尺寸）。

為了配合拉門右側的玻璃，而在左側設置鏡面，與牆面的接合面裝有拋光不銹鋼。
表面鋪設黑檀木薄木板的大型拉門。
地板式門擋金屬埋在地板下。
強化玻璃（8㎜厚）貼有防止破碎分散的薄膜，並在地板、牆面和天花板以構造膠條固定。

從玄關進到室內立即會出現在眼前的拉門，所代表的是「住宅門面」，所以一定要在設計上下功夫。如果後方就是客廳空間，那麼可以在拉門兩側設置透明牆面，讓視線可直接穿透。重點在於①若兩旁都為透視牆面，會直接看到客廳的一舉一動，因此可以將一邊設為鏡面②玄關門廳和客廳牆面要採用相同的覆蓋材（玻璃側），展現空間的一體感。〔各務兼司〕

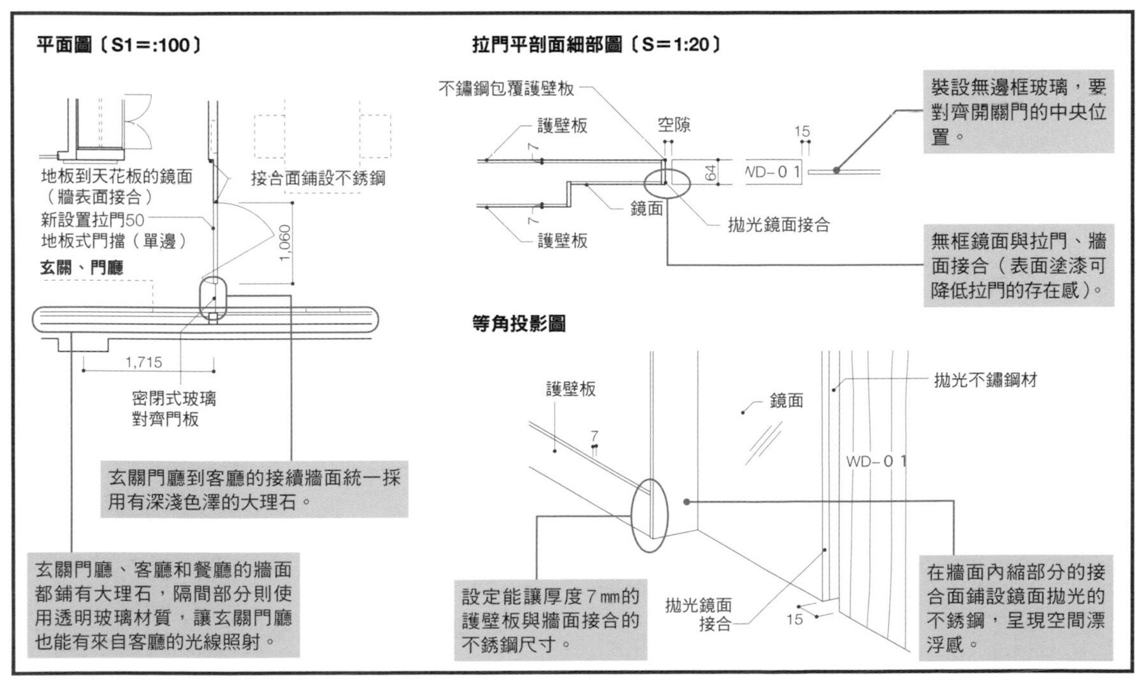

地板到天花板的鏡面（牆表面接合）
接合面鋪設不銹鋼
新設置拉門50

密閉式玻璃對齊門板
玄關門廳到客廳的接續牆面統一採用有深淺色澤的大理石。
玄關門廳、客廳和餐廳的牆面都鋪有大理石，隔間部分則使用透明玻璃材質，讓玄關門廳也能有來自客廳的光線照射。

不鏽鋼包覆護壁板

拋光鏡面接合

裝設無邊框玻璃，要對齊開關門的中央位置。
無框鏡面與拉門、牆面接合（表面塗漆可降低拉門的存在感）。

拋光不鏽鋼材

拋光鏡面接合

在牆面內縮部分的接合面鋪設鏡面拋光的不銹鋼，呈現空間漂浮感。

門板—讓拉門造型更顯俐落的把手

專為拉門訂製的金屬物件，即便是在拉門完全收合的狀態，特別設計的金屬物件形狀，還是能讓人輕鬆就能用手指把門拉開。

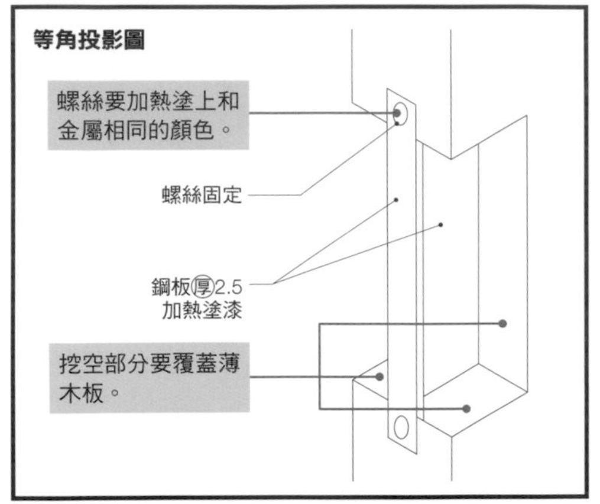

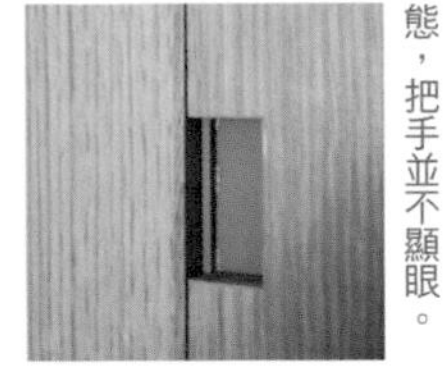

拉門緊密關合的狀態，把手並不顯眼。

門板收合的狀態，以手指就能拉出。

專為拉門訂製的金屬物件，即便是在拉門完全收合的狀態，特別設計的金屬物件形狀，還是能讓人輕鬆地用手指把門拉開。

盥洗室—可移動的鏡子

進行住宅翻修時，如何沿用原來的開口部也是重點所在。要確實掌握開口部的位置和尺寸，規劃出具有設計感的翻修提案內容。〔中西HIROTSUGU〕

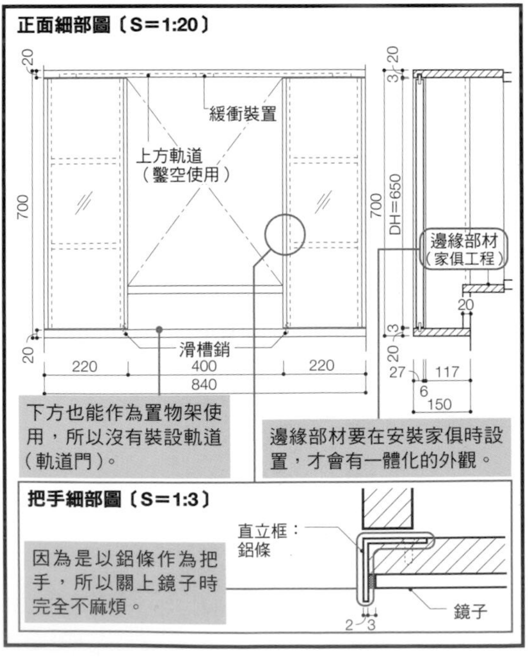

沿用原來的開口部設置洗臉台的事例。櫥櫃在開口部設有可拉動的鏡子，不顯眼的把手也是設計重點之一。

考慮到要和系統衛浴設備有相同的防水性能，以及搭配自由度的部分，半系統衛浴設備絕對是方便使用的物件。只要在牆面、天花板的覆蓋材上下功夫，並善用鏡子和間接照明，就能夠打造出多樣風格的衛浴空間。〔中西HIROTSUGU〕

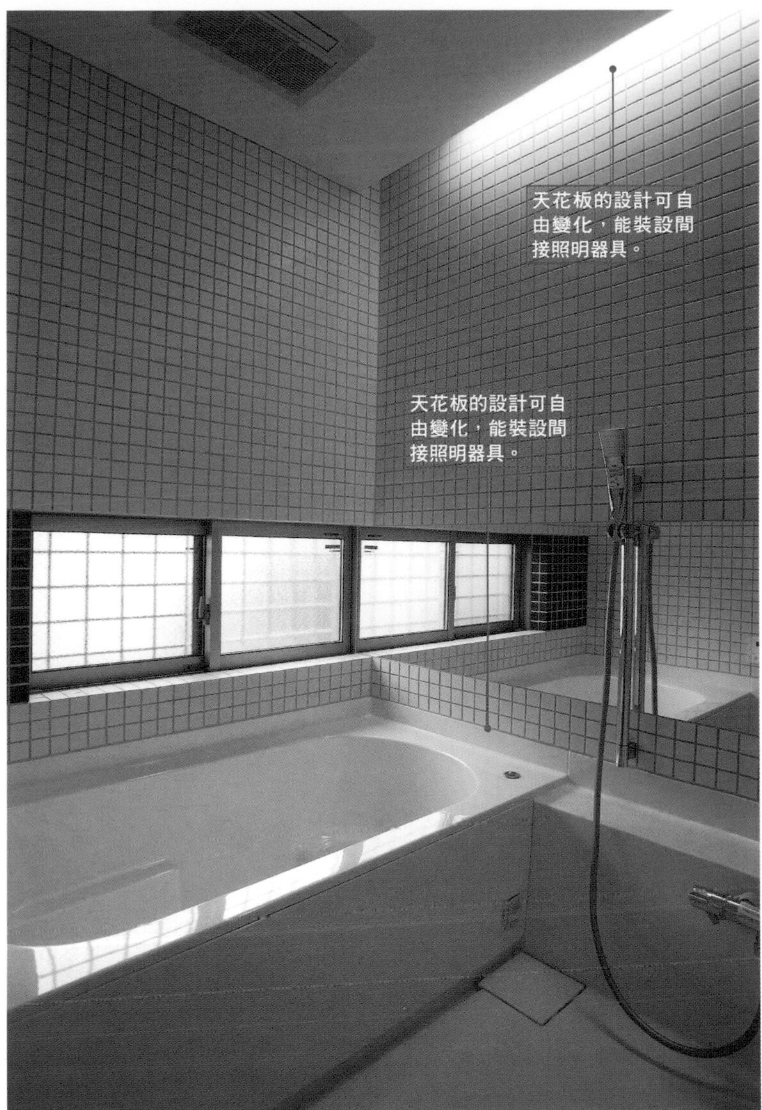
天花板的設計可自由變化，能裝設間接照明器具。
天花板的設計可自由變化，能裝設間接照明器具。

採用半系統衛浴設備的浴室，底端可看見新設置的開口部。在開口部的接合處安裝鏡子是設計上的一大重點，鏡子和開口連成一體，讓整個空間感覺變寬敞。

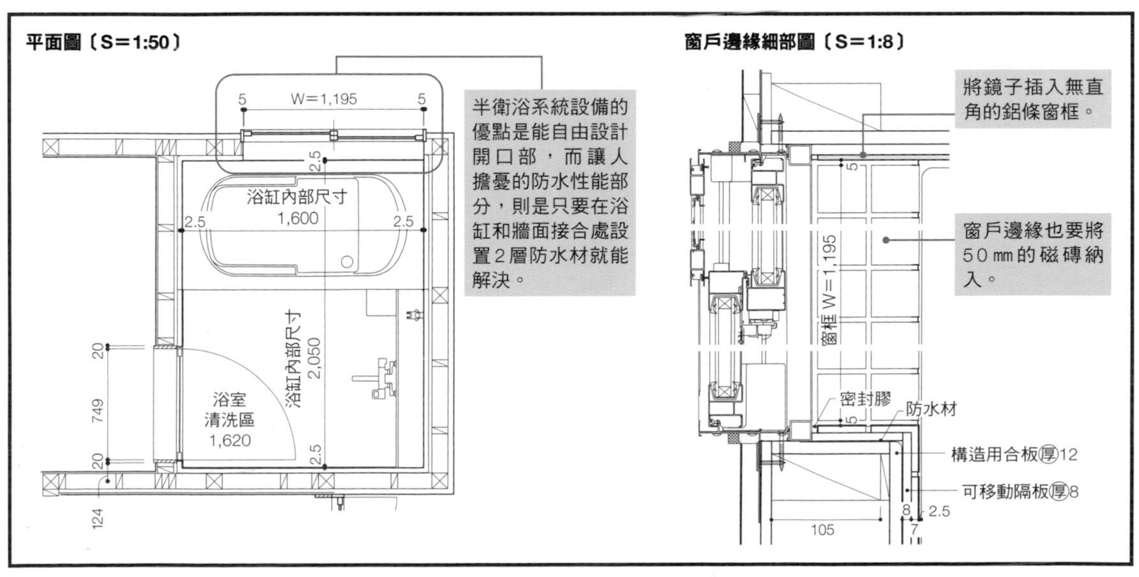
平面圖〔S=1:50〕
5
W=1,195
5
2.5
浴缸內部尺寸
1,600
2.5
2.5
浴缸內部尺寸
2,050
浴室
清洗區
1,620
2.5
20
749
20
124
半衛浴系統設備的優點是能自由設計開口部，而讓人擔憂的防水性能部分，則是只要在浴缸和牆面接合處設置2層防水材就能解決。
窗戶邊緣細部圖〔S=1:8〕
將鏡子插入無直角的鋁條窗框。
窗戶邊緣也要將50㎜的磁磚納入。
5
窗框 W=1,195
5
密封膠
防水材
構造用合板㊢12
可移動隔板㊢8
8
2.5
7
105

土間——利用牆面縫隙的長木板牆

如果只能作為走道和樓梯的移動空間，那就太可惜了。最好是能夠利用牆面的厚度和高度，來作為收納空間使用，這樣就能賦予容易顯得單調的牆面各種變化。〔參照91頁〕〔中西HIROTSUGU〕

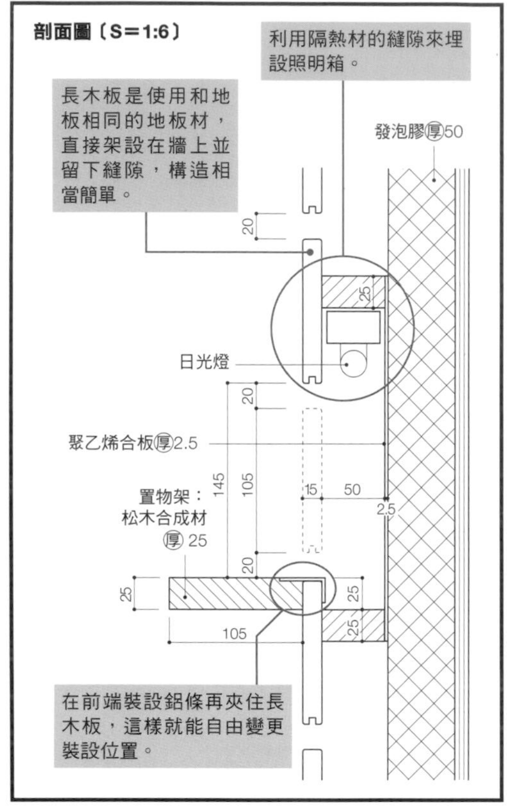

剖面圖〔S=1:6〕
利用隔熱材的縫隙來埋設照明箱。
長木板是使用和地板相同的地板材，直接架設在牆上並留下縫隙，構造相當簡單。

置物架：松木合成材㊢25
在前端裝設鋁條再夾住長木板，這樣就能自由變更裝設位置。

利用105mm的樑柱和厚度50mm的隔熱材（黑）所衍生出的縫隙空間，以及地板材而規劃出的牆面收納空間，還在牆面下方幾個地方設置壁龕。

從玄關方向眺望的樣子。右側樓梯以及踏台垂直面的部份，也都用來作為收納空間使用〔參照117頁〕。

通信電器——讓對講機更具特色的書櫃設計

在住宅翻修工程中，對講機等設備的安排方式也是設計重點之一。但由於這類機器無法隨意更動位置，為了要降低對講機的存在感，木工家俱的一體化設計會是很好的選擇。〔各務兼司〕

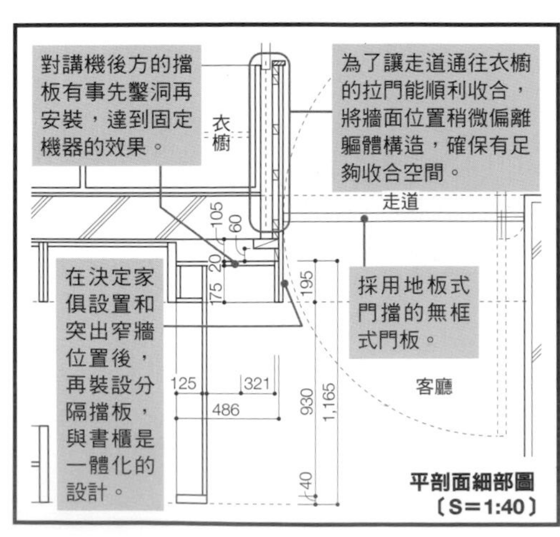

對講機後方的擋板有事先鑿洞再安裝，達到固定機器的效果。
衣櫥
為了讓走道通往衣櫥的拉門能順利收合，將牆面位置稍微偏離軀體構造，確保有足夠收合空間。
走道
在決定家俱設置和突出窄牆位置後，再裝設分隔擋板，與書櫃是一體化的設計。
採用地板式門擋的無框式門板。
客廳
105
60
20
175
195
125
321
486
930
1,165
40
平剖面細部圖〔S=1:40〕

將對講機、控制螢幕、警報器整齊排列的一體化木工收納設計。不但規劃出表面採用橡木薄木板的書櫃，對講機、控制螢幕、警報器也使用和書櫃相同的素材作為後方擋板。

走道——作為扶手使用的收納區

樓梯旁的扶手不能只具備防止跌落的功能，只要利用牆面厚度來裝設木工家俱，就能提升空間的附加價值。〔中西HIROTSUGU〕

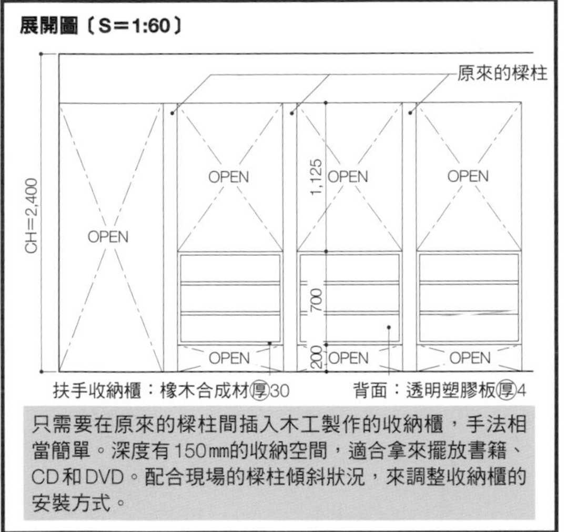

只需要在原來的樑柱間插入木工製作的收納櫃，手法相當簡單。深度有150㎜的收納空間，適合拿來擺放書籍、CD和DVD。配合現場的樑柱傾斜狀況，來調整收納櫃的安裝方式。

利用樓梯和走道之間的原來樑柱所製作的木工家俱，收納區同時也能當作扶手使用，有效利用死角空間。

收納——將原有衣櫥後方空間規劃為寵物區

開口部的邊緣和牆面採接合留縫隙的工法，石膏板（牆）側安裝直角板材，接著埋設網狀纖維，最後在油灰表面刷上AEP塗料。

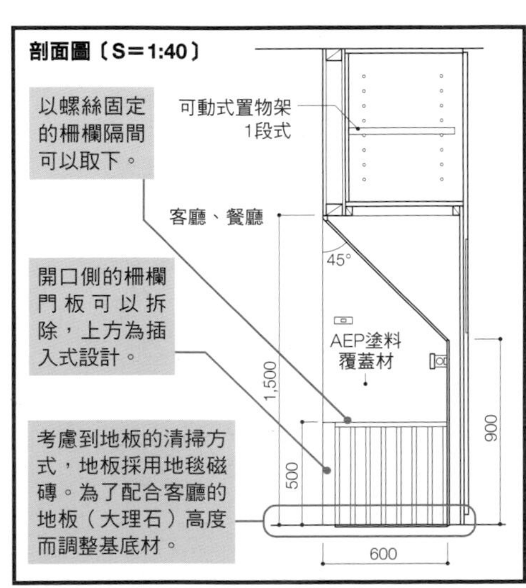

以螺絲固定的柵欄隔間可以取下。

開口側的柵欄門板可以拆除，上方為插入式設計。

考慮到地板的清掃方式，地板採用地毯磁磚。為了配合客廳的地板（大理石）高度而調整基底材。

小型犬（2隻）的活動區，為保持空間明亮設有間接照明設備。

原來的衣櫥也具備收納以外的功能，這個事例是將房間的衣櫥後方，靠近客廳的一側規劃為寵物區空間。由於不會使用到高度的部分，所以只要在底端設置斜面即可。寵物區背後的上方位置也能作為收納區使用，改造費用也不高，算是相當合理的規劃方式。〔各務兼司〕

門板——可作為收納架使用的拉門

如果可以設計製作拉門，最好是將注意力放在把手的部分。雖然說盡量縮小把手尺寸也是不錯的設計手法〔參照20頁〕，但考慮到老年人的行動不便，也可以規劃為握式把手。可以在把手垂直方向裝設木板，就成為可作為置物架使用的拉門。從玄關進到室內空間的第1道門很適合使用這樣的設計。〔中西HIROTSUGU〕

由於位在高樓層公寓的上面樓層，所以樑柱高度有800mm。只要在天花板裝設間接照明，整個玄關門廳就能充滿柔和光線。
軌道直接裝在牆上的拉門。

雖然視線不能直接穿透，但是為了讓玄關感受到客廳的氣氛，面材採用有高級感的造型玻璃，門框、把手和置物架為橡木材質。

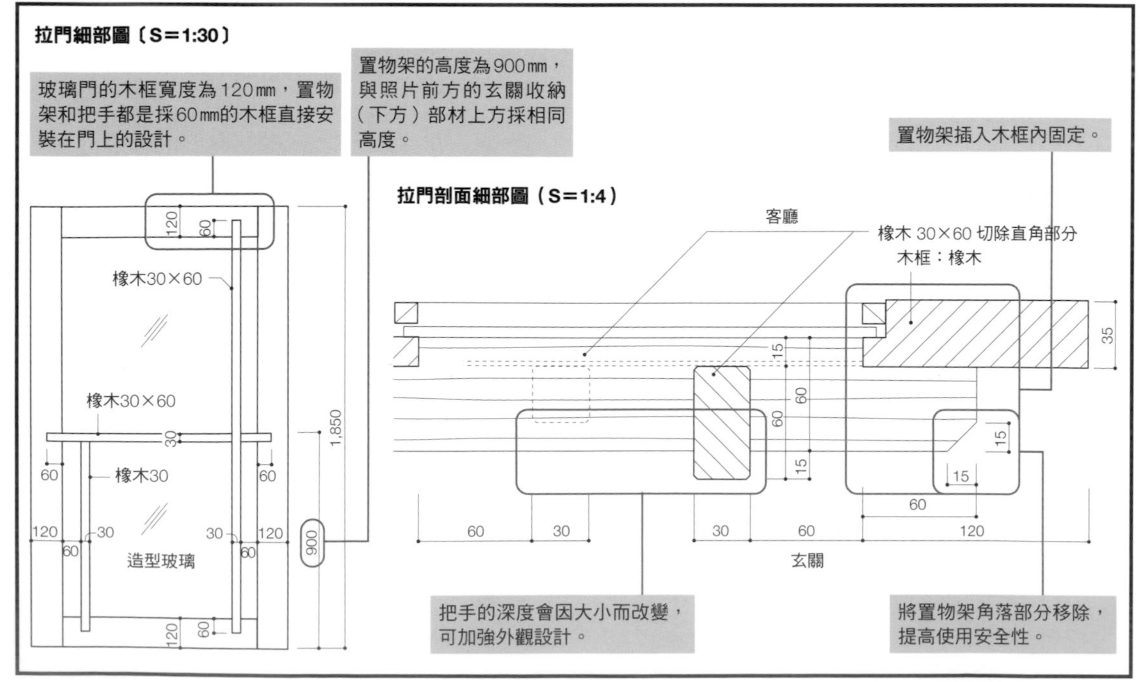

玻璃門的木框寬度為120mm，置物架和把手都是採60mm的木框直接安裝在門上的設計。
置物架的高度為900mm，與照片前方的玄關收納（下方）部材上方採相同高度。

橡木 30×60 切除直角部分

置物架插入木框內固定。
把手的深度會因大小而改變，可加強外觀設計。
將置物架角落部分移除，提高使用安全性。

一看就懂！
住宅翻修工程的「進度」

從初次溝通討論到完工、交屋為止

完整記錄公開

住宅翻修流程

獨棟住宅篇

以田園調布F邸（4~7頁）為例來解說木造獨棟住宅的翻修流程，大規模翻修工程前後需進行約1年時間。

〔各務兼司、中西HIROTSUGU〕

屋頂內的構造

屋頂內部模樣。等到構造材都完全乾燥後，判斷除了用水區有遭到白蟻啃蝕的現象外，其他地方都還很堅固。

3月8日

收到木造獨棟住宅翻修工程的電子郵件委託。

與客戶首次見面溝通

進行意見調查，並承諾會將意見納入設計提案內容。

決定共同設計

敲定由KAGAMI建築計劃與in house建築計劃共同設計，以此設計為範本來進行翻修工程。

3月31日

現場調查

花費約1個半小時的時間查看住宅的內外部，進行實際測量。

4月30日

發表企劃提案

第1次與客戶開會討論

說明翻修的基礎計劃和（概算）工程費用（此時提供客戶2家翻修工程公司的提案來進行討論）。

收到客戶電子郵件連絡表示要簽約。

5月28日

第2次與客戶開會討論

簽訂設計契約，以客戶需求為基礎而變更翻修計劃。

耐震度檢驗

以一般的診斷方式進行住宅耐震度檢驗，確認結果是低於上方構造基準1.0的標準（判定結果為0.76，在經過翻修後，耐震度獲得大幅改善，數值提高至1.18）。

1樓平面計劃圖概要

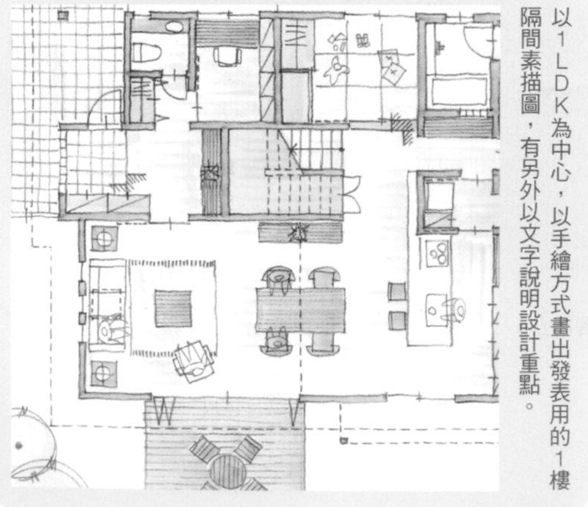

以1LDK為中心，以手繪方式畫出發表用的1樓隔間素描圖，有另外以文字說明設計重點。

展現住宅1、2樓關係的素描剖面圖

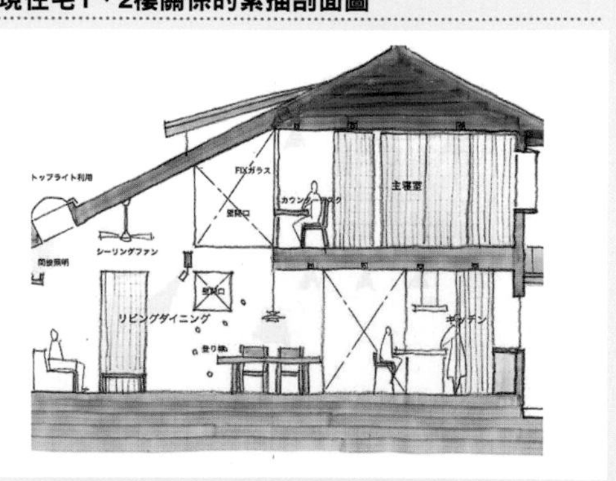

1樓LDK和2樓主臥室的素描剖面圖，以田字型設計呈現，將光線昏暗和通風不佳的隔間，以平面與剖面方式串聯空間。

測量預定使用的舊有家俱尺寸

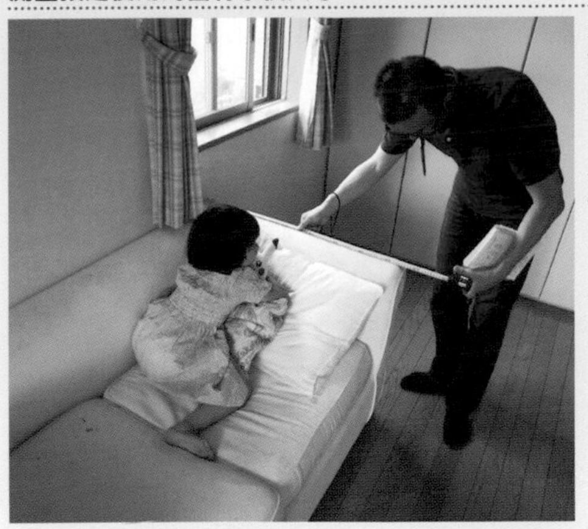

查看了廚房和臥室等空間，針對搬家後會使用的家俱進行尺寸測量，並確認衣物和書籍等收納物品數量〔參照112頁〕。

①住宅上方構造評分定義說明

上方構造評分 ＝ 保有耐震力（Pd）／必要耐震力（Qr）

上方構造評分：表示遭遇到最大震度達6級的地震時，木造住宅的耐震性能。

保有耐震力：建築物在耐震檢驗時所保有的耐震力，以耐震力要素與配置來計算。

必要耐震力：建築物必須具備的耐震力，以預估的地震搖晃程度、住宅外觀和形狀來計算。

②上方構造評分與評估

上方構造評分	評估
1.5～	不會倒塌
1.0～1.5	應該不會倒塌
0.7～1.0	有可能會倒塌
～0.7	很有可能會倒塌

基礎、實施設計

6月20日

第3次與客戶開會討論

告知客戶耐震檢驗的結果，說明設計細節並尋求共識。

7月12日

第4次與客戶開會討論

參觀用水區設備的展示中心，一共參觀了LIXIL、TOTO、sanwacompany、TOYO廚房設備展示區。

7月25日

第5次與客戶開會討論

討論廚房與用水區等設備的規劃方式，並告知訂製廚具的情報資訊。

8月8日

第6次與客戶開會討論

製作100分之1比例的住宅模型，以立體方式讓對方更容易理解設計內容。

8月29日

第7次與客戶開會討論

利用施工方報價用的實施圖確認工程內容。

利用模型來說明設計內容

從挑高處往下看到的客廳和餐廳空間，可一窺2樓主臥室的作業區到客廳的空間組成樣貌，也能看出玄關門廳空間和樓梯的一體化設計。

半系統衛浴設備的展示區

在TOTO的展示區參觀了半系統衛浴設備和洗臉台設備，決定選用防水性佳，且容易變更使用方式的半系統衛浴設備〔參照82頁〕。

確認排水管行經路線

由於廚房和水槽的髒水不會流到汙水雜排水下水道，所以特別去確認了排水管線等相關設施的配置。查看道路旁停車場的汙水和雨水下水道，發現之前的砸排水都直接流向雨水下水道〔參照60頁〕。

施工現場的說明

獨棟住宅的翻修工程在選擇翻修公司時，通常不採用報價競爭出線方式，多數是採直接委任〔參照110頁〕的方式進行。在委託工程公司報價前，會先請對方負責人前往施工現場說明房屋拆除前的狀況和計劃內容。

調整

報價

10月11日

預算的調整

壓低報價並確認工程優先順序，進行最後的預算調整。

10月1日

第8次與客戶開會討論

查核翻修公司的報價單，與客戶討論是否要進行降低花費的提案。

9月8日

設備調查

在排水修繕業者的陪同下，前往確認住宅的排水設備、管線配置等相關設施狀態。

8月29日

現場說明

參創HOUTEC（翻修公司）的負責人到施工現場說明住宅翻修的工程概要。

委託報價

將施工方報價用的施工圖親手交給對方，請對方報價（包括報價用施工圖的概要書在內，A3大的書面資料共34頁）。

查核報價內容

仔細計算核對翻修公司的報價內容後，正在和客戶進行說明的樣子。有關報價的查核方式請參照109頁。

田園調布F邸施工方報價用平面圖清單

平面圖號碼	平面圖名稱	平面圖號碼	平面圖名稱
1	概要書、補充事項書	18	展開圖 6
2	翻修建材一覽表	19	展開圖 7
3	1樓現況平面圖	20	展開圖 8
4	2樓現況平面圖	21	1樓天花板構造圖
5	配置圖、屋頂構造圖	22	2樓天花板構造圖
6	1樓翻修平面圖	23	基礎構造圖
7	2樓翻修平面圖	24	1樓地板構造圖
8	西側立體圖	25	2樓地板、樑柱構造圖
9	南側立體圖	26	屋頂、閣樓樑柱構造圖
10	東側立體圖	27	用電機器清單
11	北側立體圖	28	1樓電力設備圖
12	剖面圖	29	2樓電力設備圖
13	展開圖 1	30	機械器具清單
14	展開圖 2	31	1樓機械設備圖
15	展開圖 3	32	2樓機械設備圖
16	展開圖 4	33	半系統衛浴設備細部圖
17	展開圖 5	34	廚房細部圖（參考圖）※

※：因為廚房設備是直接與業者訂製，所以會附上參考圖。

獨棟住宅翻修工程的施工方報價用施工圖清單，木框邊緣等設施的部分要看現場狀況才能作決定，所以在報價階段不需說明特殊的細節部分。

廚房櫥櫃的握把

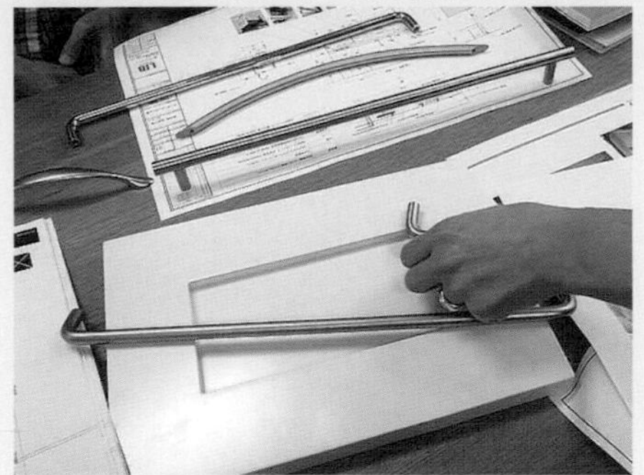

櫥櫃門和抽屜握把決定混合使用擁有柔和曲線外型，以及實用性高可吊掛毛巾的2種長型把手。

保留吊燈

保留原來客廳的1樓吊燈，因為會進行屋頂樑柱支架一體化的翻修工程，可作為2樓臥室的主要照明設備使用。

施工

10月15日

簽訂工程契約、搬家

設計師、施工方、客戶簽訂翻修工程契約。

和鄰居打聲招呼

簽訂契約後和施工方、客戶一起去拜訪附近鄰居，告知翻修工程消息。

10月24日

動工

舉行翻修工程的動工儀式，同時和施工方確認拆除範圍，並討論剩餘設施的狀態。

11月2日

第1次施工現場會議

確認拆除工程（屋頂和外牆以外）的狀況，以及舊式浴室周邊的白蟻損害程度。

11月3日

第9次與客戶開會討論

廚房決定採用訂製廚具，和客戶一起去參觀廚具展示中心。

11月8日

第2次施工現場會議

拆除工程的最後確認，並再度確認住宅的白蟻損害程度。

基底粗橫木遭受白蟻啃蝕

基底粗橫木的剖面，白蟻的啃蝕路線是木頭紋路上的柔軟部分。大部分情況都是表面看起來完整無受損，但是木材內部已經傷痕累累。

構造補強計劃定案

拆除工程結束後，查看住宅架構狀況，正在與施工方討論最後的補強計劃。以尚未拆除前的地板結構圖為基礎，思考該如何進行修正（參照132、133頁）。

柱腳部分的補強

使用金屬物件補強柱腳和地基的樣子，補強方式是以平12建告1460號為基準〔參照140頁〕。

倒T型基礎的補強

原來的倒T型基礎是使用無鋼筋水泥固定，沒有基礎底板。水泥灌漿部分沒有問題，只需要補強不足部分的基礎（加設底板）。再利用化學錨栓結合鋼筋連接原有的基礎〔參照140頁〕。

施工

11月16日

第3次施工現場會議
在瞭解拆除工程狀況後，確認構造補強工程計劃內容，並同時查看倒T型基礎和獨立基礎的狀態。

11月22日

第4次施工現場會議
確認構造補強工程的狀況，開始築地基和設置樑柱。和LIB contents（廚具訂製業者）的負責人針對排水管位置進行討論。

11月28日

客戶到施工現場
陪同客戶確認住宅遭受白蟻啃蝕的範圍，並說明變更補強辦法後，格局規劃的細節與窗戶位置變更計劃內容。

12月1日

第5次施工現場會議
確認構造補強狀況，查看架設樑柱等作業情況。

12月7日

第6次施工現場會議
確認構造補強狀況，查看以金屬物件補強的部分。

12月13日

第10次與客戶開會討論
覆蓋材的最終確認。

12月20日

第7次施工現場會議
確認構造補強狀況（2樓），補強工程正式結束。

2樓地板高度的調整

在鋪設2樓地板前調整水平高度的樣子。木造住宅很常會出現2樓地板歪斜狀況比1樓嚴重的情況，確認這棟住宅的地板高低差最大值為3㎝。

設置新的樑柱

重新規劃的LDK空間需要增加新的樑柱（150×450㎜的赤松合成材）構造，花了1個半小時才架設完成，樑柱以金屬物件固定〔參照132頁〕。

裝設石膏板

屋頂樑柱接合處的石膏板鋪設作業難度相當高，能看出師傅的技術水準。

填充隔熱材的施工

在進行翻修工程前外牆完全沒有填充隔熱材，此次的工程會填充高性能玻璃纖維，能夠有效降低環境的悶熱感〔參照140頁〕。

施工

1月17日

第8次施工現場會議

有關外裝基底、防水、隔熱的施工狀況，以及樓梯裝設工程的確認。

1月31日

第9次施工現場會議

確認內部門板施工進度，開始裝設低用電設備。

2月3日

第10次施工現場會議

裝設廚房吧台桌，並確認石膏板的鋪設狀況。進行訂製家俱細節部分的討論會議。

2月5日

第11次與客戶開會討論

在施工現場決定內部裝潢的色系。

2月13日

第11次施工現場會議

確認石膏板的鋪設狀況。

2月19日

第12次與客戶開會討論

針對外牆顏色和外部照明設備的進行討論。

說明外部照明計劃內容

正在解說住宅外長玄關走廊的照明設備計劃內容，並說明植栽部分採用埋設種植方式，以及選用裝設在牆上托燈的提案構想。

低用電設備的牆內配線工程

在玄關旁的櫥櫃上方安裝分電盤，以及低用電的牆內配線。右側一大串的紅色插入管線名稱是CD軟管（Combined Duct合成樹脂可撓導線管），為優先配管的導管。日後可再裝設光纖電纜，有另外分支設置電話線路和電視線路。

護壁板的裝設

正在裝設高度約30㎜的短型護壁板產品，師傅仔細地來回測量長度後，再進行組裝。

油灰粉刷

油灰粉刷的作業順序如下。①一開始先粉刷牆板接合處②再以砂紙磨平③接著以有安裝防護角條的角落為中心，進行第2層的粉刷。容易裂開的開口處轉角，則是要再一次粉刷。

施工

2月23日　參觀展示中心
由於小孩房的粉刷工程決定要以DIY方式進行，於是去參觀了PORTER'S PAINTS的產品展示中心。

3月1日　第12次施工現場會議
確認表面塗漆基底的施工狀況，將預定安裝半系統衛浴設備的浴室內裝設窗戶。

3月6日　第13次施工現場會議
確認內外裝（塗漆）施工狀況。

3月12日　第14次施工現場會議
確認訂製廚具的安裝狀況，整個翻修工程接近結束。

3月19日　第15次施工現場會議
確認護壁板的裝設等覆蓋材最終施工狀況。

3月20日　第16次施工現場會議
安裝照明設備

3月21日　設計、客戶檢查、照片攝影

3月23日　交屋&搬家

安裝間接照明設備

盥洗室的牆面以馬賽克磁磚做裝飾，在鏡子的上下方都設有間接照明的日光燈管，確保整個空間的明亮度〔參照93頁〕。

安裝訂製廚具

廚房前方的吧台桌已經貼好白色磁磚後的樣子，接著要在擺放瓦斯爐的位置安裝不會讓油煙飄散至餐廳的玻璃牆面。

從初次溝通討論到完工、交屋為止

完整記錄公開

住宅翻修流程

公寓住宅篇

以高輪I邸（8~9頁）為例來解說公寓住宅的翻修流程。這次的結構翻修工程前後約進行半年時間，由於住家範圍的配管是連接到樓下天花板內，所以在配置管線這部分要比較花時間。（各務兼司）

用水區的地板高低差

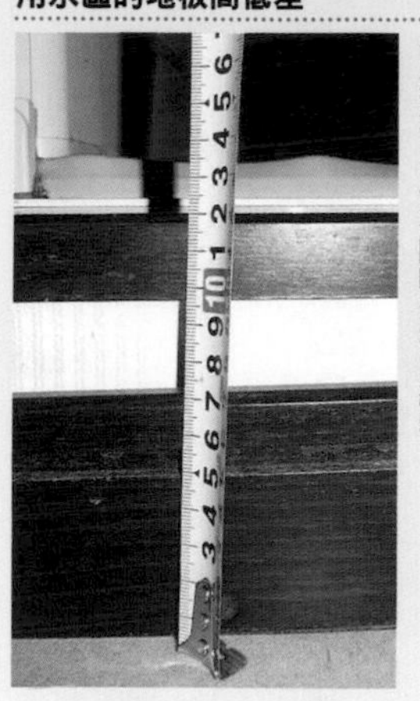

針對用水區有地板高低差的部分進行實際測量。此次翻修的公寓，因為所有的排水管都是穿過地板下方的樓板，並通往樓下的天花板內部，所以必須謹慎推估管線要通過那些位置。而各個部分的地板高低差就會是做判斷時最好的線索。

發表企劃提案

2月17日　與客戶首次見面溝通

說明以往的設計實績、基本的翻修流程以及費用的計算等事項。

2月24日　第一次造訪施工現場

和公寓管理事務所的人員打聲招呼，影印住宅的現存狀態圖，進行現場調查。

3月29日　第1次與客戶開會討論

提出基本設計案A、B、C、D，並說明配管位置等施工內容。

3月31日　第2次與客戶開會討論

針對客戶需求而提出設計B案的修正案。

4月5日　第3次與客戶開會討論

B案再加入臥室壁櫥的設計，並說明大概的工程費用。

4月12日　第4次與客戶開會討論

在施工現場以膠帶標出新的隔間位置，並確認空間的配置方式。

4月19日　第5次與客戶開會討論

以住宅模型說明覆蓋材的使用和設備機器的安裝細節，最後簽訂設計契約。

基礎、實施設計

4月21日　參觀展示中心

前往LIXIL、Clean up、Panasonic的產品展示中心。

以膠帶標示隔間位置

與客前往施工現場，在地板上用膠帶標示出設計圖的牆面位置，體驗預定區域的空間感。以不同顏色的膠帶各自標明牆面位置和木工家俱的位置。

B案的衍生案（6方案）

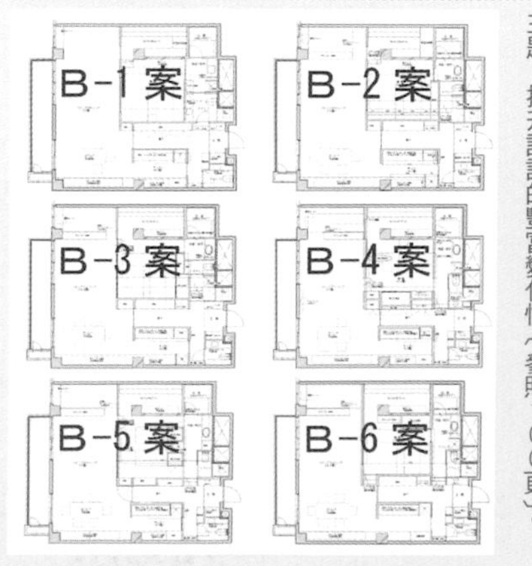

B案設計總共衍生出6種方案，針對「臥室入口」、「臥室與客廳餐廳之間的關係」等設計細節為主題，提升設計的豐富變化性（參照100頁）。

住家中央空調安檢

進行住家中央空調的安全檢查，最重要的室外機則是擺放在陽台，打開前方百頁出風口，查看內部的管線配置有無問題。

公寓住宅翻修工程以外的費用

時間點	檢查項目	概算費用〔※1〕／作業時間	檢查重點（檢查人員、檢查、施工內容等）
施工前	部分設施拆除	日幣5萬（業者行情價1萬）／3～4小時	□由施工公司、排水修繕業者、瓦斯業者、電力業者、木工進行
			□拆除一部分的天花板、牆面、地板，檢查內部的管線配置、排氣管、配線狀況
	排水管檢查（內視鏡檢查）	4個位置日幣25萬（5個地方27萬）／3～4小時	□非破壞檢查公司進行
			□以內視鏡調查排水管內的損壞狀況
			□包括製作攝影DVD，以及拍攝照片等報告書費用在內
	空調機安檢（分離式空調）	日幣2-3萬元／約1小時	□空調機廠商的售後服務公司進行
			□檢查室內和室外機器、空調性能和風速等
			□提出維修費用的報價
施工後	X光攝影	基本費（最多10張）＋追加／張＋各項經費：（基本費為日幣16萬5000元／10張拍攝約耗時3小時）	□確定鑿洞位置的事前攝影
			□確認RC構造內有無鋼筋的位置、粗細、電線管、電纜線以及位置
			□公寓管委會提出要求才要檢查
	鑿洞	1地點約日幣5萬元〔※2〕5地點約耗時2小時	□使用切割器穿透RC構造，讓空調冷媒管和連接管通過
			□需得到公寓管委會的許可才能進行

4月25日

空調安檢（DENSO）

確認原來的空調機器沒有問題，決定繼續使用冷媒空調機。

4月26日

第6次與客戶開會討論

決定繼續使用原來的空調機，再次確認客戶對工程費用的看法，以及取得施工前進行部分設施拆除作業的許可。

5月13日

拆除部分設施

確認給水管、熱水管、排水管、瓦斯的管線位置，將臥室的地板高低差設定在200mm以內。

5月17日

第7次與客戶開會討論

部分拆除作業的狀況說明，提出使用內視鏡檢查排水管的想法，並同時以展開圖說明翻修工程的規劃內容。

基礎、實施設計

5月24日

第8次與客戶開會討論

利用變更後的住宅模型進行說明，決定要在臥室開口部裝設捲簾、格子拉門等裝置。

5月26日

排水管檢查（使用內視鏡）

確認基本上沒什麼問題，但是空調機的連接管排水處已經無法使用。

6月7日

第9次與客戶開會討論

說明排水管檢查結果，現階段不需更換排水管。

6月9日

從五樓開始進行漏水測試

公寓管委員會同意修理，雖然和此次的翻修工程沒有直接關係，但是身為設計師，還是要展現面面俱到的嚴謹態度。

內視鏡檢查

使用內視鏡查看排水管內的情況，費用約日幣25萬元。如果能定期以高壓清洗VP管（乙烯管），即便是屋齡37年的住宅，管線也可以保持在非常乾淨的狀態〔參照58頁〕。

排水管貫穿樓板的位置

把大部分盥洗室內的地板都拆除，使得浴室內靠近走道的牆壁都剝落，才得以看見的排水管。可直接看到排水管、聚乙烯材質的熱水管（PE管），以及鋪有磁磚的舊式浴室地板等設施〔參照57頁〕。

※1　上記費用只是估算費用，會隨著安檢等方式的保養作業，或時間帶等因素的不同而有所增減。
※2　鑿洞作業的費用部分，若是能夠在施工前獲得許可，有可能會直接包含在建築工程內。

門框的討論會議

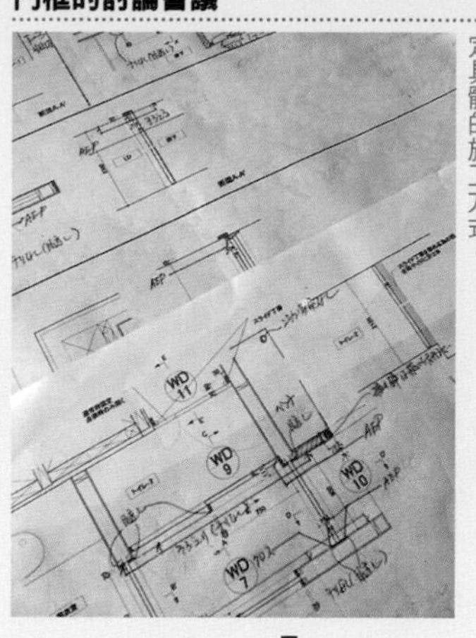

將所有的設施邊緣細節都以設計圖呈現，和施工方一一確認比較難執行的部分。最後綜合雙方意見決定具體的施工方式。

共用部分的保護措施

從電梯前的共用走道到施工住宅前方鋪設保護措施，將塑膠布蓋在地板上。事前有先和理事長和管理員討論過保護措施的實施方式〔參照136頁〕。

第2次施工現場會議&向理事長說明

確認給水管和瓦斯管線的變更路線。

和工程公司開會討論

說明設施邊緣的規劃方式，親手將施工設計圖交給工程公司。

簽訂工程契約、和鄰居打聲招呼

完成施工方報價用的施工設計圖

整理出報價項目給翻修公司，也將管委會希望重新更換量表室內管線的需求列入報價項目。

施工　　報價、調整

8月1日　7月22日　7月21日　7月19日　7月13日　6月29日　6月15日

第1次施工現場會議

針對已經進行到一半的拆除作業狀況進行確認。

工程開工

張貼標示確認保護措施範圍、拆除部位和不需拆除的部位。

報價金額和內容的說明

樓板下方管線配置的意見討論

因為所有的給水、熱水、排水、瓦斯管線都是連接至樓下的天花板內，所以和管委會的理事長等相關人員一起討論之後的改善方式。最後決定以這間住宅為首，將所有的管線配置都集中在同個區域，將來也會按順序持續進行重新分配管線位置的翻修工程。

天花板的拆除狀況

拆除後的天花板，除了會觀察到每個空間有不同的天花板高度，也發現木頭基底鋪有石膏板的部位，與輕鋼架基底鋪有合板和石膏板的部位都混在一起。並和工程公司討論要以什麼作為決定天花板高度的基準〔參照122頁〕。

確保有管線配置空間的雙層地板

臥室部分因為地板有排水管通過，所以地板高度比客廳還要高１７０㎜，是採用淡路技研所設計具備防震調整功能的乾式雙層地板〔參照44頁〕。

鋼筋水泥構造的X光攝影

針對有設備管線通過的鋼筋水泥牆進行X光攝影檢查，可確定鋼筋和電源插座的位置，再根據結果進行鑿洞作業。有19個部分需要攝影，費用大約日幣20萬，鑿洞作業則是分為４層樓４間住宅同時進行〔參照64頁〕。

施工

8月3日

■ **重新配管的X光攝影**

進行鋼筋水泥牆鑿洞作業的檢查，開始裝設輕鋼架的基底。

8月8日

住宅的鑿洞作業（共用部分也同時進行）

確認空調排氣管的配置

8月25日

■ **客戶到施工現場**

調整天花板凹凸不平的部分，確認先行配管的部分。

8月30日

■ **第3次施工現場會議**

輕鋼架基底施工狀況的最終確認。

9月1日

■ **第4次施工現場會議**

查看開口部的框架以及雙層地板的部分。

9月2日日

東洋大學的學生到施工現場參觀

廚房牆面的輕鋼架基底

廚房內側的牆面基底（輕鋼架），裡面有給水管、熱水管以及其他供電管線等設備，所有的管線都塞進了狹小的空間內。

天花板基底的調整

為解決天花板凹凸不平的問題，正在仔細地調整基底位置。由於考慮到廢棄木材的回收以及工程費用的增加，所以決定不將所有的基底都拆除，將還能使用的部分拿來使用。調整基底的薄板（厚度為2～5㎜）以裝設在牆面的雷射水準儀為基準，每303㎜就鋪上薄板〔參照122頁〕。

裝設護壁板的基底構造

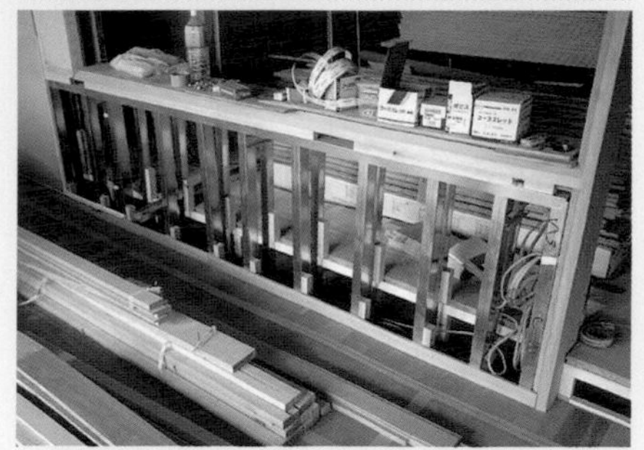

要裝設沒有內層的護壁板，如果只仰賴輕鋼架的基底會產生強度不足的問題，所以照片中是以木頭基底搭配輕鋼架的方式作為基底架構，這樣就不會有任何問題〔參照122頁〕。

天花板的管線配置

從玄關位置會看到的客人用廁所構造。因為天花板內有住家範圍內新裝設的引水管和瓦斯管通過，所以廁所和走道部分區域的天花板有降低150㎜。

施工

9月7日

客戶到施工現場

確認石膏板的鋪設以及地板加高的施工狀況。

9月12日

第5次施工現場會議

裝設地板暖爐和系統衛浴設備，並確認開口部的木框接合狀況。

9月14日

第6次施工現場會議

確認護壁板的塗裝上色以及接合裝設狀況。

9月16日

決定牆面粉刷色（在客戶家中進行）

9月20日

第7次施工現場會議

AEP基底作業。

9月26日

第8次施工現場會議

確認牆面的粉刷色以及玄關前方的磁磚鋪設狀況。

10月5日

第9次施工現場會議

確認廚房的木框加工狀況。

窗簾部分的意見溝通（在客戶家中進行）

此次的翻修工程包括窗簾的裝設在內，也會提出房間的整體裝潢擺設構想〔參照166頁〕。

隔間牆面（拉門夾縫）的接合

走道（左側）和臥室（右側）的隔間牆面，由於走道是軟木亞麻地板搭配粉刷牆面，而臥室則是地板鋪設地毯，牆面貼上壁紙（neue rove），考慮到整體的協調性，在地板上有裝飾木條，臥室側的護壁板凸出的部分是毛氈＋地毯的厚度〔參照122頁〕。

裝設木製門框

裝設2處窗戶和預定擺放電視的牆面的一體式木製門框，配合窗戶旁的柱形，可以看見寬度約40㎝的特殊角落空間，這個角落和住家其他部位的地板寬度和鋪設方向都不同。

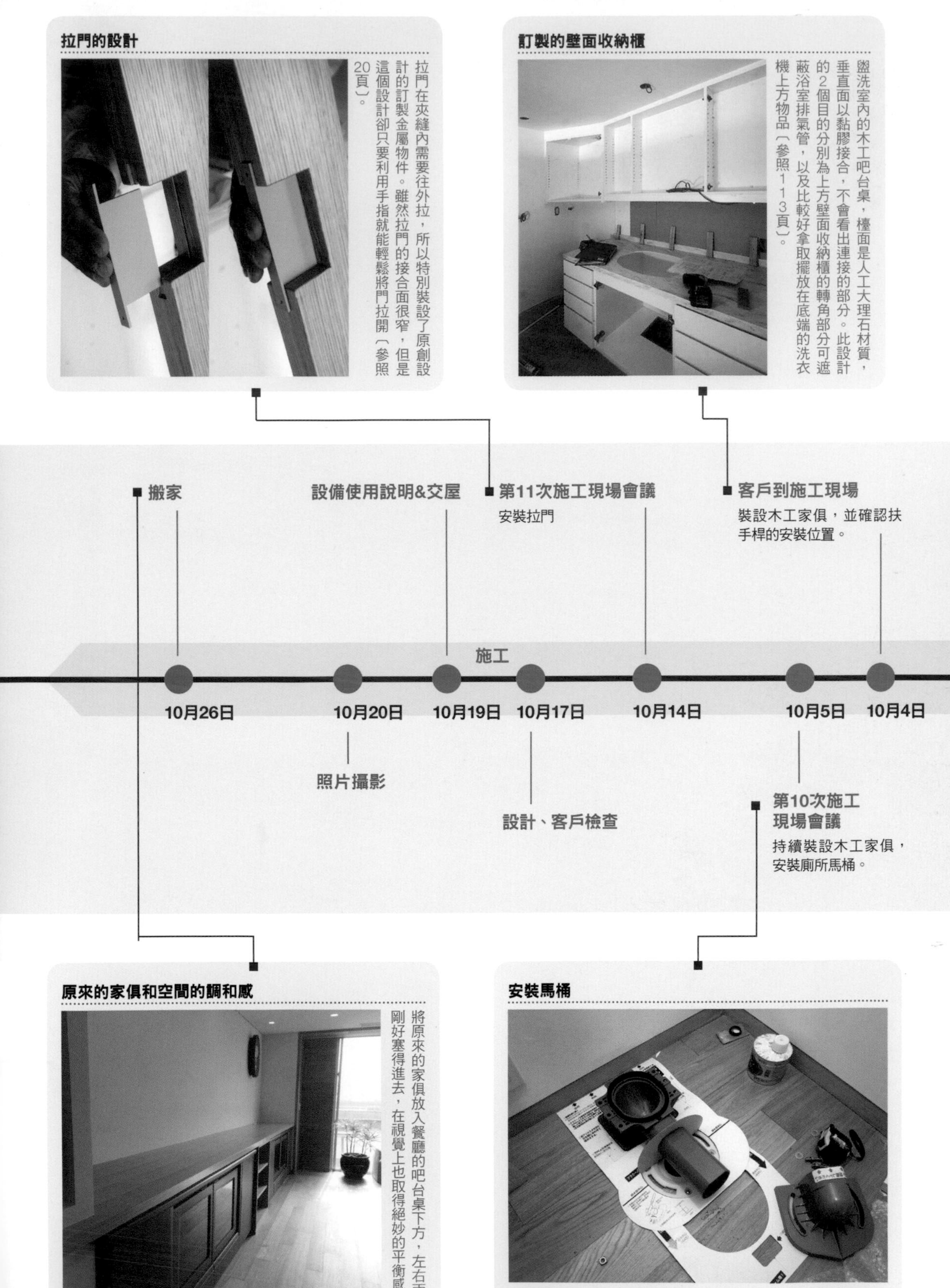

拉門的設計

拉門在夾縫內需要往外拉，所以特別裝設了原創設計的訂製金屬物件。雖然拉門的接合面很窄，但是這個設計卻只要利用手指就能輕鬆將門拉開（參照20頁）。

訂製的壁面收納櫃

盥洗室內的木工吧台桌，檯面是人工大理石材質，垂直面以黏膠接合，不會看出連接的部分。此設計的2個目的分別為上方壁面收納櫃的轉角部分可遮蔽浴室排氣管，以及比較好拿取擺放在底端的洗衣機上方物品（參照113頁）。

施工

- 10月4日 客戶到施工現場：裝設木工家俱，並確認扶手桿的安裝位置。
- 10月5日 第10次施工現場會議：持續裝設木工家俱，安裝廁所馬桶。
- 10月14日 第11次施工現場會議：安裝拉門
- 10月17日 設計、客戶檢查
- 10月19日 設備使用說明&交屋
- 10月20日 照片攝影
- 10月26日 搬家

原來的家俱和空間的調和感

將原來的家俱放入餐廳的吧台桌下方，左右兩邊都剛好塞得進去，在視覺上也取得絕妙的平衡感。

安裝馬桶

確認馬桶水壓後決定採用水壓式馬桶，廁所內的清洗髒水和馬桶汙水會匯合排出。

Part 1

「隔間」再生術～公寓篇～

- 公寓的典型隔間
- 增加收納空間的設計
- 充滿洄游性與可變動性的設計
- 明確劃分區域的設計
- 用水區的移動
- 專欄　1空間多燈照明的可行性

位在首都圈以及京阪神等大都市的公寓住宅（包括集中型住宅在內）翻修需求性特別高，近年來不只是住宅專門雜誌，就連服裝雜誌等報章也都多次刊登室內設計事例等相關報導，這股市場熱潮看來還不會走下坡。只要確實掌握設規劃的訣竅，就會有源源不絕的機會出現。

公寓住宅翻修有2大特徵，首先是比起獨棟住宅的翻修工程，會有某種程度上的模式化設計方式，對舊有空間的隔間方式具有一定的喜好，雖然無法更動共用部分，但卻非常注重設計的方向性。因此要確實瞭解客戶的需求，針對管線間和排氣管的位置、樑柱等設施，以「不能移動的部分為中心來決定隔間和細節部分」，這才是所謂的公寓翻修不變準則。

再來就是包括廚房在內的用水區位置移動會有所限制的部分，具體來說就是排水和排氣的這2項限制條件，這是在規劃空間的配置時，必須處理並面對的難題。接下來要針對公寓「隔間」再生術的思考方式作些說明。

圖1 集中型住宅3LDK房型的特徵（S=1:150）

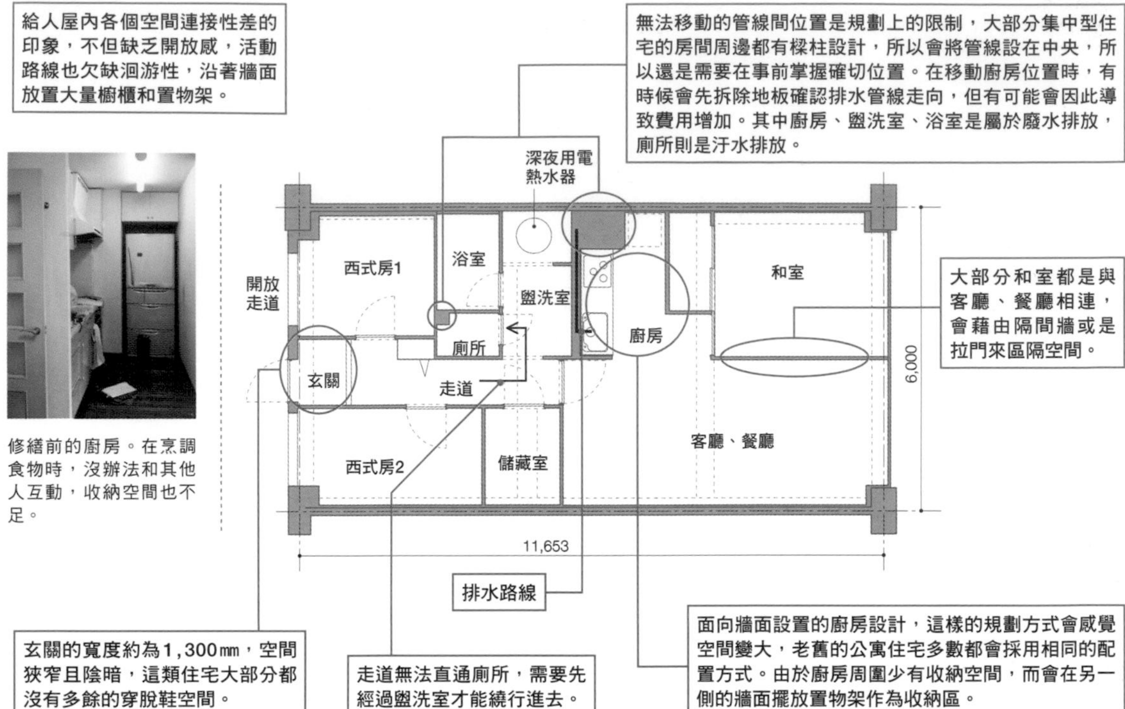

給人屋內各個空間連接性差的印象，不但缺乏開放感，活動路線也欠缺洄游性，沿著牆面放置大量櫥櫃和置物架。
無法移動的管線間位置是規劃上的限制，大部分集中型住宅的房間周邊都有樑柱設計，所以會將管線設在中央，所以還是需要在事前掌握確切位置。在移動廚房位置時，有時候會先拆除地板確認排水管線走向，但有可能會因此導致費用增加。其中廚房、盥洗室、浴室是屬於廢水排放，廁所則是汙水排放。
深夜用電熱水器
開放走道
西式房1
浴室
盥洗室
廁所
玄關
走道
廚房
和室
客廳、餐廳
西式房2
儲藏室
6,000
11,653
大部分和室都是與客廳、餐廳相連，會藉由隔間牆或是拉門來區隔空間。
排水路線
玄關的寬度約為1,300㎜，空間狹窄且陰暗，這類住宅大部分都沒有多餘的穿脫鞋空間。
走道無法直通廁所，需要先經過盥洗室才能繞行進去。
面向牆面設置的廚房設計，這樣的規劃方式會感覺空間變大，老舊的公寓住宅多數都會採用相同的配置方式。由於廚房周圍少有收納空間，而會在另一側的牆面擺放置物架作為收納區。

修繕前的廚房。在烹調食物時，沒辦法和其他人互動，收納空間也不足。

舊式公寓的問題是封閉感、收納空間少

經常聽到「住宅翻修的設計手法，會隨著物件的不同而改變應對方式，所以不容易標準化」的說法。以公寓住宅的翻修方式來說，要先做好心理準備，因為某種程度上可能會流於模式化。大多數因為隔間已經變形，而需要進行翻修工程的住宅，都是屋齡20年以上典型3LDK規模的集中型住宅。所以只要把握住相同類型的隔間方式和設備的特徵，就很容易掌握設計規劃的手法。

一般的集中型住宅都是面向南方排列，活動空間的面積大多在70㎡上下，為開口約6.5m，深度約11m的長方形住宅。

這類住宅內部的平面特徵如圖1所示，玄關位置是在北側開放走道另一邊的中央部為，進到玄關後，從住宅中央會有條長走道通往LDK空間，而走道左右兩旁則各會有一間陽光能照射到，約2～3坪大的房間。走道會直接通往盥洗室、浴室和廁所。而LDK空間內的餐廳廚房，大多都是選用面向牆面的I型設計，在客廳、餐廳另一側的獨立空間，則是能將拉門全都打開，變換為有整體性的和室空間。

包括上述已知的住宅條件在內，想要在有限面積的空間內，實現3LDK的格局規劃，需要多加思考隔間利弊關係，這類住宅主要的缺點有①玄關空間狹窄昏暗②走道佔用過多面積空間（接近10％）②各個空間都很狹窄 ③鮮少放置木工家俱，所以牆面才會都擺滿了櫥櫃和置物架，導致室內的視線範圍全部都被遮蔽。在這裡特別要提出來討論的是②，因為將走道只作為通道的單一機能使用方式，真的是非常浪費空間的作法。

不以大規模翻修為前提的設計

以住宅剖面來說，要先瞭解這一類典型（圖1）的住宅，如何不以大規模翻修為前提來進行規劃。相較之下，比起這類典型的舊屋，屋齡只有15年左右的新建公寓，住宅的高度就有3m以上，多數也都有雙層天花板、雙層地板的設計，典型的公寓住宅天花板會露出樑柱，因此天花板沒有樑柱的部分，平均高度卻只有2千250㎜。地板也不是雙層設計，大部分只是裝設所謂的中空樓板。

而雙層天花板、雙層地板設計在

圖2 以提升收納性能為目標的翻修計劃A（S=1:150）

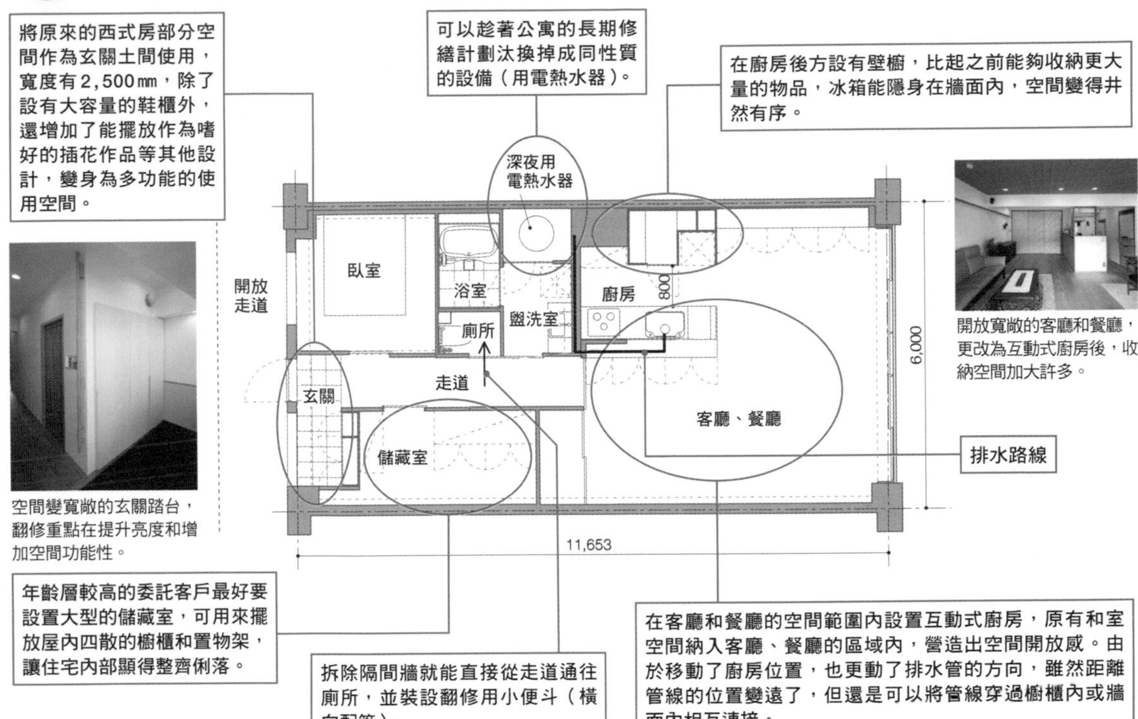

將原來的西式房部分空間作為玄關土間使用，寬度有2,500㎜，除了設有大容量的鞋櫃外，還增加了能擺放作為嗜好的插花作品等其他設計，變身為多功能的使用空間。
可以趁著公寓的長期修繕計劃汰換掉成同性質的設備（用電熱水器）。
在廚房後方設有壁櫥，比起之前能夠收納更大量的物品，冰箱能隱身在牆面內，空間變得井然有序。
深夜用電熱水器
臥室
浴室
盥洗室
廁所
廚房
800
開放走道
玄關
走道
儲藏室
客廳、餐廳
6,000
11,653
排水路線
年齡層較高的委託客戶最好要設置大型的儲藏室，可用來擺放屋內四散的櫥櫃和置物架，讓住宅內部顯得整齊俐落。
拆除隔間牆就能直接從走道通往廁所，並裝設翻修用小便斗（橫向配管）。
在客廳和餐廳的空間範圍內設置互動式廚房，原有和室空間納入客廳、餐廳的區域內，營造出空間開放感。由於移動了廚房位置，也更動了排水管的方向，雖然距離管線的位置變遠了，但還是可以將管線穿過櫥櫃內或牆面內相互連接。

空間變寬敞的玄關踏台，翻修重點在提升亮度和增加空間功能性。

開放寬敞的客廳和餐廳，更改為互動式廚房後，收納空間加大許多。

設定給水管、排水管、瓦斯管線和管線的繞行路線時會比較容易，但是典型的公寓在規劃上卻不是那麼簡單。很多人會採取將用水區的排水管線接到樓下天花板內的方式，或是把地板架高一些與管線間連接。如果要移動用水區，會因為排水管線的位置受到限制，造成用水區可移動範圍縮小的窘況。

最後要特別提醒、在有關用水區的移動工程中，一定要先確認管線的所在位置。由於管線位置無法任意挪動，所以在考慮用水區的移動位置時，就必須以管線位置為基礎來思考。而典型的公寓因為在各個空間的周邊都設有樑柱，所以大多會將管線配置在住宅的正中央。

確保收納空間，屋內陳列變得整齊乾淨

就如同「Part 14 市場的擴大」（參照143頁）的文字說明，公寓翻修計劃就是在進行「將老舊房屋配合顧客的生活模式，打造出客製化的作品」。像是以拆除隔間牆等方式提升住家開放感的作法，就是許多客戶共通的想法，除此之外，也要思考如何配合客戶的生活型態，規劃出可靈活變動的設計提案。接下來要介紹2個典型公寓住宅的翻修工程。

第1個事例是一對60多歲的夫婦，因為小孩都已長大獨立，而針對居住30年的住宅所進行的翻修案A（圖2）。而此案中的翻修重點則是在於收納空間的規劃。

將原來的廚房位置90度移動，變更為互動式廚房，這樣不但能增加夫婦對話機會，還能確保有足夠的收納空間。廚房後方則擺放有冰箱、餐具架，並設置了大容量的餐具櫃，不好清理的廚房收納問題一下子通通解決。餐廳設有吧台收納空間，也變更了排水管的繞行位置，將排水管位置升高，穿過壁櫥與牆面內的管線再與管道間連接。

此外，因為小孩離家獨立而不需使用的北側2間小房間（西式房），則是選擇將1間房間加大空間，另一間房間則是作為寬敞的儲藏室使用。可以將好多個以往靠著牆面擺放的櫥櫃和置物架放在儲藏室內，讓住家整體空間變得整齊許多。

接著則是要改造玄關，具體作法是為了讓陰暗的玄關保持明亮，而延長玄關踏台的寬度，並設置了大容量收納的置物架，就能搖身一變成為明亮的土間空間。

而有關用水區的問題，則在於上

圖3 重視洄游性&可變動性的翻修計劃B（S=:150）

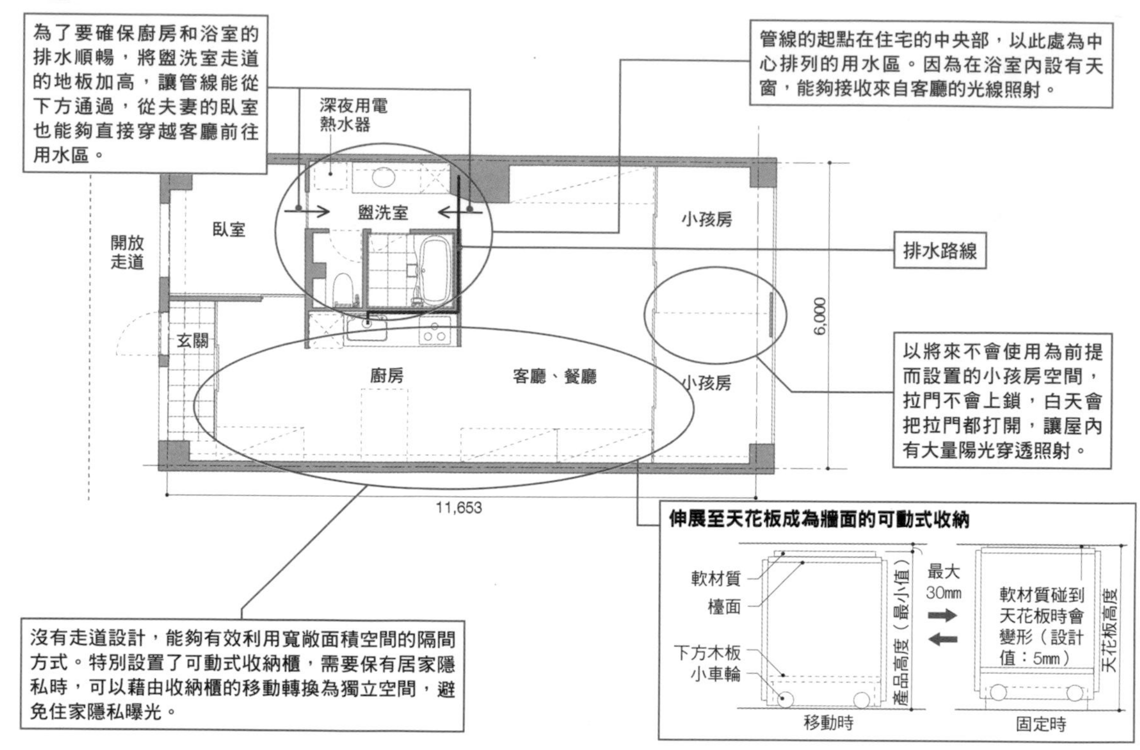

為了要確保廚房和浴室的排水順暢，將盥洗室走道的地板加高，讓管線能從下方通過，從夫妻的臥室也能夠直接穿越客廳前往用水區。
深夜用電熱水器
管線的起點在住宅的中央部，以此處為中心排列的用水區。因為在浴室內設有天窗，能夠接收來自客廳的光線照射。
盥洗室
臥室
開放走道
小孩房
排水路線
6,000
玄關
廚房
客廳、餐廳
小孩房
以將來不會使用為前提而設置的小孩房空間，拉門不會上鎖，白天會把拉門都打開，讓屋內有大量陽光穿透照射。
11,653
伸展至天花板成為牆面的可動式收納
軟材質
檯面
下方木板
小車輪
產品高度（最小值）
最大30mm
軟材質碰到天花板時會變形（設計值：5mm）
天花板高度
移動時
固定時
沒有走道設計，能夠有效利用寬敞面積空間的隔間方式。特別設置了可動式收納櫃，需要保有居家隱私時，可以藉由收納櫃的移動轉換為獨立空間，避免住家隱私曝光。

廁所時必須先繞到盥洗室內才能進去。於是在管線移動困難的廁所設置小便斗，這樣就能直接經由走道進入廁所。但若要移動浴室和盥洗室位置，那就很難兼具無障礙空間的效果，所以決定只進行系統式衛浴設備和洗手台的更換。

年輕客戶較著重空間洄游性和可變動性

第2個事例則是30多歲的夫婦，有2個小孩的住家所進行的翻修案B〔圖3〕。與年長者客戶的最大不同點，在於年輕夫婦希望住家隔間能有豐富的洄游性，以有助於小孩的成長，以及之後要轉賣住宅為優先考量，所以將翻修重點放在可靈活變動的隔間方式。因為這個年齡層的客戶群對於投資買屋很有想法，所以在提案時必須要考慮到住宅的未來性。

關於洄游性的部分是配合管線位置而集中在住家的中央，其兩側則都是規劃為開放式空間，並設有推門，必要時可隨時開關。營造出無死角的洄游性活動路線，所以能夠依照小孩喜好自由變換空間。此外，還在浴室裝設了天窗，這樣就能接收穿越客廳和餐廳的光線。而為了確保廚房和浴室的排水管線的暢通，就必須將用水區的地板架高，隨之而來的高低差則是成為與客廳、餐廳之間的和緩分界線。

至於空間可變動性的改造重點，則是在如何完全移除佔據過多面積的走道空間。這時可利用可動式收納（固定時軟材質可緊靠天花板，移動時軟材質會離開天花板的可動式隔間收納），考慮到居家隱私問題，能夠在不同的時間帶內自由變換隔間方式。小孩房的設計也有特別下工夫，位在南側的小孩房並不是上鎖的獨立空間，在白天可打開房門成為開放空間，將來也能將隔間全部拆除。

有效地劃分空間

接著要介紹公寓翻修時極具效果的空間規劃方式，也就是依照機能性明確劃分區域。大部分公寓住宅內都是由佔了多數面積的獨立空間，以及剩餘的走道空間所組成，很容易給人空間雜亂感，所以只要明確劃分區域，就能讓空間同時產生一致性和變動性。

具體作法是可以分成主要的活動區，以及用水區和收納等功能的預備區。以筆者曾經處理過的事例來作說明，圖4在翻修前只是單純因為室內空間牆面參差不齊，所造成

圖4 明確劃分區域的翻修計劃

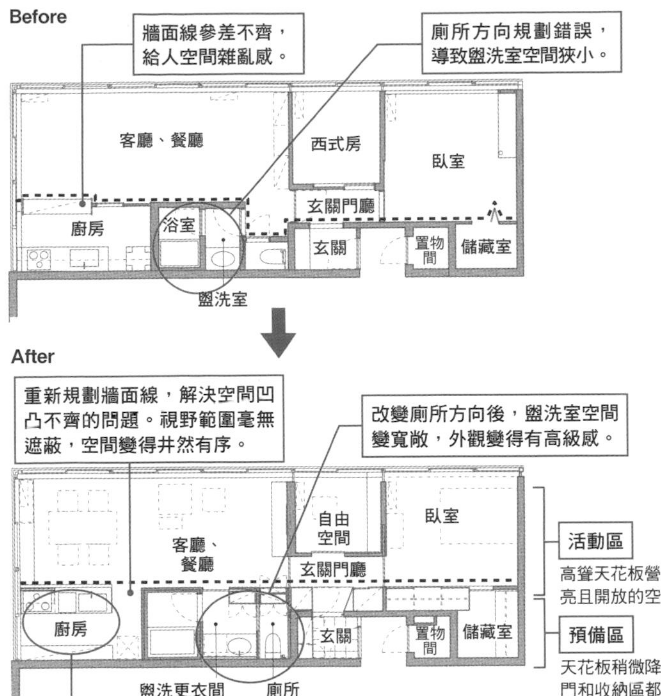

Before
牆面線參差不齊，給人空間雜亂感。
廁所方向規劃錯誤，導致盥洗室空間狹小。
客廳、餐廳
西式房
臥室
玄關門廳
廚房
浴室
玄關
置物間
儲藏室
盥洗室
After
重新規劃牆面線，解決空間凹凸不齊的問題。視野範圍毫無遮蔽，空間變得井然有序。
改變廁所方向後，盥洗室空間變寬敞，外觀變得有高級感。
自由空間
臥室
客廳、餐廳
玄關門廳
廚房
玄關
置物間
儲藏室
盥洗更衣間
廁所
活動區
高聳天花板營造出明亮且開放的空間。
預備區
天花板稍微降低，拉門和收納區都統一使用木頭材質打造。
更改為互動式廚房，在這個情況下詳細的排氣管裝設方式請參照45頁照片③。

①使用木頭素材打造出一致性

走道部分的天花板統一選用核桃木的牆板，營造出客廳和臥室之間的接續感。

臥室內所看到的走道空間，左側收納區開關門是使用橡木的薄木板，靠著牆面整齊排列。將所有的推門打開，臥室便會隔著走道和客廳相連成一體空間。天花板鋪設有核桃木牆板，牆面粉刷則是選用「PORTER'S PAINTS」產品完成。

②整齊的牆面線保持視野暢通

之前凹凸不平的牆面線，現在則是整齊排列，視線不會被遮蔽，空間井然有序。

視線可直接穿透，解決了空間封閉的問題。並強調天花板、牆面、門窗、地板的一致性，也提升了空間變動性，地板是採用橡木原木地板。

③區域劃分明確

降低天花板高度的預備區。
天花板高聳明亮開放的活動區。

廚房內的用水區集中在白色牆面的後方（右側），並塗上保護塗料。為了增加活動空間的開放感，電視和空調設備都是安裝在牆面內（左側）。

視線的遮蔽，而會給人空間雜亂的印象。在這樣的情況下，只要重新規劃牆面線的配置，再另外在區域的分界線設置走道空間，就樣就能感受到不同空間的區隔性。刻意將預備區的天花板壓低，拉門和收納空間則都選用木頭素材，將拉門關上又會轉變為讓人放鬆的居家空間。而有著高聳天花板的活動區，則是光線充足的開放式空間，空調設備、電視和收納處等設施都採用內嵌手法，讓牆面保持平整。

只要設置多功能拉門，這樣就能在全部開啟時，營造出空間的平順連結感，搖身一變成為圖3那樣方便使用的住宅隔間。

移動用水區前要先進行正確的現場調查

變更了公寓的隔間方式後，以技術來說最大的難題就是用水區的翻修和空間移動，想要成功克服這個難題，就必須進行正確的事前調查。

最簡單的方式是找出公寓完工時的平面圖（給排水衛生圖、地板構造圖），這樣就能確定住宅內的給水排水管線位置，但如果手邊沒有可作為憑據的設計圖，那就更需要直接到現場進行調查。一開始要確

column

空間多燈照明的可行性

空間照明是高成本效益的投資

公寓原來的照明設備，都是採用典型的室內統一照明計劃（1空間1燈照明），即便是比較高檔的公寓住宅，也只是在凹型天花板加上間接照明設備，完全沒有隨著家俱擺設和生活節奏而有所變更。而照明設備的變更，在整體的住宅翻修工程中，算是價格比較便宜且具備高成本效益特徵的項目，在說明時客戶也比較能接受照明效果的重要性，所以在設計時，也會特別注意空間燈光效果的這個部分。

基本上在規劃時，會先設定家俱的擺放方式，或是先在腦海中想像固定的空間場景，再來思考如何分配燈光照明，而這也是最正統的設計方式。

考慮到天花板高度的變化，以及配合空間材質的分界線，或是牆上的藝術品等擺設，似乎裝設輔助照明燈也極具效果。以同樣的思考模式為基礎，自然就能衍生出1個空間多燈照明的規劃藍圖。乍聽之下會覺得增加照明設備並不符合所謂的成本效益原則，但其實只要依時間帶和生活模式的變換，細分燈光的開關時間，並採用場景調光器和LED照明設備，就能降低用電比例，也能延長燈泡的使用期。

1空間多燈照明須注意的事項

在規劃1空間多燈照明的配置計劃時，要特別注意的是開關設計的部分。基本上一般都是採用集中在空間入口處的配置方式，但由於轉換燈光明暗度的開關都集中排列在同個地方，在使用上不是那麼方便。因此可選擇在空間入口安裝三路電源開關，並另外在廚房牆面設置轉換燈光明暗度的開關，在開關的配置上，也要考慮到牆面照射的空間美觀。

如果是需要移動隔間牆的翻修工程，在裝設天花板內的嵌燈時，就要特別注意樑柱的位置。不過有很多時候是因為空調設備、天花板內的排氣管等設施，而選擇不使用內嵌式的照明設備，所以事前的調查和設計圖等情報的掌握，在規劃時都會是很重要的部分（**參照87～94頁**）。

想讓照明設計具備高級感，可以選用牆面托燈、吊燈，以及地板上的聚光燈，或是直立式的照明燈等設備，可配合場景讓空間因為光線的變化呈現多變樣貌。譬如說木頭材質的天花板，就可以選用托燈照射天花板，展現出木頭獨特的美感，利用反射光線也能照亮整個空間。此外，安裝在餐桌上方的吊燈也不用侷限只有一盞，可以因應空間大小和高度的不同，多增加好幾盞燈的擺設，這樣就能感受到不同於以往的空間感。

將直立式照明設備擺放在牆面旁邊，如果牆面上有插座那就沒有多大問題，但若是在寬敞空間的中央有放置沙發，那就必須在沙發下方準備地板插座，盡量不要直接看到連接至牆面的管線。

安裝LED照明設備要更謹慎

想要提升住宅的照明設備層級，場景調光器會是極具效果的選擇。其中像是Panasonic和KOIZUMI等日本國產品牌，也都有推出類似產品，筆者本身是會考慮到照明器具的相稱度和區域數（可控制亮度的開關數），有許多人會選購美國Lutron Electronics所生產的「GRAFIK Eye調光器」（**照片**）。

但其實LED照明只能算是還在發展中的裝置，其具備不耗電、不會過熱的特性，也能夠選用薄型LED作為嵌燈使用，對住宅翻修工程而言，絕對是有加分效果的設備。但還是存在有業界的照明器具共通規格不一致，以及不規則的色溫和調光問題等缺點，所以要大量使用這類照明器具時，一定要先尋求照明專家的意見，才不會有重大問題發生。

照片｜空間多燈照明的翻修事例

選用「GRAFIK Eye調光器」（Lutron）來多次變換光線明暗度的高級公寓設計翻修工程（工程費用達日幣5000萬以上）。

Part 2

「隔間」再生術～木造獨棟住宅篇～

- 以費用和設計性為考量的耐震修繕
- 隔熱修繕工程（氣密材、開口部）
- LDK移至2樓的設計
- 如何讓主要構造展現魅力
- 專欄　木造獨棟住宅的翻修心得分享

相較於公寓住宅翻修設計事例，由設計師來負責的獨棟住宅設計事例現在還很少，當客戶在煩惱是要進行住宅翻修還是重蓋房屋時，以現在的狀況來說，大多都還是會建議客戶重新搭建房屋。

然而獨棟住宅的翻修工程中，還是有設計師需要積極參與的部分。獨棟住宅的翻修和住家私有部分的翻修不同，因為在進行獨棟住宅的翻修設計時，必須要將設計規劃重點放在住宅性能上，而這正是具備綜合專業知識的設計師，最能發揮實力的工作。

具體的作法是要如何提升住宅的耐震性和隔熱性，特別是木造獨棟住宅的內部是屬於在來軸組構法的4號建築物，尤其是屋齡相當老舊的住宅，大部分都已經失去這類的性能，因此絕對需要針對住宅的耐震性和隔熱性進行調整修繕。

而設計師必須面對的問題，當然不只有如何提升住宅性能的這個部分，其他還包括了方便使用的設計，以及如何達到高成本效益的配置方式。接下來則是要以住宅性能、設計性、成本效益為基礎，來說明如何改造木造獨棟住宅「隔間」的思考方式。

圖1 以費用、設計性為考量的耐震修繕概念

耐震修繕相關問題

屋齡20年左右的木造住宅特徵

注意事項

費用…基礎和軸組補強的工程費，有時候要花費好幾百萬日幣（精密檢查既耗費時間程序又複雜，因此大部分翻修工程都會被迫選擇進行一般性的檢查，但由於精密檢查和一般性檢查的判定結果標準不一，所以也會發生判定後，結果與實際上住宅的耐震性能不符合的狀況）。

設計性…絕對不要隨意決定進行軸組補強工程，不但會影響空間的使用性，也會限制LDK等空間的寬敞度。

基礎…一般都會採用倒T型基礎，在確認鋼筋位置狀況後，只要不要出現地層下陷和嚴重崩塌現象（大多指幅度達0.5mm以上），那麼就只需要以環氧樹脂等黏著劑進行修補就不會有任何問題。

主要構造…許多建築物的樓上和樓下的樑柱及牆面位置並不一致，所以需要針對耐力牆進行施工，在牆面數量不足的狀況下，若是牆面都集中在北側，空間就會失去平衡感，導致離心率〔※1〕偏高。

方 針

①以「基礎、主要構造的位置一致性」「取得空間平衡感的耐力牆配置」為出發點，讓建築的鉛直方向受力能妥善地傳導至各個部位，並加強搖晃度和地板彎曲的耐震性。這樣就能提升耐震修繕工程的成本效益，也更容易規劃出寬敞的空間。

根 據

①「基礎、主要構造的位置一致性」→**「直下率」**
②「取得空間平衡感的耐力牆配置」→**「構造區塊」**

空間沒有取得平衡的木造住宅

若以屋齡作為判定標準，那麼在來軸組構法建造的獨棟木造住宅中，最需要進行住宅翻修的則是屋齡在20年左右的建築物。這些建築物大多都需要進行耐震修繕工程，所以在規劃時，必須要將設計性和成本效益因素也納入一併考量。在進行修繕工程前，一定要先確實把握這類住宅的構造特色。

其中絕對要確認的部分是基礎和主要構造（樑柱、牆面），不只要知道各個部位的毀損狀況，最重要的是要掌握各個部位的位置。需要確認倒T型基礎（大部分這類型屋齡相近的住宅都是採用倒T型基礎，很少是採用格狀基礎）以及主要構造的位置，如此一來，就會發現許多建築物都會有基礎垂直面和2樓地板樑柱位置完全不一致的情況。這類住宅在構造軀體遭受外力時，外力的傳導方式會顯得非常複雜，當外力偏離時，住宅內就很可能會出現地板凹凸不平、拉門無法順利開關的情形。其他像是和風住宅等建築，由於很在意外觀的陳設，所以2樓空間往往會比1樓空間小，由樑柱來承受2樓的耐力牆重量。

另外，也要特別注意耐力牆的配置方式，在發布新版本的耐震基準（1981年）以前的建築物，其牆面數量則都是按照建築基準法來建造，在以採光效果為優先考量的狀況下，大部分住家都會在南側設置開口，而將耐力牆規劃集中在北側。這樣的配置方式不但會造成空間平衡感不佳，整體的空間離心率〔※1〕也會偏高。一旦發生地震或受到外力衝擊時，由於外力的傳導會呈現不均等的狀態，造成空間受力變形，而提高空間部分毀損和建築物倒塌的風險。

基礎和主要構造位置一致，耐力牆的配置取得空間平衡

以住宅構造特性來作判斷時，耐震性能的修繕則要是以「基礎、主要構造的位置一致性」、「取得空間平衡感的耐力牆配置」作為修繕的2個重點所在〔圖1〕。前者的目的在於取得上下樓層的樑柱和牆面的位置一致性，不但能讓住宅本身保有耐震性能，在合理的空間架構下，讓外力的傳導變得規律。至於後者的部分，不是要隨意設置耐力牆，而是要以基礎垂直面為基準來分配耐力牆的位置。如果在沒有基礎垂直面的地方設置耐力牆，也沒

※1　表示構造物的重心（質量的中心）距離剛心（剛性的重心）有多遠的程度。當重心和剛心一致時，離心率為0，當重心和剛心處在大範圍偏離位置時，離心率就會越高。

圖2 原有住宅基礎構造圖的特徵（S＝1:150）

矚目 提高直下率的方式

直下率是指「2樓的牆面、樑柱，與1樓的牆面、樑柱位置一致性的比率」，直下率越高就表示住宅構造越安定，所以在進行耐震修繕時，可以將提高直下率作為其中1個施工目標（牆面60%以上，樑柱50%以上）。

右圖的直下率之所以很低的主因是由於2樓南面的外壁正下方①完全沒有設置牆面，最大的問題則是②沒有基礎垂直面，這些都是造成直下率偏低的主因。

要提高直下率，首先要思考的是在1樓設置耐力牆，再來就是必須重新設置基礎垂直面，所以會讓工程費用增加。其他像是在1樓樑柱上設置耐重力強的地板，或是在閣樓內使用合成樑等方式，都是能夠有效補強1樓耐力牆在受外力衝擊時的外力傳導性能。

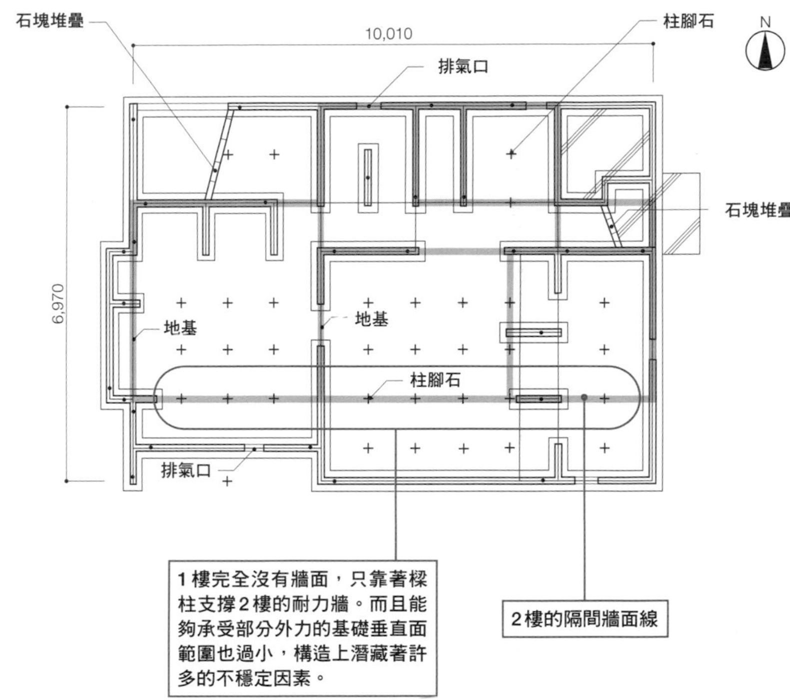

辦法發揮一定的耐重性能。

此外，這2個手法和住宅的設計性，則是有著一體兩面的相互關係。住宅的基礎和主要構造一旦取得協調性，就不需要再增設多餘的樑柱和牆面，耐力牆的配置得當，也能減少牆面的數量，這樣就能擁有更寬敞的生活空間。

以成本效益的觀點來看，這2個手法都相當有幫助。一般翻修工程中的基礎、主要構造修繕等相關工程，所需費用差不多都要300～400萬日幣，金額佔總花費最高的3～4成，所以說這個部分的支出，會大幅影響到整個翻修工程的總金額。就以往的經驗判斷，如果住宅的基礎結構上沒多大問題，就能夠繼續沿用原有的基礎。若需要在無基礎垂直面的位置設耐力牆，那麼就需要大幅增加工程費用。

最好是將主構造的修繕控制在整體的1／2以下，如果修繕範圍在1／2以上，要修繕的部位就會變多，之後的工程費用就同重新蓋房沒什麼兩樣。所以也要將樑柱和牆面的追加數量盡量壓到最低限度。

再來則是會遇到設計業務中，要由誰來負責進行構造計算的問題。在翻修工程期間，包括設計時間在內，需費時幾個月到半年時間，以費用來說，也很難將構造計算的部分外包給其他業者負責。由於設計師必須提出住宅的補強計劃，所以基本上會以簡單的架構為主要內容。雖然上述項目的費用都要計算在內，但是耐震修繕工程的進行，還是要以「基礎、主要構造的位置一致性」、「取得空間平衡感的耐力牆配置」為重點。

從直下率和構造區塊思考合理的耐震修繕

以上所列舉出的補強計劃方針，其背後都是以「直下率」和「構造區塊」思考模式為出發點。所謂的直下率是表示「2樓的牆面、樑柱，與1樓的牆面、樑柱位置一致性的比率」，簡單就能作出判斷，不需要進行複雜的構造計算。提倡此想法的NPO法人「木造建築Forum」的「現代木割術研究會」，則提出要確保住宅牆面的直下率為60%，樑柱則是50%的想法，而住宅基礎和主要構造的一致性，也就是在追求相同的數值目標。具體作法則是要確認基礎構造圖中的垂直面部分，再配合位置決定設置樑柱和牆面的位置（**圖2**）。

構造區塊則是指「角落樑柱和上下連接橫向架材所構成的構造單

圖4 將LDK移動至2樓的圖3修改設計（S=1:150）

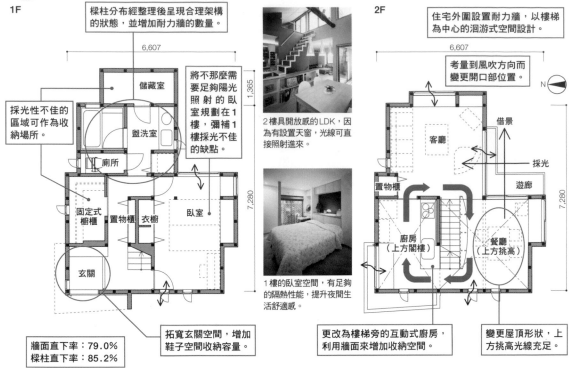

1F

樑柱分布經整理後呈現合理架構的狀態，並增加耐力牆的數量。

6,607

1,365

7,280

儲藏室

盥洗室

廁所

固定式櫥櫃

置物櫃

衣櫥

臥室

玄關

採光性不佳的區域可作為收納場所。

將不那麼需要足夠陽光照射的臥室規劃在1樓，彌補1樓採光不佳的缺點。

拓寬玄關空間，增加鞋子空間收納容量。

牆面直下率：79.0%
樑柱直下率：85.2%

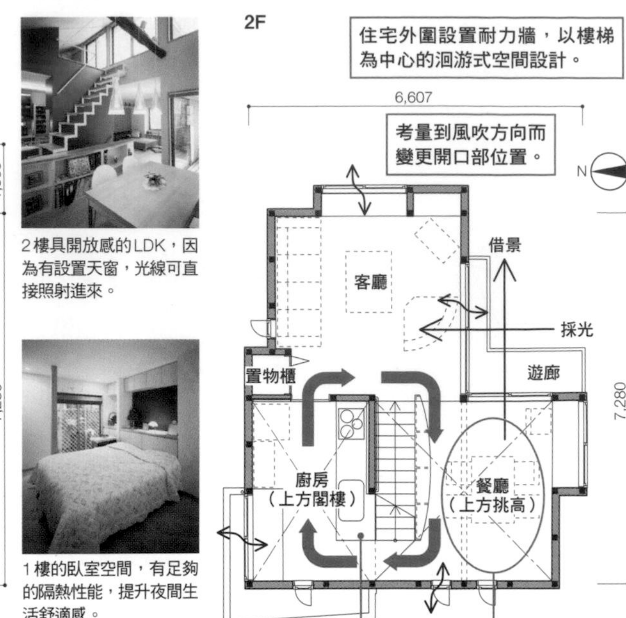

2樓具開放感的LDK，因為有設置天窗，光線可直接照射進來。

1樓的臥室空間，有足夠的隔熱性能，提升夜間生活舒適感。

更改為樓梯旁的互動式廚房，利用牆面來增加收納空間。

變更屋頂形狀，上方挑高光線充足。

LDK移動至2樓

要重新規劃住宅密集區內的木造獨棟住宅隔間，最重要的部分是如何改善採光條件，具體且有效的作法是將一整天都會活動的LDK移動至2樓（圖4）。以住宅側面構造來說，可以將2樓的耐力牆數量縮減至比1樓少的狀態，這樣就非常適合作為LDK等寬敞空間使用。因為直接從1樓的樑柱和牆面往上延伸（2樓）非常容易，還能提高直下率（※1）。

同時也要將屋頂材料從比較重的瓦片，變更為金屬板和板岩等輕量材。如果將瓦片屋頂更換為鍍鋅鋼板，那麼2樓就幾乎只需要靠外牆，就能滿足必要牆面數量。

計算方式是根據「建築基準法所制定的必要牆面數量」，所謂的必要牆面數量是從樓層的地板面積加乘後所計算出的係數，輕量屋頂和重屋頂所得到的係數如（**表格**）所示。2層樓住宅的所得到的地板面積係數，以輕量屋頂計算，1樓是29cm/m²，2樓是15cm/m²；而重屋頂所得到的係數為1樓33cm/m²，2樓為21cm/m²。在地板面積相同的情況下，比起重屋頂選擇採用輕量屋頂，好處在於①減少2樓牆面數量②2樓牆面數量比例低於1樓。

在選用輕量屋頂後，再設置天窗或橫向天窗，就能提升住宅的採光和通風效果，也會因為加大平面寬敞度，讓空間更顯立體感，整個空間煥然一新。將LDK移動至2樓，雖然會需要上下樓梯，但只要在樓梯傾斜處裝設扶手，那麼上下樓自然就不會是大問題。

如果住宅本身空間狹小，可將臥室和浴室（※2）等私人空間規劃在1樓。因為臥室是主要在夜間才會使用，所以只需要小範圍的光線照明即可，接著再加強臥室的隔熱效果，就能營造出舒適的就寢空間。而光線不容易照射到的區域，可以作為收納空間使用，也因為1樓的格局規劃空間較多，所以能達到藉由耐力牆分散重量的效果。

表格｜地板面積加乘係數

屋頂的種類	樓層數	樓層	係數（cm/m²）
輕屋頂	平房		11
金屬板	2層樓	2樓	15
板岩屋頂等		1樓	29
重屋頂	平房		15
土壁漆造	2層樓	2樓	21
瓦片屋頂等		1樓	33

建築基準法規定因應地震搖晃所計算出的必要牆面數量（cm）使用係數，將不同樓層建築物，以地板面積和屋頂種類加乘後所得到的係數作為牆面數量。

※1　密集住宅區的住宅大多都是雙層建築物，由於1、2樓的外牆線有對齊，所以牆面直下率會偏高，至於在鄉下的和風建築（2樓空間較小的住家）的直下率則容易偏低。如果隨意地分配隔間和樑柱位置，一般認為樑柱的直下率則會偏低。

※2　如果浴室採用系統衛浴設備，那麼也能夠設在2樓。那是因為系統式衛浴的牆面和天花板設計相當自由，還能夠設置大型窗戶。但是就內部結構的不穩定性，以及木造住宅耐用性的觀點來說，浴室最好還是不要採用在來工法。

照片2 以照片說明！讓主要結構的散發魅力的妙招

①屋頂樑柱外露增添空間設計感

HIROTSUGU Check!
外皮完整的舊有圓狀樑柱，剝除髒汙部分，再塗上木頭油料。

改變了屋頂形狀，而讓天花板內隱藏支撐力強的2樓樑柱，成為室內裝飾的一部分。

②樑柱、下降天花板、間接照明設備的搭配組合

將獨立式廚房更改為互動式廚房時，將原來的隔間角柱留下，作為空間的裝飾。

HIROTSUGU Check!
利用下降天花板和間接照明遮蔽輔助樑。

③增加樑柱隔開空間

HIROTSUGU Check!
將雲杉木的薄木板接合在原來的構造樑上，讓樑柱顏色保持一致。

移動樓梯而增設的玄關門廳，保留原有的樑柱，再增設相同尺寸的間柱，成為客廳、餐廳的列柱隔間帷幕牆。

④對角支撐木的空間隔間

外部的耐力牆承載力不足，所以在中央增設露樑的對角支撐木隔間，不但能作為空間裝飾，還能提升住宅耐震性能。

HIROTSUGU Check!
對角支撐木交錯連接，上下端以隱藏螺栓接合。

構造材也能散發設計感

進行在來軸組構法住宅的翻修工程時，有時候會出現無法撤除樑柱、牆面的情況。獨立的樑柱只要針對特定部位進行補強，就比較容易能將其撤除，但是通柱以及接合樑柱的位置就無法隨意變更。然而在拆除作業結束後，有很多時候還是需要重新擬定住宅結構的補強計劃，至於那些機能性沒受到影響的區域，就可以針對構造材的設計感部分下功夫。

首先是經常使用的手法，就是讓隱身在天花板內的屋頂樑柱外露，讓空間感更豐富（**照片2①**）。如果住宅中央有樑柱支撐，那麼就大膽地讓樑柱裸露出來，可以再搭配上設置在下降天花板底端，以及天花板高低差部位的間接照明設備，以及能讓人留下深刻印象的十字設計（**照片2②**）。

若是有好幾處無法除的樑柱，其利用方法則是將同樣尺寸的樑柱並排，作為空間隔間帷幕牆（**照片2③**）。而補強結構的對角支撐木，不但能成為客廳和餐廳的隔間帷幕牆，也是機能性與構造感兼具的設計方式（**照片2④**）。

column

木造獨棟住宅的翻修心得分享

獨棟住宅翻修的不安？

應該有不少設計師在進行木造獨棟住宅（在來軸組構法）翻修工程時，難免會因為經驗不足，而感到些許不安吧？其實這樣的情緒反應很正常，因為對原有住宅的品質和性能的掌握度有限，有許多既有的缺點是必須在拆除作業進行後才能得到答案，所以在住宅情報的掌控上的確是有一定的難度在。因此也聽說有許多設計師是因為認為「在懵懂的狀態下貿然接下重擔，必定是自討苦吃」，所以最終還是決定放棄這樣的挑戰。

但其實筆者在獨立開業前，也幾乎沒有接觸過木造建築設計的經驗，特別是在來軸組構法的相關翻修設計知識，也都是靠自學而來。所以在面對木造住宅翻修工程的初次體驗，可說是能親身學習到設計、監工實際知識的最佳途徑。即便過程中可能充斥著許多風險因素，但不去面對就無法從中學習到任何東西。

設計師要有的資質能力

設計師在進行木造獨棟住宅的翻修設計與監工作業時，最重要的資質能力是什麼呢？其實就是溝通能力。一般來說會願意和處理新屋和豪宅設計案件的設計事務所合作的工程公司，對於設計師所提出的技術和對設計的要求，基本上都具備一定水準的應對能力。即便是設計師本身專業知識不足，工程公司也還是會願意配合，但是費用相對較低的翻修工程，願意配合的業者必定就是規模較小的工程公司，施工技術當然會有落差。

以家俱來說，預算較高的家俱工程業者，設計師只要查看施工圖，就能期待對方會呈現出優質的施工成果。另一方面，若是預算不高的情況，就必須緊盯業者的木工和門窗安裝工程進度。而製作設計圖當然是設計師不得不做的工作，除此之外，還得確定可配合施工現場使用的素材和相關細節、各式金屬材的選用等，必須整理出各式各樣的資訊內容，工作量會大幅增加（圖①）。為了維持設計和翻修品質，設計師本身也要對各式材料和施工方式有一定的瞭解認知，以及要懂得如何讓業者發揮創意和技術，讓彼此成為相輔相成的工作團隊。

此外，也要提升面對客戶時的提案能力，包括設計在內，也需要具備有對生活深刻的洞察力。不分男女都需要培養出從觀察中推估客戶配偶和小孩不滿情緒與需求的能力。除了上述所提到的各項特質以外，設計師最重要的就是要具備能理解對方情緒的溝通能力。

判斷施工現場需求的訣竅

只要熟悉了木造獨棟住宅的翻修工程，即使沒有設計圖，也能憑靠照片和意見調查，大致掌握整體設計和構造的問題點。將事前比較在意的部分挑出來，接著到現場實地調查，針對重點部分進行觀察，就有可能在短時間內做出正確的判斷。重新思考空間規劃，再親身感受與實際上的落差，這樣也能幫助客戶找出原本沒發現的舊有建築物的魅力所在。

結束現場調查後，最好是在當天完成第一次的規劃設計圖（圖②）。趁著記憶還深刻的時候先完成1項設計提案的作法，這樣還能有效激發設計師後續的創意發想。

在構思首次設計圖內容時，不要過度執著於住宅構造，這樣才是完成好提案的訣竅。首先要思考原有建築物內的理想隔間方式，再針對構造部分反覆進行設計圖的修正與補強計劃，這樣就能讓提案內容有實質上的水準提升。

圖｜讓業務順利進行的手繪設計圖

①木工家俱的細節

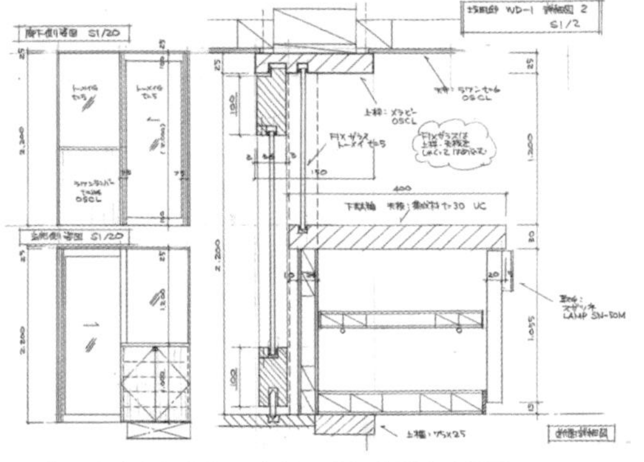

門窗和木造家俱的組合事例，詳細繪製出設計圖，能有效提升安裝精準度。

②手繪的首次設計規劃圖

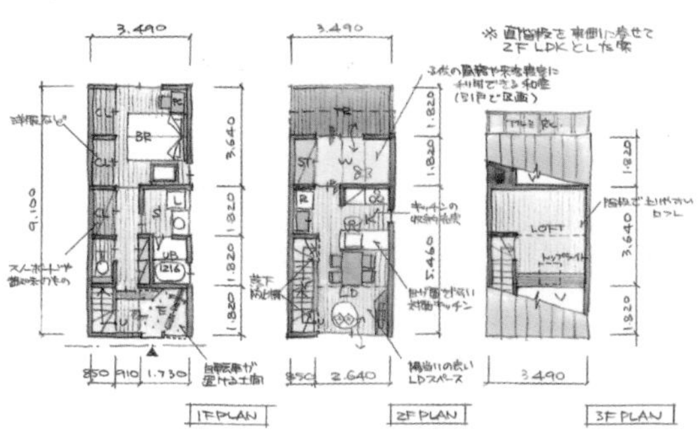

結束現場調查後，當天所完成的手繪設計圖。在此事例中，還另外針對此翻修案作出其他4項提案來進行比較檢討。

Part 3

有智慧的設備計劃～事前調查篇～

- 事前調查設備清單（公寓、獨棟住宅）
- 現場調查確認事項（公寓、獨棟住宅）
- 必備資料、資訊取得管道
- 專欄　從失敗中學習！設備計劃的風險管理

設備絕對是客戶下決心要進行住宅翻修的重要因素之一，對設計師來說設備計劃的重要性也相當高。但也因為住宅設備機器的老舊化、故障情況的改善與性能提升、導入省能源性優良的最新機器，以及公共設施（水、電力、瓦斯）的使用性等問題，而讓技術上要注意的面向變得相當多元。所以在變更設備機器的效能時，當然也需要多付出一些金錢。

這部分設計師所要具備的能力則是①深入瞭解各式各樣的住宅設備機器，以及與公共設施相關的知識②確保各種機器所需使用的公共設施供給路線的推定③控制所花費的金額。

其實這就跟購買新屋會面對到的問題一樣，在進行翻修工程時，最重要的是掌握原有住宅的設備機器、配管、配線、公共設施的供給能力等實際狀況。如果不能正確地掌握現況，那麼不管多麼精彩的提案，也都是毫無意義。還要針對書面資料和現場狀況一一確認事項，謹慎地進行事前調查。接著要分別討論公寓和獨棟住宅，在提出住有智慧的設備計劃前，必須進行的事前調查重點。

事前調查需掌握的設備清單項目－公寓篇－

評分項目	確認部位、場所、設備	現場調查重點（需確認的內容）	注意事項
瓦斯	瓦斯量表	□瓦斯管的口徑（流量）、瓦斯種類的確認	瓦斯口徑可按照編號詢問瓦斯公司，由於瓦斯管線配置不會在中途分開，所以要特別注意移動位置
	瓦斯配管路線	□確認樓板下配管、地板下配管、天花板內配管路線	
	瓦斯電源開關插座	□翻修後使用者的是否有使用需求	
排水	管理組合	□定期高壓洗淨的作業狀況	使用內視鏡調查必須要有水管工程業者同行，如果是樓板下配管或是輕鋼架內部配管，更換工程會非常浩大
	排水管	□地板下配管or貫穿樓板下方配管 □確認配管內狀況（使用內視鏡調查是否有逆坡現象，以及配管的種類）〔58頁照片2⑨〕	
電力（包括低用電）	分電盤、電表〔58頁照片2⑦〕	□安培數和電流限制器的有無 □迴路數（確認預備迴路個數） □單相2線式（100V）or單相3線式（100V/200V） □電燈與動力是否分開	尺寸越大的分電盤就越不好移動位置，如果有電流限制器（契約用開關器）就很容易作變更。弱電盤要注意①盡量避免大幅移動②與網路連接線路的關係是重點所在。後者需事先設定弱電盤的設置位置，以及和網路連接用的各種機器設置位置。火災警報器的移動有時候需要向消防局提出申請，這部分要多加注意
	弱電盤	□型式、製造年份〔58頁照片2⑧〕	
	對講機	□集中式對講機or單獨式對講機	
	電話線路	□端子位置、線路位置	
	網路連接線路	□住家內LAN電纜配線、數據機、路由器、集線器位置	
	電視連接線路	□確認各種撥放方式（無線訊號、衛星（接收天線）、有線電視（CATV）、類比電視、數位訊號等）	
給水（熱水）	水表	□水表口徑（13㎜ or 20㎜） □水壓測試（廁所的水壓） □陽台是否有地下水龍頭 □熱水管線（分開式 or CD管接頭方式）	除了水龍頭數量有限制以外，水壓若是不夠時，馬桶的選擇範圍就會縮小。是否有地下水龍頭會影響植栽計劃
	瓦斯熱水器	□熱水管線（分開式or CD接頭方式） □號數 □是否有循環加熱必要性 □水壓測試（使用大型淋浴設備時） □型式（室內型or 室外型）	如果熱水器和水龍頭距離很遠時，可以考慮設置快速加熱系統設備。若需要裝循環加熱，可以考慮更換熱水器
	電力熱水器	□蓄水型（型式、製造年份、蓄水量）or 個別式瞬間熱水器（型式、號數） □搬移路線（預定更換時）	如果要利用深夜電力，在現場調查時有可能無法卻認機器動作情況
空調	個別空調	□型式、製造年份 □嵌環管口徑（需要有加濕功能。通常為⌀60，有加濕功能為⌀70） □嵌環管數（安裝新機時要確認個數和室外機擺放處）	若必須鑿新的孔洞，必須向管委會申請，並確認是否有進行X光照射的必要性
排氣	外牆	□給氣孔位置〔照片1①〕 □運作狀況確認（各個換氣扇和各個排氣孔網的運作狀況）〔照片1②〕	如果要移動用水區（廚房等），必須事先掌握排氣管路線。要注意給排氣的運作平衡，全熱交換型換氣扇必要時需清掃排氣管
	抽油煙機	□形式（送風機、換氣扇、給排氣一體型、防火擋板等）	
	全熱交換型換氣扇	□流量（視狀況需要清理排氣管）	
其他	地板暖爐	□形式（溫水循環型or電力加熱型or其他） □地板暖爐導熱板範圍和開關位置	要向客戶確認地板暖爐的移動和擴大範圍。加熱調理機的熱源若改為插電式（IH化），就很容易移動廚房位置（要注意抽油煙機）。插電式的洗衣烘乾機若改為瓦斯式，就必須裝設排氣管。灑水器更換位置需要向消防局提出申請
	加熱調理機	□形式（瓦斯式or插電式）	
	浴室暖爐乾燥機	□形式（瓦斯式or插電式）	
	洗衣烘乾機	□形式（瓦斯式or插電式） □瓦斯式的排氣管線路	
	保全系統	□保全系統公司、電話線路等連接	
	灑水器（管道間、纜線間內）	□覆蓋範圍（刻印的r 2.6和r 3.5的數字） □位置、大小、區域	
	火災警報器	□形式（熱感應or煙感應） □防火門的連結性以及是否有管理室的通報系統	
	警報鈴	□管理室的通報以及對講機的連結	
	天線	□衛星播放	

從外牆開始調查

要訂定住宅翻修的設備計劃前，須事先進行調查的項目、內容可參照圖１。在進行現調查時，首先要掌握住家外牆的情報，這部分很容易會被忽略，記得要在進行住家範圍的調查前，先確實掌握排氣設備的內外排氣位置〔照片1①、②〕。

確認完外牆周邊的設備位置後，接著是掌住家範圍內的管線間、纜線間位置〔照片1③〕。如果有設置檢查口，那就要確實查看其內部狀況，可從中判斷①排水管位置和原有地板之間的下降程度〔照片1④〕②排氣方式〔防火檔板的有無〕等設備情況。

接著要針對用水區進行調查。廁所一定要確認排水方式〔照片1⑤〕，通常馬桶的排水是採用地板排水設施，但如果是沒有裝設雙層地板的住家，大部分是設計成牆面排水設施，在確認時別忘了要調查馬桶內部情況。而確認排水芯位置則是非常重要，由於廁所的排水管排水起始位置不能太高，所以在規劃上難免會有些限制。裝設系統衛浴設備時，也要從天花板檢查口查看天花板內部，確認排氣管的線路方向〔58頁照片2⑥〕。

而電力的部分則是會左右整個設備計劃的走向，所以一開始就要確認電力容量。一般的公寓都規定有最大容量，要特別注意在未經管委員會同意前，絕對不能隨意提高電力容量。除了要確實掌握分電盤開關蓋和迴路資訊，還必須打開蓋子，實際查看內部迴路狀況〔58頁照片2⑦〕。特別是在使用200V的機器時，要查明主線用電源的斷路器是採用單相2線式還是單相3線式。並直接以肉眼查看弱電盤內部情況，確認幹線連接種類以及連接至哪個空間〔58頁照片2⑧〕。

根據情況進行破壞性調查

屬於住家私有部分以外的調查項

照片1 現場必須查看的重點—公寓—

①外牆的給排氣口

參考隔間圖對比窗戶位置，事前掌握給排氣孔網和排氣孔蓋的裝設位置。

②排氣管路線的確認

依序開啟室內所有的排氣開關裝置，確認屋內抽風扇和外部排氣口的對應關係。

③住家範圍內管道間（PS）的排水管

蒐集從檢查口查看管道間和纜線間設備配管線路的情報。此事例為部分地板樓板下降，檢查後發現這裡是排水管行經位置。

④地板下配管

從共用部分樓梯下方檢查口所看到的地板下配管。此事例為地面和RC結構之間的的空間，判定為適合用來作為排水管的設置地點。

⑤馬桶後方的排水管

馬桶後方連接的排水管是判斷排水管線連接位置的重要因素，以肉眼直接觀察看不出所以然，要利用微型數位攝影機深入管內攝影，才能確實掌握管線連接方式。

照片2 現場必須查看的重點 — 公寓篇② —

⑥浴室天花板內的排氣管

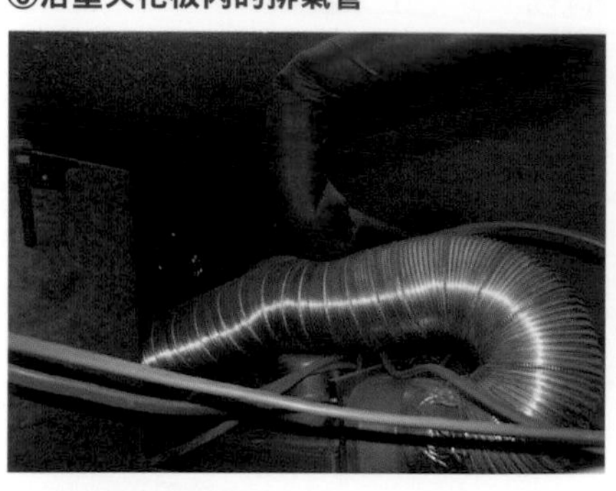

確認抽風扇的排氣管方向。如果上方可看見樓上的排水管，就要注意這層樓的排水管很有可能也是裝設在地板樓板下方。

⑦老舊型式的分電盤

要確認老舊型式的斷路器是否裝有漏電斷路器，大部分都沒有細分迴路。

⑧弱電盤的內部

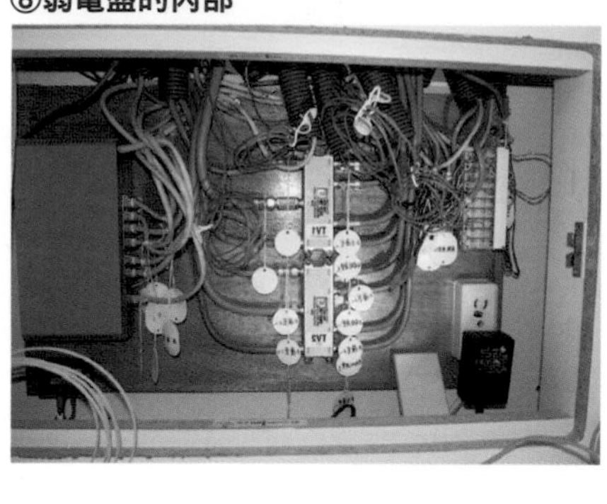

可得知電話線和網路纜線的配線公司情報，也能讀取火災警報器和警報關係的情報。

⑨排水管的狀態確認

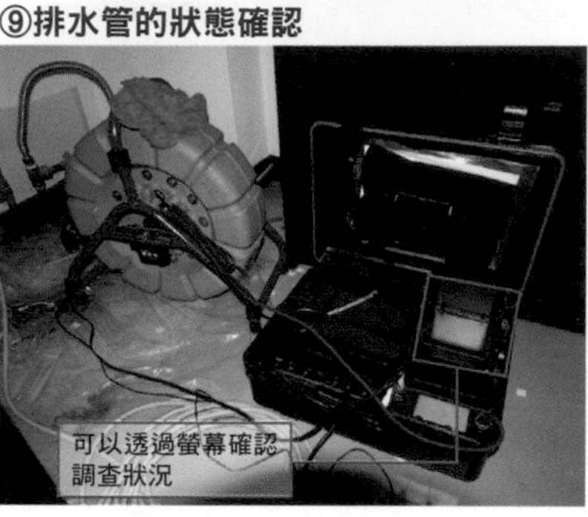

使用內視鏡查看原有排水管內部的樣子。有很多時候不會就存水彎形式和配管彎曲角度仔細調查，所以在事前要先和檢查公司溝通說明。

目比重相當高，在私有部分範圍內的調查中，有時候也很難全面性地確認地板狀況，這時就需要找出共用部分是否有能夠查看地板狀況的場所。像是共用樓梯和共用走道的下方，就有可能查看住家範圍內的地板狀況。

此外，也要適時聽取管委會和管理員的意見。其中一定要確認的是施工程序複雜的排水管汰換工程。要具體詢問對方排水管進行了何種程度的高壓洗淨作業，以及配合長期修繕計劃的配管更換作業等施工狀況。如此一來，也比較能夠推估排水管的毀損程度。

必要時可使用內視鏡等器具來檢查配管的內部狀態，這樣比較能獲得正確的資訊〔照片2⑨〕。包括管線材質、逆坡處是否有積水、生鏽膨脹的管線內部連接方式是否安全等狀態，都要能確實掌握〔※1〕。

但是從檢查口得知的訊息內容畢竟還是有限，在沒有現有設備圖的狀況下，只以目視等方式來進行非破壞性檢查，大部分的客戶還是會覺得檢查工作不太足夠。這時就要取得客戶諒解，先針對區域進行部分拆除作業，藉此確認設備狀況。在施工人員以及設備業者陪同調查時，也必須在好幾個地方的牆面、地板和天花板鑿洞，一一確認內部的設備配管狀態。這一連串的作業費用計算方式，以筆者所屬的設計事務所來說需要花費日幣5～10萬〔※2〕。

購買房屋時的確認事項

最後要說明購買中古屋時的確認事項，包括有①是否有房屋完工時的設備圖②外牆（陽台）是否有孔洞和安裝設備的空間③住宅翻修履歷④管理公司、管理員的其他住宅屋況說明。①是要確認管委會是否有保管需要破換部分設施，就無法得知管線方向的設備相關設計圖，②的確認範圍不只有自家住宅，就連其他住家的陽台都要查看狀況。若選擇不裝設舊式中央空調機，而是要在個別空間各自安裝空調，這項情報就能派上用場。

③則是要瞭解房屋歷經幾次的翻修作業，這對住宅本身來說是非常重要的情報。可以透過拜訪前屋主，或是向管委員會申請閱覽保存資料等方式來掌握住宅相關情報。④則是對越老舊的房屋越重要的部分，那是因為大部分設備的相關施工都會在同個時期進行，尤其是要特別掌握最近的施工作業資訊。

〔各務兼司〕

※1　即便經過一次的檢查，也並非「絕對不會有問題」，有很多時候最後還是要全面將排水管都汰舊換新。
※2　結束現場調查後會製作調查報告書，可以用來作為設備計劃中的必備情報，以及向客戶說明的資料。

事前調查需掌握的設備清單項目 — 獨棟住宅篇 —

評分項目	確認部位、場所、設備	現場調查重點（需確認的內容）	注意事項
瓦斯	瓦斯量表	□瓦斯公司的聯絡方式〔60頁照片3③〕	管線行經位置會影像到住家外圍工程，如果位在液態天然氣公司範圍內，就要確認是否能架設都市瓦斯的管線。若都市瓦斯公司可負責本管延長作業，就能更換為都市瓦斯。行不通則建議更換為全電力化設施，但由於白管的移動手續繁複，最好式更換為瓦斯用的聚乙烯管。
	管線路線	□瓦斯公司的聯絡方式	
	瓦斯桶	□是否有瓦斯桶 □液態石油氣公司的聯絡方式	
	內部配管	□開關安全閥位置 □配管種類	
自來水	水表	□量表口徑（13㎜ or 20㎜）〔60頁照片3①〕	老舊建築物口徑大多為13㎜，為因應水龍頭數目的增加，以及安裝水壓式馬桶須避免的水壓不足問題，口徑最好更換為20㎜以上。原有配管已埋設在基礎時，那就要重新裝設新管線。
	管線路線〔60頁圖3①〕	□有無埋設管線 □配管種類	
下水道	公設槽	□下水道設備圖的整合性〔61頁圖3②〕	由於重新設置或廢止公設槽，以及道路挖掘或恢復原狀的工程費用都非常高，所以原則上是會沿用原有設施。而排水管線位置和坡度都是要打開儲水槽蓋，在各個部位放水確認。如果不屬於雨水放流區，那就要設置浸透漕。
	儲水槽	□位置和排水傾斜度〔60頁照片3②〕	
	排水管路線	□排水管線的連接方式 □是否能抑制雨水的流出	
電力（包括低用電）	管線路線	□形式（架空 or 埋設）〔60頁照片3④〕	由於單相2線式不適用於200V，電流只能到達30A，所以要加大容量時，就必須更換為單相3線式。若有斷路器契約，最大電流可達60A。如果是管線埋設，則要確認地下配管的對應電流數值。要注意電視、電話、網路等設備因連接方式不同，而有不同的必要設備。如果要設置電子鎖，則需要在大門、玄關門和控制台架設管線。
	分電盤、電表〔60頁照片3⑤〕	□安培數 □是否有大容量設備 □迴路數 □單相2線式（100V）or 單相3線式（100V/200V） □是否有動力	
	天線	□是否有天線 □是否會發生電波障礙	
	電話	□是否有配管	
	LAN	□是否有配管	
	對講機	□端子位置、線路位置	
	火災警報器	□是否有安裝	
	電子鎖	□是否有安裝	
給水（熱水）	給水管	□形式	如果有向自來水公司申請設施圖，就能夠掌握排水管的位置。製造年份達10年以上的熱水器就需要汰換。若要更換溫水地板式暖爐，也要考慮是否該換熱水器。
	熱水管	□供給能力	
	熱水器	□製造年	
空調	空調機	□型式 □能力 □製造年 □配管路線	若使用代替冷媒要考慮是否要更換。製造年份達10年以上的空調機省能源功能低，功能性差，最好是更換新機。
排氣	抽風扇	□型式 □口徑 □製造年 □配管路線	製造年份達10年以上設備會因為老舊化而產生噪音和引發火災的風險，最好是更換新機。可趁著施工時更換為24小時排氣系統設備。
	給氣口	□配管路線	

從屋外給水和排水設施的調查開始

在訂定獨棟住宅的翻修設備計劃前，要先進行事前調查的項目請參照**59頁圖2**。獨棟住宅除了不受公寓管理規定限制之外，由於地板下方和天花板內的空間都十分足夠，所以配管和配線作業在執行上並不困難。然而獨棟住宅卻幾乎不會留有設備圖，再加上修改公共資源的供給方式，又要花一大筆錢，所以要盡可能利用眼前可見的設備。

首先要確認的是多數獨棟住宅會面臨到的給水壓不足，和排水阻塞的問題。特別是在屋外給水排水管的翻修工程中，因為口徑不足，而要重新規劃給水管，以及坡度不夠，要更換排水管等作業項目，都有可能因為道路挖空和外部工程的費用增加，或是需要重新修正作業順序，所以一定要在事前徵詢住戶的意見。但如果是購買中古屋的情況，要與前屋主聯絡就不是那麼容易的事，所以要透過房仲業者，確實瞭解住宅的給水排水狀況是否正常。若是有段時間沒人居住的房屋，給水排水管有可能已經阻塞，多數都需要進行洗淨或是更換作業。

仔細調查配管和配線情況

現場調查首先要從公共資源的供給接續方式開始確認。重點在於要向自來水、下水道、瓦斯等相關公司索取住宅配管圖，搭配圖示來確認住宅的設備狀況（**圖3**、※1）。

自來水的部分則是要確認止水栓和水表狀態，以及查看引水管的口徑大小（**照片3①**）。給水排水管安裝在室內時，則是要查看天花板內部，以及地板下方來確認可能的行經路線。還有就是屋齡老舊的住宅

照片3 現場必須查看的重點 — 獨棟住宅 —

①供水管線口徑

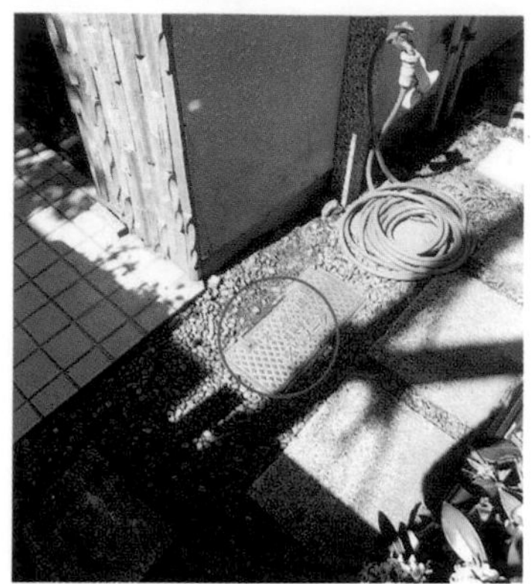

確認水表供水口徑，有時候會和蓋子上記載的口徑（20／25㎜）不同，所以一定要打開蓋子查看儀器規格。配合自來水供應圖查看引水路線。

②公設槽

確認公設槽以及建築物周圍的雨水槽、汙水槽位置，並記錄在設計圖內。

確認和自來水供應圖是否有出入，也要查看沒有在使用的儲水槽。

③瓦斯量表

確認瓦斯種類（此為13A），由於使用量會因為量表尺寸不同而有所改變，所以一定要和瓦斯公司詢問清楚。要同時查看配管種類和管線位置。

④供電管線路線

確認電線位置高度以及是否有物體遮蔽。

⑤電表

單相2線式（30A）設備有可能會出現電力容量不足的現象，必須更換為3線式。如果數字顯示不明確，就需要移動電表位置。

※1　如果需要向設施相關單位、公司聯絡時，可以先詢問客戶手中的「使用量說明」所記載的客戶號碼，在與業者確認時會比較順利。

圖3 現場調查前需準備的情報（資料）

①自來水供應圖

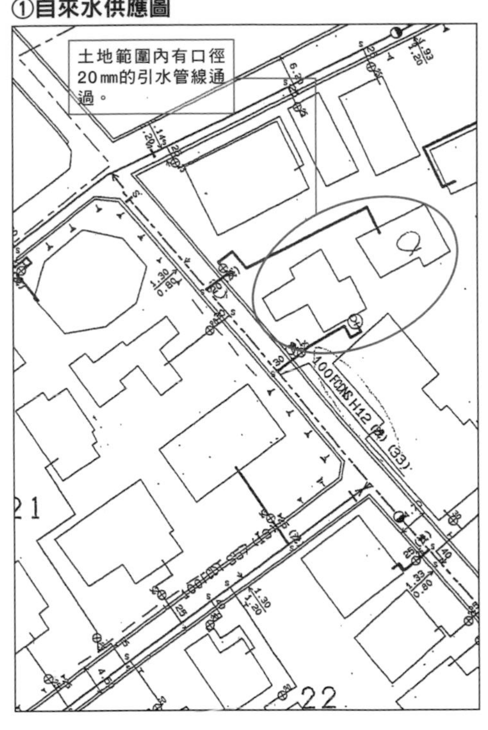
土地範圍內有口徑
20㎜的引水管線通
過。
21
22

②下水道設施圖

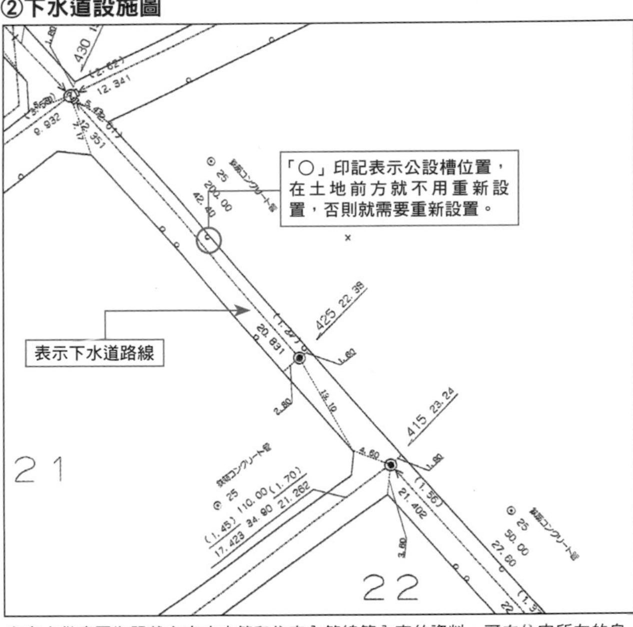
「○」印記表示公設槽位置，
在土地前方就不用重新設
置，否則就需要重新設置。
表示下水道路線
21
22

自來水供應圖為記載自來水本管和住宅內管線等內容的資料，可向住宅所在的自來水公司申請後取得。下水道設施圖則標記有下水道管和公共槽的位置，從中可判斷下水道是採用匯流式（排水和雨水以同一根水管集中匯流的方式）或是分流式的排水設施。資料需向住宅所在的下水道公司申請（最近也能直接在網頁上瀏覽〔※2〕）。

內部有可能會使用鉛管，所以也別忘了要掌握配管種類。

排水的部分則是要確認公設槽的位置，並將住宅外圍的汙水槽和雨水槽的位置都標示在圖上（**照片3②**）。尤其是連接排水槽的配管，最好是能夠沿用舊有的配管，所以一定要確認配管路線。如果排水功能有問題，可以打開每一處的儲存槽蓋，一一灌水查看排水狀況。

瓦斯供應要確認的部分是瓦斯量表的種類，以及連接住宅的管線位置（**照片3③**）。也要掌握瓦斯開關安全閥的位置，和排水管線的狀況一樣，最好是沿用舊有配管路線。大多數人都會選擇在住宅翻修時換掉熱水器，但如果原有設施還能使用時，則是要查看熱水器的加熱能力（號碼）。插電熱水器則是要確認容量大小與安裝位置，也可以選擇更換為太陽能發電的形式。

電力供應則是要掌握引線方式（架空、地板下方），以及連接至室內的位置。由於住宅密集區經常會出現越區拉線的情況，這時就必須要向電力公司提出協議改善方案。電表則是要確認契約內容（斷路器契約還是開關器契約）、配電方式（單相2線式還是單相3線式）以及安裝位置（**照片3⑤**）。

變更用水區位置的注意事項

與大規模的公寓翻修不同，獨棟住宅的設備不需要定期進行檢查保養。其中最需要進行翻修的是屋齡20年左右的住宅，由於住宅內的設備大多都已經老舊化，所以是要以給水排水相關設備更換作為方針來進行確認。

供電設備需要隨著家電用品的增加而增加用電量，也必須增加電源插座的迴路數，所以基本上是以全部汰換方式進行。而大部分的FTTH（光纖到戶）、CATV（付費有線電視）、住宅LAN等設備都需要重新更換，要確認各項設備的供給範圍，與新屋一樣要進行的事前調查一樣都不能少。

用水區的位置變更則是需要注意幾個部分。由於鋪設排水管需要跨越基礎垂直面，也必須盡量壓低施工人員查看配管的檢查口位置，如果地板下方沒有設置檢查口，那麼就必須查看壁櫥等設施的下方來進行確認。

〔中西HIROTSUGU〕

※2 http://www.gesui.metro.tokyo.jp/osigoto/daicyo.htm（東京都內）

column

從失敗中學習！設備計劃的風險管理

不要過度信任設計圖

住宅翻修工程中的設備修繕經常會失敗，以筆者過往的經驗來說，之所以會發生問題的主要原因可歸類為3種情況（圖）。

第1種情況是因為過度仰賴設計圖所造成的失敗。筆者本身曾有過在預定撤除的隔間牆中，進行貫穿上下樓的共用電視配線，後來發現這部分卻沒有標明在原有的設計圖中，於是急忙向管委員會提出申請，將配線截斷後改為迂迴配線與設備連接卻失敗的經驗。還有在施工期間發現原有設備都集中在天花板內，導致配管、排氣管空間不足的失敗經驗。

第2種情況則是因為不瞭解設備容積所引發的失敗。筆者以為號碼比較前面的瓦斯熱水器，只要更換為號碼較後面的機器，就可以同時讓地板暖氣發揮作用，但由於瓦斯管的口徑發生問題，導致無法更換號數較高的機器，因此還得苦思該如何應變解決問題。在這樣的情況下會因為電力容量的不足，而必須讓餐廳、廚房使用電力，客廳則是要利用瓦斯來供應地下暖爐的熱源。

而當3層樓公寓中的2樓住家在進行翻修工程時，如果沒有確認水壓就直接裝設水壓式馬桶，之後才發現是因為水壓不夠，導致馬桶沖水流量過小。此時的應對方式就是更換為混合型馬桶。

第3種情況是過於簡化的設備移動計劃所造成的失敗。筆者曾經有過提出移動對講機和馬桶位置的構想，但最後卻無法順利移動的經驗。因為穿牆式馬桶在安裝時需破壞後方牆面，在多次進行共用豎管的接合作業時，發生取下排水管後卻裝不回去的窘況。但由於不能破壞公寓的共用部分，所以只好先以照片記錄下來，再向客戶說明計劃的修正內容。

避免失敗的3要則

其他像是設備設計出錯的例子也不勝枚舉，但是也不太可能要求設計師要精通40年前的老舊配管系統，以及到現在最新高效率設備的所有知識。因為就現實面來說，一定要先有難免會出錯的想法，但還是可透過謹慎思考來避免錯誤的發生，這樣就能有效降低犯錯失敗可能。

解決方式的基本思考方式敘述如下。第1種方式是先看清實施設計的缺點，像是地板可能會往上凸起、牆面會有少許濕氣累積等可能性，再將各種狀況標示在設計圖內即可。第2種方式是在進行現場的破壞性調查時，不允許有不清楚的情況發生。這樣或許會讓調查費用增加（**參照58頁**），但是能避免拆除設備時，工程費用大幅增加的風險，所以務必讓事前的調查越詳盡越好。

第3種方式則是與各個領域的專業人員討論規劃。在平常的施工現場要經常和設備施工人員密切地溝通，營造出有疑問馬上提出的工作環境。因為在問題發生時，最直接的解決方式還是詢求專業人員的幫助。畢竟有過無數經驗的施工業者具備有一定的技術和知識，應該要好好運用。

最後要說明在發生問題時該如何臨機應變處理的3項準則。①變更施工現場的設計規劃②更換設備的機種③視預算增額幅度追加施工項目。其實不管任何方式都會出現時間和費用的問題，最重要的是客戶、施工者和設計師3方，都應該要凝結共識來面對所有問題，並找出解決方式。

（各務兼司）

圖｜設備計劃的失敗例和解決方式

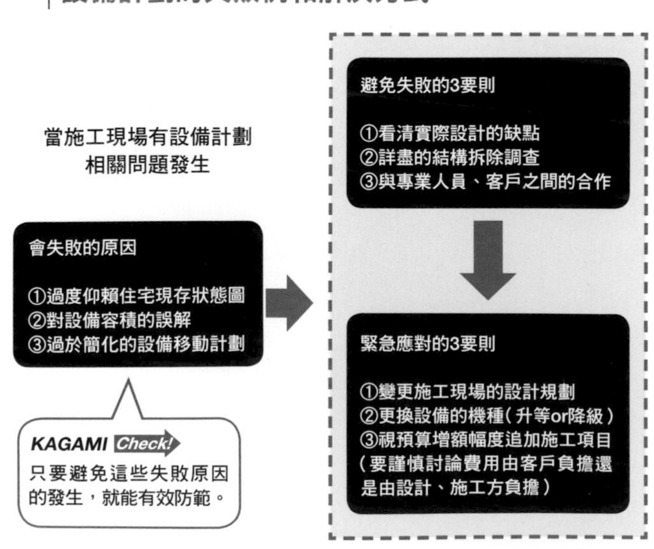

當施工現場有設備計劃相關問題發生
會失敗的原因
①過度仰賴住宅現存狀態圖
②對設備容積的誤解
③過於簡化的設備移動計劃
KAGAMI Check!
只要避免這些失敗原因的發生，就能有效防範。
避免失敗的3要則
①看清實際設計的缺點
②詳盡的結構拆除調查
③與專業人員、客戶之間的合作
緊急應對的3要則
①變更施工現場的設計規劃
②更換設備的機種（升等or降級）
③視預算增額幅度追加施工項目（要謹慎討論費用由客戶負擔還是由設計、施工方負擔）

Part 4

有智慧的設備計劃～設備配管的設計、施工方式

- 給排水設備、配管的翻修
- 給排氣設備、配管的翻修
- 瓦斯、電力的翻修
- 移動用水區會伴隨發生的問題
- 專欄　該如何善用太陽能？

之前在Ｐａｒｔ３內容中也曾提到，住宅翻修中的設備計劃要先掌握住宅本身的設備現況。而設計師應該負責的部分，則是要配合現實狀況一一找出解決方法。然而公寓住宅與獨棟住宅在著手方式上多少還是有些差異存在。

公寓住宅的翻修中老舊配管的更換當然是一大重點，但是在共用部分卻有諸多限制，不能隨意做出更改。再加上天花板內和地板下方配管空間有限，設備線路在裝設上不是那麼容易。因此在作規劃時就必須考量到整體的外觀設計感，必須以謹慎的態度來進行。

而大部分獨棟住宅，則是不需要像公寓住宅那樣經常進行設備的檢查保養，所以在住宅翻修時，最主要的作業就會是設備管線的更新工程。也因為在架設配管時的自由度比公寓要來得高，所以在規劃管線位置時，就必須在縝密的思考下，針對住宅構造作出修正。接下來要分別說明公寓和獨棟住宅在進行翻修工程時的配管設計以及施工方式。

員合作的工作模式。即便現在決定不採用LED照明，但也要思考到未來的變動性，所以要事先在天花板設置檢查口（目的是整照明光線），讓之後比較容易更換照明設備〔65頁照片④〕。

穿越下方樓層的排水管更換要和樓下住戶達成共識

給水排水管線翻修最大的難題是地板樓板下方的排水管，而且要特別注意的是通過下方樓層天花板內的排水管。這個部分由於大多屬於無法隨意變更的共用部分，因為無法以肉眼判斷，所以還是要向管委會確認共用部分的範圍。如果更換排水管不在公寓長期修繕計劃的項目內，那麼這個部分也要向客戶說明。

當長期修繕計劃中不包括更換水管在內時，必須要向客戶清楚說明原因。要先告知由於排水管沒有定期進行高壓洗淨作業，排水管內的污垢和生鏽部分可能會造成排水管口徑縮小，進而增加漏水的風險性，所以必須以內視鏡進行調查。費用約日幣20～25萬，為了讓客戶瞭解這是一筆必要經費，所以更需要詳細說明。在調查時也必須監督作業情況，並與設備業者討論後續的處理方式，包括清潔、修補作業是否完成，以及說明是否需要更換排水管。如果需要更換，那就必須徵求樓下住戶的許可，必要時可邀請管委會人員陪同客戶進行交涉，謹慎協商進行排水管更換工程的確切時間。排水管的更換最好是隨著住宅翻修工程一起進行，但還是要以樓下住戶的意見為優先考量，如果時間無法配合，那就先思考配管的連接和接頭方式〔※1〕。

但若是不能更動樓板下方的排水管線時，就要先設想通過相同樓板的給水管、排水管和瓦斯管的清潔保養方式，在進行住宅翻修工程時，重新於天花板內部裝設新的管線。在這樣的情況下，樑柱下方幾乎不會有足夠空間，所以要同時確認空隙空間的大小，再利用下降天花板和增厚牆來規劃合適的管線連接位置〔圖2〕。

關於廚房的排氣

最後要說明的是很容易被遺忘的排氣管和換氣的管線位置。為了確保天花板有足夠的高度，天花板一定要緊鄰樑柱下端，因為筆者本身也曾有過好幾次沒預留排氣管空間的失敗經驗。特別是廚房排氣管的口徑較大，需要事前確認管線行經位置，如果要將排氣管隱藏在樑柱下方，那就要以在各處放置木工家俱等方式隱藏管線。

但若是因為住宅隔間問題導致空間的不足，而將廚房移動至沒有排氣管經過的地方時，這裡有個密技可介紹給大家，那就是可更換為電力加熱（電磁感應加熱）產品，安裝不需要排氣的循環式抽油煙機。

〔各務兼司〕

圖2 用水區地板有高低差時的位置移動範例

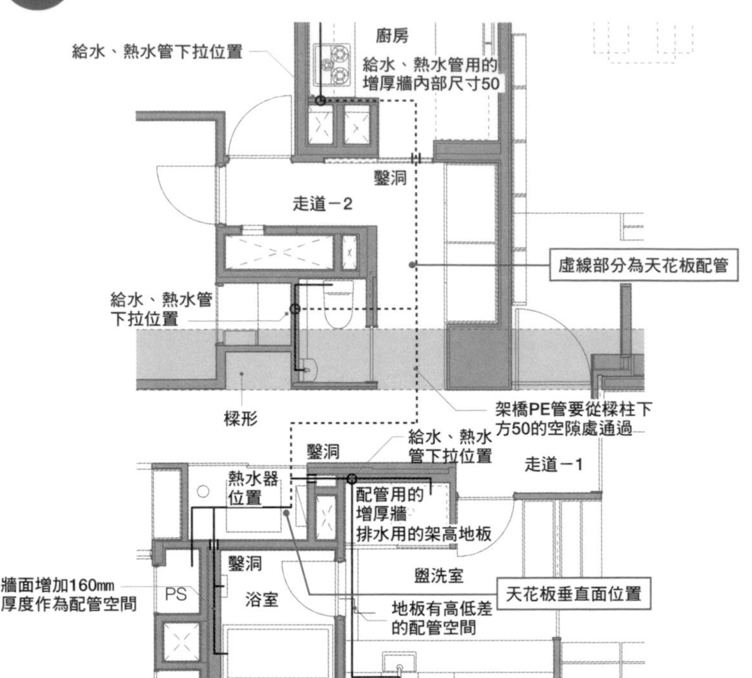

為配合實際的拆除工程現況，而重新繪製的給水管和熱水管展示圖。善加利用增厚牆和下降天花板的位置，規劃出適合的給水路線。

※1　要移動用水空間時，若排水管要行經樓板下方，那就表示需要將地板架高。最好是盡早確認排水管通過的樓板位置，在規劃時也要考慮到住家隔間的問題。有高低差的樓梯也需要將1階樓梯的落差高度調整為18cm以下。

圖3 住宅原來的設備、配管問題以及解決方式

	原有住宅（屋齡20年左右）的問題	解決方式	重點
給水管	鋼管的老舊化	更換最新型的給水管	以成本效益來決定配管方式
	給水處的增設和水量、水壓不足	增加管線口徑	有5處以上的水龍頭時，口徑最好是設定為20㎜
排水管	聚氯乙烯管的老舊化	汰舊換新	聚氯乙烯管的使用年限為15～30年
瓦斯管	瓦斯白管的使用（施工性、耐震性問題）	更換為聚乙烯管（PE管）	地基土質鬆軟的地區一定要更換
	對液化天然氣的不滿（火力不足、價格差異、業者服務態度）	更改為都市瓦斯	確認是否能在住宅內架設管線
		全部更改為電力設備	住宅非都市瓦斯供給範圍內的可行辦法
供電	電表位置（不方便檢查狀況的位置）	變更位置	移動至住宅外可檢查狀況的位置
	電力容量和迴路數不足（單相2線式的缺點）	更換分電盤（單相3線式）	可考慮採用削減 峰值分電盤

獨棟住宅要先解決管線老舊化問題

獨棟住宅的設備翻修方式與公寓住宅不同，因為大部分住宅都沒有針對設備進行定期檢查保養。其中又以屋齡達20年左右的住宅最需要翻修，一般來說排水管的耐用年限為20～30年，所以最好是能夠在住宅翻修時，更換新的給水排水管（圖3）。

由於老舊給水管大多都是使用鋼管，所以需要更換為鍍鋅鋼管、HIVP管（硬質聚氯乙烯管）、PE管等最新型的圓管，但是要慎重思考PE管的CD管接頭方式。由於軟管很容易在施工期間受損，所以在進行格狀基礎以外工程時要特別注意。

而有別於從主管延伸後的必要分歧方式，接頭方式則是由直到給水區域都不會分歧的配管線路所組成，所以相當容易清潔保養。若是能確保地板下方有足夠空間，即便管線是呈現分歧狀態，也完全不會有不好清潔的問題，所以除非客戶有特別要求，其實沒有一定要採用接頭方式的必要。

在更新配管的同時，也必須思考給水處數量和管線口徑是否合適。特別是水量 和水壓不足的地方，就應該要加大管線的口徑。如果有5個以上的水龍頭，口徑13㎜的給水管水壓容易不夠，應該要更換為口徑20㎜的圓管。如果是用水區分開的兩代同堂住宅，那就要因應兩邊同時用水的情況，而採用口徑25㎜的給水管。

排水管的部分則是有更換的必要，其中最常見的聚氯乙烯管要考慮到使用年限和管線連接狀況，在住宅翻修工程期間同時更換掉老舊的排水管。

將耐震性差的白管更換為聚乙烯管

瓦斯管的翻修重點則是和排水管相同，也就是都需要更換新的圓管。而屋齡20年左右的住宅所使用的瓦斯管，一般都是屬於鍍鋅鋼管（通稱：瓦斯白管），但是考慮到拆除和連接的工程要花費大量時間，所以會改用PE管來代替，除了價錢較低，還能減少瓦斯外漏的風險。再加上瓦斯白管的耐震性差，若住宅地基為鬆軟土質，一旦發生瓦斯液化情況，也會讓瓦斯管產生破損。以這個思考面向來說，還是有將瓦斯管都更換為PE管的必要性（※2）。

※2　由於公寓住宅的瓦斯白管不是採用容易造成表面損傷的土中埋設方式，也沒有和其他金屬連接的部分（嵌環管貫穿的部分有水泥填充），所以不需要立即更換

圖4 用水區位置的更動以及配管行經路線（S=1:100）

Before

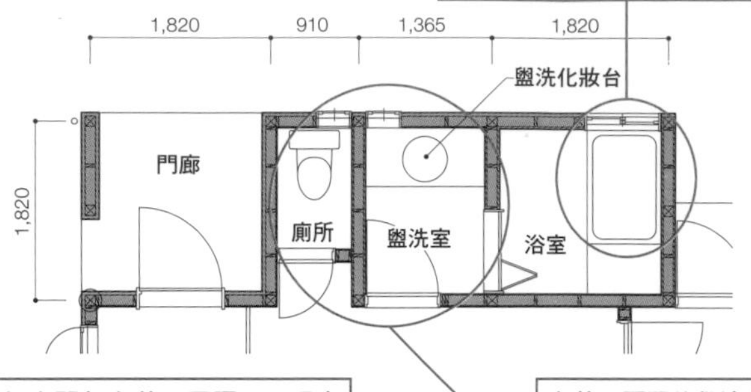

開口面積小，隔熱性能差的浴室。因為採用在來工法，導致底下木材因為漏水和水分凝結而出現腐蝕現象。
1,820
910
1,365
1,820
1,820
盥洗化妝台
門廊
廁所
盥洗室
浴室
各個空間都有牆面區隔，呈現出封閉式的用水空間，之後要照顧家人時使用上不方便。
有牆面隔開的盥洗室和廁所，沒有規劃出收納空間。

After

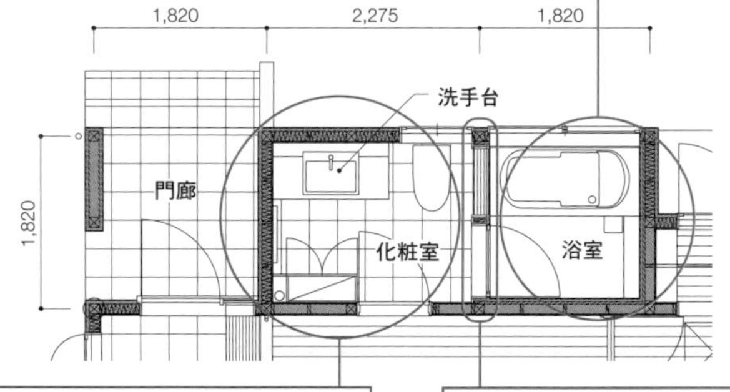

浴缸朝開口部移動，能有效拓寬開口面積。牆面放入隔熱材（高性能玻璃纖維），為保有良好的防水性而採用半系統式衛浴設備。
1,820
2,275
1,820
1,820
洗手台
門廊
化粧室
浴室
拆除隔間牆，讓盥洗室和廁所相連，讓面積變寬敞許多，並設有收納空間。
為了要強調用水區的整體空間感，而使用透明強化玻璃作為浴室和化粧室之間的隔間牆。

基礎構造圖

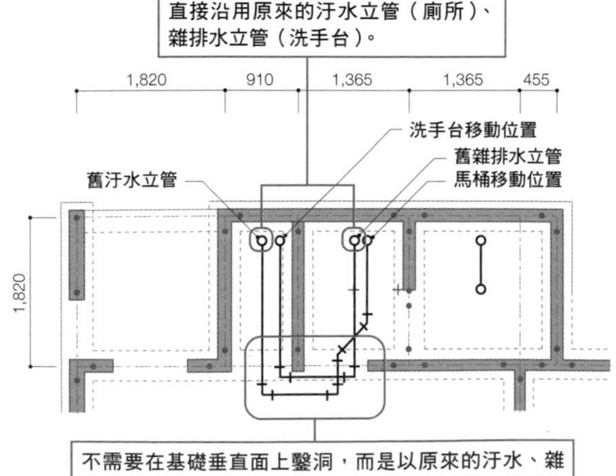

直接沿用原來的汙水立管（廁所）、雜排水立管（洗手台）。
1,820
910
1,365
1,365
455
1,820
洗手台移動位置
舊雜排水立管
馬桶移動位置
舊汙水立管
不需要在基礎垂直面上鑿洞，而是以原來的汙水、雜排水立管為據點來規劃避開底下開口的排水管線位置。

而比起價格會劇烈變動的天然瓦斯，還不如選用價格不那麼浮動的都市瓦斯，同時更換省能源熱水器（能將廢氣中的熱源以二次熱交換機回收再利用的技術）等高效能設備。但如果使用都市瓦斯需要支付裝設線路費用，或是住宅位在都市瓦斯供給範圍外時，可考慮採用都是使用電源的設備。建議可選用插電式的熱水器（以二氧化碳代替冷媒，可透過空氣熱度加熱的插電式熱水器）等高效率設備。

今後會成為主流的省電對策

供電方面首先要面對的難題是電表的移動位置。由於屋齡久遠的住宅通常會將電表安裝在不好檢查的屋內最底端，以檢查的便利性和防盜性的觀點來看，大部分人都不喜歡將這類設備安裝在住宅內，應該盡可能將電表移動到土地的外側部分。

單相2線式的配電方式則是要變更為單相3線式，並隨著家電用品的增加來擴充供電容量，配合家族人數和專用迴路數，將迴路數不足的分電盤更換為大型的分電盤。

今後的日本由於受到東北大地震的影響，應該會越來越重視省電對策。具體作法是採用在斷路器功能下降前，能先切斷特定迴路的削減峰值分電盤。

圖5 如何規劃排水管線位置以及施工事例

變更用水區位置時的注意事項

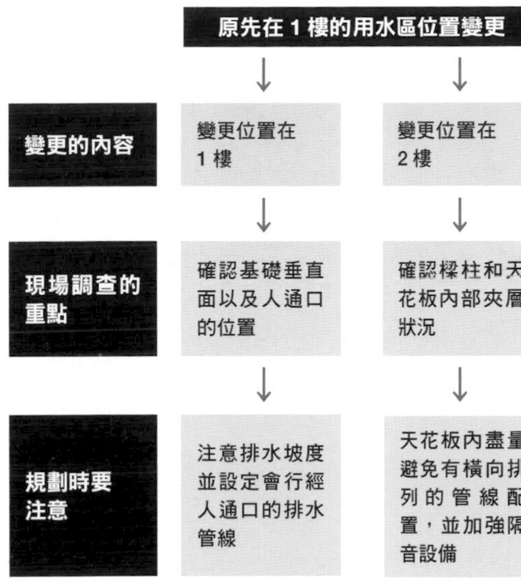

原先在1樓的用水區位置變更
變更的內容
變更位置在1樓
變更位置在2樓
現場調查的重點
確認基礎垂直面以及人通口的位置
確認樑柱和天花板內部夾層狀況
規劃時要注意
注意排水坡度並設定會行經人通口的排水管線
天花板內盡量避免有橫向排列的管線配置，並加強隔音設備

注1 屋齡在20年左右的木造住宅，大部分都會將用水區集中在1樓空間。
注2 盡量避免將PS設在臥室附近。
注3 不好配置管線的地方可考慮將管線外露設在屋外。

人通口內的排水管線

行經倒T型基礎人通口的迂迴繞轉排水管線路。

移動1樓的用水區時，重點在於變更排水管線路位置。要直接保留雜排水（廚房、盥洗室、浴室等）、汙水（廁所）的原有直管位置，再來規劃排水管線路。但要注意的是為確保最短的管線連接距離，而在幾處垂直面上鑿洞，會降低牆面的承重力。所以在進行現場調查時，確認人通口的位置，讓管線貫穿繞轉的連接手法是最謹慎的作法。

盡量避免貫穿基礎垂直面

獨棟住宅的翻修工程大部分都是以用水區的整修為首要目的，雖然比起公寓翻修的排水管引線較為簡單，但是要移動用水區位置時，還是必須經過謹慎的評估。特別是原有排水槽的連接配管需耗費大量時間和金錢，所以更應該盡全力保留能繼續沿用的原有管線位置。但要盡量避免在基礎垂直面上鑿洞，因為這樣會降低牆面的承重力。應該要在進行現場調查時，查看人通口的位置，考慮是否有能夠裝設繞轉管線的配管空間〔圖4、5〕。

如果非得在基礎垂直面鑿洞，那就要避免將貫穿洞口開在牆面下方，而是要選在垂直壓力最小的地方。開口直徑也要控制在100∅以下，還要利用鋼筋探查機確認不會串穿鋼筋所在位置〔※〕。如果無法確認鋼筋位置，就必須將配管行經屋外的外露配管安裝在地板上方，再輔以其他設計手法來妥善處理。

筆者所處理過的獨棟住宅翻修工程，多數都會將LDK規劃在2樓，當用水區在2樓時，有2大重點必須要特別注意，那就是管道間的位置和隔音設備。具體作法是在確認2樓樑柱位置和天花板內夾層後，盡量減少天花板內的橫向排列配管數，並採用裝設防火雙層管和纏繞隔音棉等方式，規劃出避開臥室垂直面的管線配置位置。

最後則是要說明讓人困擾的空調安裝方式。除了機器本體的設計和安裝位置以外，冷媒和排水的處理方式也是重點。壁掛式的空調機是將管線設在牆內，再經過地基延伸至屋外，這樣可以減少管線外露的部分。但由於空調機的使用壽命大多為10年，所以還是有更換機器的必要。因為各種機型的空調機管線大小不同，會有無法沿用管線的情況，所以在管線的連接配置上需要多下點功夫。

最近有許多人為了要壓低工程費用，選擇自己前往家電量販店選購空調機，但是在之後在安裝時，就只能任由管線外露。這部分應該要配合屋頂高度位置，進行隱藏管線等設計補救措施。為了要因應這種沒有業者幫忙的狀況，在規劃時也要思考安裝位置和配管路線，重新規劃出空調機管線孔和電源插座的位置。

〔中西HIROTSUGU〕

※ 一般的直立鋼筋D10的間距為300mm，可以此數字作為基準

column

該如何善用太陽能？

越來越重要的自然能源

日本因為受到東北大地震的核能輻射外漏事故影響，節省能源議題被放大檢視，相較於省能源家電的需求增加，供電性穩定的核能發電，以安全性的觀點來說，實在無法再增加核能發電的依賴性。再加上核能發電因為受到事故補償和地震發生因應對策等因素影響，可預想的是將來的電費勢必會上漲，所以今後如何善用自然能源的重要性會與日俱增。

特別是獨棟住宅的設計，不管是蓋屋或是房屋翻修，如何善用自然資源，將其導入住宅設施，都將會是越來越受到重視的課題。

其中最廣泛被使用的自然資源就是太陽能，主要是利用陽光來進行太陽能發電，以及利用熱能的太陽能加熱系統。

大規模建築接收太陽光

相較於核能發電讓人產生的不安，太陽能發電的應用，也還是需要強而有力的政策作為發展的後盾，然而現在的太陽能發電還只能算是發展中的技術。以現狀來說，太陽能發電的能源變動效率停留在20％左右，發電量則是會受到天候、日照和溫度的影響。

而太陽能發電的價格也相當高，想要導入約3kw的太陽能發電系統，必須花費日幣200萬左右，對一般的消費者來說是筆龐大的負擔。

但有鑑於日本國內在往後數十年的期間，必定會面臨到發電量不足的問題，所以才會對太陽能發電抱予極高的期待。我之所以對於「所有住戶都有導入太陽能發電系統的義務」的說法不是完全認同，也是因為電力能源比起熱發電的傳送要來的容易許多。

首先要蒐集各家品牌的太陽能發電的毫瓦（MW）級數能力，測試是否能達到有效率的發電成果。和屋頂綠化相同，讓具有一定規模的建築物屋頂義務裝設太陽能發電系統等方式，在測試後作出冷靜的判斷。

將來的目標則放在提升發電效率，以及蓄電技術開發的重大技術課題，如果能因為量產效果而拉低發電價格，那麼太陽能發電系統就能被大眾普及化使用。到時候的設計師就必須針對發電系統的外觀、構造、設備的規劃來及早做準備。

以下舉出幾個具體作法，分別是①正確判斷住宅周邊的土地狀況，掌握陽光的照射程度②規劃出最具效率的發電屋頂設計（面積和形狀）③太陽能發電的屋頂承重力和建築物所需牆面數量的整合④外觀上盡可能保持傳統熟悉的設計等。

太陽能和住宅的配合度佳

而構造簡單造價便宜的太陽能發電系統，其實是很容易就能導入住宅的設備。太陽能熱水導熱板的能源變換效率只要到達40～50％，即便是少量的日照也能獲得足夠的熱能，讓那些屋頂狹窄的住宅也能夠裝設。

除了直接加熱的太陽能熱水器以外，還有讓防凍劑循環的太陽能導熱系統，以及屋頂溫暖空氣循環的空氣集熱系統等各式各樣的產品。即便是天候不佳的日子，也能透過已開發的補助熱源系統，來提升太陽能發電的便利性。

此外，熱能還可以儲存在水、鋼筋水泥、石材、磚瓦等蓄熱容量大的素材中。只要是能利用熱源，即便品質有些許的不安定，但也不至於會對生活造成問題。所以說利用太陽能蓄熱能源來降低電力的使用量，才是達到省能源目標最輕鬆有效的手段。

（中西HIROTSUGU）

圖 舊有能源和太陽能能源的相關解說

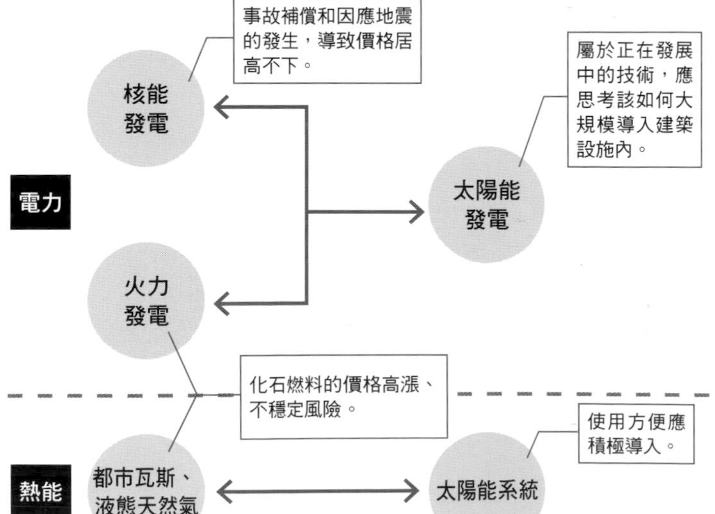
事故補償和因應地震的發生，導致價格居高不下。
核能發電
屬於正在發展中的技術，應思考該如何大規模導入建築設施內。
電力
太陽能發電
火力發電
化石燃料的價格高漲、不穩定風險。
使用方便應積極導入。
熱能
都市瓦斯、液態天然氣
太陽能系統

Part 5

廚房翻修的創意發想

- 廚房翻修的類型和費用
- 意見調查的重點
- 木工家俱的廚房翻修
- 如何善用販售的廚房用具
- 專欄　專業的廚房翻修手法

住宅翻修其實是要為客戶的生活帶來多點變化，因此廚房的重要性相當高。有關這部分的設計翻修，腦海裡首先會想到的就是裝設使用便利的廚具設備，以及將靠牆面的I型廚房變更為互動式廚房設計。

然而若是要和原有的廚房設計有更大的區別性，那麼還是要更深入瞭解廚房的設備需求。可以向客戶詢問家族成員組成、飲食習慣、多常在家吃飯等廚房相關生活細節，將餐廳和周邊空間的隔間牆拆除，規劃出最適合客戶一家人的廚房擺設方式。

但是也別忘了設備的規格層級，可是會影響整體的工程費用，所以說如何控制預算也是一大課題。不要太過依賴會增加支出的訂製廚具，有很多客戶會選擇木工廚具和量產商品等方式來節省費用。

接下來要針對足以影響整體翻修工程成功與否的廚房翻修來進行說明，介紹相關的設計構想和施工方式。也會提出專業的廚房設計手法特徵，以及共同設計時的夥伴合作關係注意事項。

表格1 廚房翻修的類型與花費〔※〕

	類型	尺寸（mm）	吧台桌	門板材質	裝設機器	價格（材料、施工費）	翻修後的照片
①箱根C邸	I形木工吧台桌＋中島式廚房	2,500×760＋2,400×1,200	人工大理石，一部分為南洋櫸木材	華東椴膠合板UC	4口瓦斯爐（Rinnai） 烤箱（AEG）／客戶選購 洗碗機（AEG） 流理台（中外交易） 多翼式送風機（ARIAFINA）	90萬日幣（烤箱為客戶自行選購，費用不包括在內）	
②川崎K邸	ㄇ型（吧台桌＋牆面收納商品）	2,550×650	不鏽鋼	美耐皿板	不鏽鋼系統廚具（Clean up） 瓦斯烤箱附加電子微波爐	80萬日幣（廚房翻修）＋70萬日幣（木工家俱部分）	
③目白S邸	ㄇ型（流理台＋瓦斯爐吧台桌）	2,700×650＋1,840×650	人工大理石（白色流理台、黑色瓦斯爐吧台桌）	優麗坦塗料	洗碗機（Miele） 烤箱（HARMAN） 流理台（中外交易） 水龍頭（GROHE） 抽油煙機（富士工業）	190萬日幣	
④野田N邸	I型（廚房吧台桌＋牆面收納桌＋書房）	（2,550＋2,000）×650＋800×550	人工大理石（白色層狀）	美耐皿板	CUISIA（TOTO） 洗碗機 電動輪椅升降機	日幣250萬（廚房翻修＋系統收納）	
⑤南麻布MT邸	中島式吧台桌＋牆面流理台／瓦斯爐台	2,200×1,300＋4,800×680	天然石（黑色花崗岩） 人工大理石（可麗耐）	櫻桃木單板UC	多功能微波爐（東京瓦斯） 洗碗機（Miele）	日幣600萬	
⑥荻窪O邸	L型	4,400×650＋2,300×650	人工大理石	優麗坦塗料	SUS流理台（eclair） 水龍頭五金（GROHE） 附烤架3口瓦斯爐烤箱（Rinnai） 抽油煙機（富士工業） 洗碗機（Miele）	日幣230萬	
⑦西麻布H邸	互動式吧台桌＋牆面收納	2,700×780＋1,800×650	人工大理石	優麗坦塗料	SUS流理台（eclair） 水龍頭五金（GROHE） 附烤架3口瓦斯爐烤箱（Rinnai） 抽油煙機（渡邊製作所）	日幣140萬	
⑧入谷K邸	I型（木工吧台桌＋牆面收納）	2,100×650＋1,200×600	不鏽鋼（木工吧台桌：橡木合成材UC）	廚房：UV塗漆、牆面收納：橡木板接合UC	centenario（sunwave） 洗碗機 附烤架3口瓦斯爐烤箱	日幣125萬	
⑨中野M邸	ㄇ型（木工吧台桌＋牆面收納）	1,650×650＋900×600	不鏽鋼（木工吧台桌：杉木三層夾板）	杉木三層夾板	SUS流理台桌（eclair） 水龍頭五金（三榮水栓） 抽油煙機（eclair訂製） 洗碗機（Rinnai） 附烤架3口瓦斯爐烤箱（Rinnai）	日幣40萬	

※ ①～⑤的設計監工者為各務兼司（KAGAMI建築計劃），⑥～⑨則是中西HIROTSUGU（in-house建築計劃）。費用是直接從總施工費用計算廚房部分的花費，與單獨的廚房翻修花費不一定符合

表格2 絕對派得上用場！「廚房確認項目清單」的詳細內容

設計案名稱				
客戶姓名	屋主：身高		妻子：身高	
獨棟住宅、 公寓	新建獨棟住宅 ・ 中古獨棟住宅 （屋齡 年） ・ 新建公寓 中古公寓 （屋齡 年） ・ 其他			
日程	平成 年 月～ 年 月 完工			
形狀	I型 ・ L型 ・ 倒匚型 ・ ㄇ型 ・ 其他			
尺寸	× ×		深度	
吧台高度			天花板高度	檢查口
檯面	人造大理石 ・不鏽鋼 ・天然石材 ・磁磚 ・合成木材 ・美耐皿			
	厚 mm 覆蓋材		後隔板 mm ・ 無	
水槽	不鏽鋼 ・琺瑯 ・其他			
	W × D			
水龍頭		淨水器	組裝吧台 ・單獨 ・飲水機	
烹調器具	瓦斯爐	瓦斯 （13A、 LP） ・電源 ・電磁爐		
	烤箱	瓦斯 ・電源 ・有微波功能		
冰箱	有、 另外購買			
抽油煙機	W			
洗碗機	W			
門板	低壓美耐皿 ・優麗坦塗料 （鏡面 有・無） ・薄木板 （鏡面 有・無） ・原木板 （有框）			
	玻璃門	木頭框 ・鋁框 ・無框	把手	
照明	有 ・另外購買			
牆面	磁磚 ・廚房擋板 ・塗漆 ・矽藻土磁磚			
地板材質	木質 ・磁磚 ・石材 ・軟木 ・塑膠 ・亞麻 ・其他			檢查口
其他	電子微波爐：W × D × H		咖啡機：W × D × H	
	電子鍋：W × D × H		：W × D × H	
	烤土司機：W × D × H		：W × D × H	
給水熱水	配管位置 ・天花板內部 ・地板下 ・樓板下		管線種類	
排水	配管位置 ・地板下 ・樓板下		管線種類	
瓦斯	配管位置 ・天花板內部 ・地板下 ・樓板下		管線種類	
供電	電源插座數 （電源插座數 個 單獨使用插座數 個）			
排氣	排氣管朝向位置 ・樑柱位置			

要按照客戶的身高來規劃廚具的尺寸大小，一定要記得確認。

廚房翻修時的確認事項清單，在意見調查時絕對不能漏掉每個項目，才能依據內容進行規劃。

在提案前對設備的高度和管線要有最低限度的瞭解。

借助女性的力量

想要擁有像表格1那樣附加價值高的廚房環境，就必須先思考包括客廳、餐廳在內的大範圍區域中，哪個部分是最適合規劃為廚房使用的地點。接著則是要思考其他有可能移動的用水區（盥洗室、廁所）因素，再來規劃出廚房空間性以及家事動線的設計。除了增加宏觀的思考觀點，就微觀的角度來說，重點則是要放在廚房周邊的收納空間規劃上。由於收納空間不足是住宅普遍存在的問題，所以只要在室內發現有縫隙空間，都可以提議作為收納處使用。

此外，瞭解客戶對於廚房的意見，也是非常重要的部分，如果在彼此討論結束後，客戶招待吃飯，就可以趁機觀察對方對廚房在使用上的想法。但也有些客戶會表現出「廚房髒亂＝還沒整理」的慚愧感，認為在設計師到訪前一定要先打掃，沒辦法讓其他人看到平常廚房真實的樣貌，所以這部分要注意。

再加上廚房大多是女性所掌管的空間，有許多女性客戶認為就算和男性設計師吐露想法，設計師也不一定能理解，所以在討論想法時，最好還是帶一名女性設計師助理陪同。

掌握實際的廚房使用頻度和垃圾處理方式

接下來要說明進行意見調查時要注意的事項。請參考「廚房確認項目清單」（**表格2**），依序將烹調器具等設備容量記錄下來，這時候為了要能和客戶達成共識，需注意以下3點。①依照設備的必要性和使用頻度，向客戶說明以收納物和收納場所為優先考量的規劃方式②查看廚房內是否有沒有使用的死角空間，並掌握使用不便的收納空間③告知平常用來收放垃圾的空間、砧板擺放處、碗盤收納區等不好清理的區域收納方式。只要掌握上述的幾個重點，之後的提案應該都能順利進行。

最後要提出設備移動時的注意事項，尤其是公寓設備的移動限制特別多，像是排水管和PS（管道間）的位置關係、瓦斯和給水熱水管的垂直位置、排氣管的方向等，這些都要和原有的設備配管位置關係不要距離太遠。

〔各務兼司〕

使用鋸葉風鈴木營造厚重感的木工吧台桌

平面圖（S＝1:150）

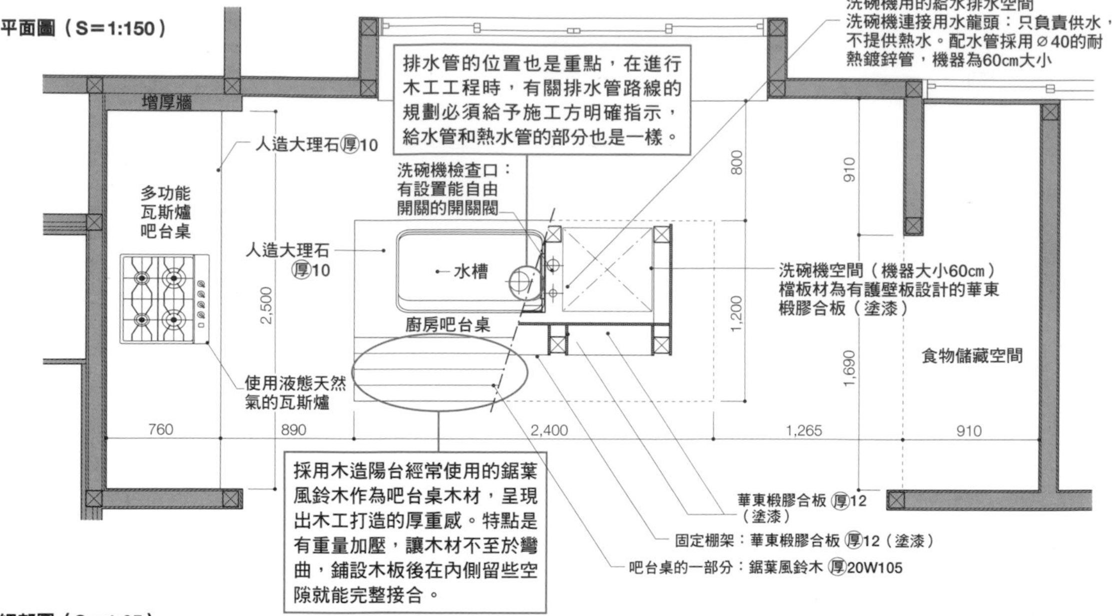

細部圖（S＝1:25）

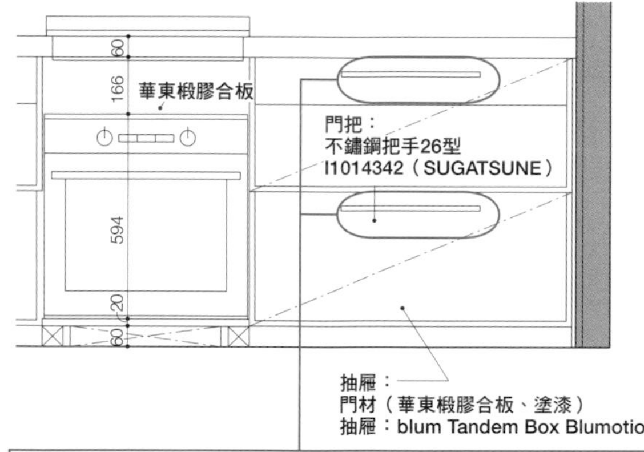

別墅的大規模翻修工程，廚房內設置了大型的中島式吧台桌。因為估算訂製家俱可能需花費日幣400萬以上，於是選擇木工打造方式，施工費為日幣90萬。

打造木工家俱最重要的是選材

木工打造廚房的優點在於價格便宜收納性高，但缺點是施工精準度較低，在裝設小型金屬物時比較困難，能使用的素材也有所限制。

尤其是木工能使用的素材有許多的限制，在木質材料能使用的有原木、夾板、木心板等合板，但還是有無法使用螺絲的定向纖維板（OSB），以及美耐皿板等素材都很難在現場進行微調，這個部分要特別注意。另外，家俱業者經常使用的骨架式構造，大部分都是直接在加工現場進行作業，不太適合在施工現場製作。

此外，也必須仔細繪製施工圖的細節。在委託木工製作家俱時，要告知抽屜、可動式棚架等物品的連接金屬商品編號和尺寸安裝方式，以及空隙處等細節指示〔圖1〕。而素材使用的一致性，也是設計師要掌握的項目。木工所製作的木箱，和門窗業者販賣的拉門在搭配上要有一體感，材料的提供來源也都要一致。

〔各務兼司〕

圖2 材料搭配施工方式所打造出的廚房設計（S＝1:100）

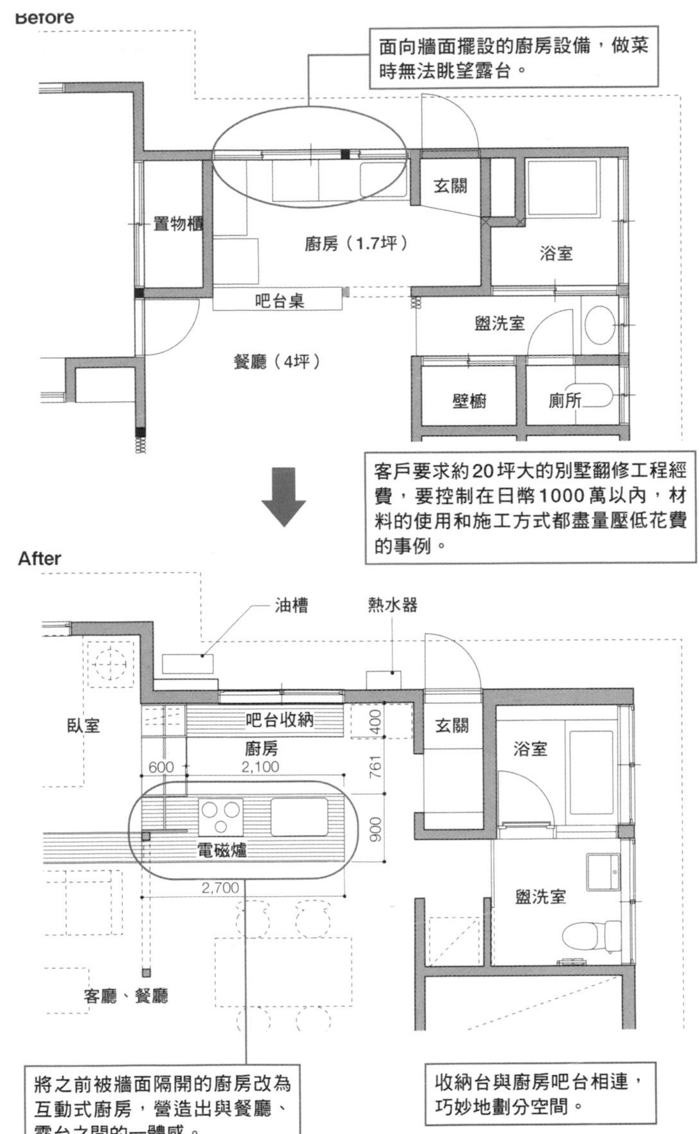
Before
面向牆面擺設的廚房設備，做菜時無法眺望露台。
置物櫃
廚房（1.7坪）
玄關
浴室
吧台桌
盥洗室
餐廳（4坪）
壁櫥
廁所
客戶要求約20坪大的別墅翻修工程經費，要控制在日幣1000萬以內，材料的使用和施工方式都盡量壓低花費的事例。
After
油槽
熱水器
臥室
吧台收納
廚房
玄關
浴室
600
2,100
400
761
900
電磁爐
2,700
盥洗室
客廳、餐廳
將之前被牆面隔開的廚房改為互動式廚房，營造出與餐廳、露台之間的一體感。
收納台與廚房吧台相連，巧妙地劃分空間。

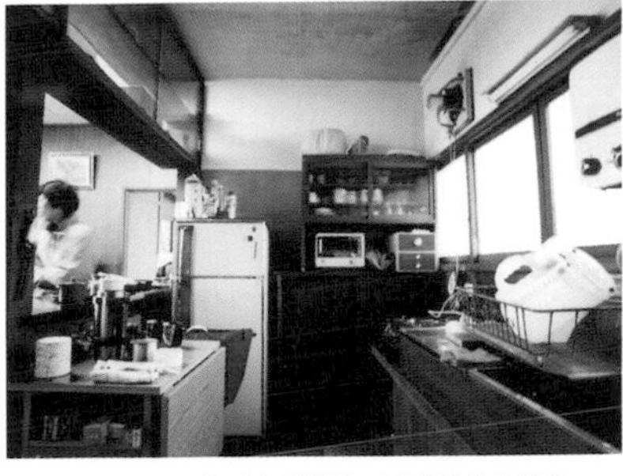
之前面向牆面的典型廚房擺設，到處堆放收納物。

廚房的松木合成材吧台桌上有不鏽鋼水槽和電磁爐的簡單設計（施工費日幣50萬）。

木心板組成腰壁，整體空間的牆面、天花板都使用同樣素材。

最符合客戶需求的木工設計

一般來說木工廚房設備可以省下大筆裝潢費用，如果能讓客戶自行負責收納設計的後續加工，就能積極地向客戶提出簡單的廚房設計構想，保留讓客戶能做修正的空間。如此一來，就不必增加花費，而是透過素材感和空間，來打造出有原創風格的廚房環境。

但如果要直接在施工現場進行製作，那麼木工人員的技術就會決定最後的結果。所以要盡量避免選用特殊的連接金屬，也不要有過度複雜的加工技術。可以像圖2那樣讓廚房設計保持簡單，以收納架和櫥櫃放置物品，拉門的部分則交由家俱行製作，這樣就能讓廚房設備有完整的密合度，細節的部分則是要營造出素材的整體感。

此外，木工製作必定要進行現場的塗漆作業，由於最後的成品會影響到空間的整體感，所以事前一定要特別細心地確認塗漆範本等細節。

〔中西HIROTSUGU〕

column

專業的廚房翻修手法

專家人員的強項與弱項

之前曾經提到男性設計師在規劃廚房翻修設計時，並非能力不足，而是因為對方心理接受度問題，導致後續的合作和提案不是很順利。如果是沒有女性工作人員的設計事務所，或許可以尋求訂製家俱業者，或是專門處理廚房翻修的專業人員協助。但由於專業人員只處理廚房設備翻修的市場有限，所以才會有越來越多包含廚房裝潢在內的小規模翻修公司的出現，而設計師則是應該要想辦法和這些業者密切合作。

多數專門負責廚房翻修的業者，手邊都會有廚房翻修事例的目錄，並熟知最新廚房設備機器的資訊，而且還擁有自家的設備展示間。與業者相比，設計師確實在新型機器和其特色的掌握上比較缺乏知識。因此在與努力研究相關知識的客戶對話時，經常會被問到不只是抽油煙機、外國製的瓦斯烤箱和洗碗機等設備機器，也經常會提出冰箱和電子微波爐等常用家電的問題。甚至會被問及抽屜所使用的接合五金，和各式各樣的收納五金，以及門把和把手的種類，如果沒有相關經驗，還真的沒辦法回答。所以說廚房翻修業者在這一方面真的是設計師不可或缺，值得信任的工作夥伴。

不過廚房翻修業者的弱點，就是設備大幅度移動時的應對能力、穿透樑柱和牆面的必要構造知識能力，還有包括浴室和盥洗室的移動，以及外壁置換的整體空間翻修提案能力。

如果以工程費用的角度來思考，包括餐廳翻修和收納在內的工程費用總額約日幣200〜300萬。這樣規模的翻修工程（只進行廚房翻修需花費日幣80〜150萬）在設計上會比較能有發揮空間，不過若是換成費用較高，需更動更多區域的翻修工程，實際上，很少能夠配合進行的業者。

盡量和廚房翻修業者合作

按照前述內容判斷，設計師的確有和廚房翻修業者合作的必要性。不管是哪方先主動接觸，翻修計劃的提案進行方式多少會產生差異，接著要就筆者所屬設計事務所主導，與訂製家俱業者共同提案的事例進行說明。

案件內容主要是目白S邸的二代同堂住宅翻修計劃，首次的翻修作業目的在於連接兩個世代的活動空間，所以決定將浴室和廁所位置更動。而包括廚房、客廳、餐廳、走道和廁所在內的翻修作業則是屬於第2次的翻修計劃範圍。

翻修計劃的內容是將完全獨立式的廚房，改為納入走道和餐廳的一體空間。並縮小原本有一定深度的廁所空間，善用多出來的空間作為廚房內部的食物儲藏間（食品倉庫）。

考慮到客戶所期望的稍為開放式廚房構想，以及與餐廳之間的位置關係，於是設計方決定採用ㄇ型的廚房設計。但由於客戶從來沒有使用過ㄇ型廚房的經驗，所以遲遲無法決定冰箱的放置位置，因此筆者便向訂製廚具業者尋求幫助。而對方則是整理出冰箱配置處的優缺點分析圖表內容，並提出靠牆的微波爐吧台桌和對面式流理台吧台桌，可選用不同色系和高度的獨特想法。當我和對方在業者的展示間開會時，之前一直困擾我很久的問題，居然都在彼此的討論之間完全迎刃而解了。

最後要提出和廚具業者合作時，必須注意的是雙方合作的風險以及向客戶說明的方式。雖然是受到客戶委託，而提出空間規劃方式，但很有可能在最後的階段，客戶決定選擇使用較便宜的市售品，所以在事前最好與廚具業者進行溝通，而且也要向客戶針對廚具業者所擅長的領域來進行說明。（各務兼司）

圖｜互補性強的ㄇ型廚房

Before
盥洗室・廁所
廚房
冰箱
客廳
走道
盥洗室和廁所空間要具備一定深度。
完全獨立的廚房，與客廳和餐廳分開。
After
縮小廁所空間，更改為食物儲藏間。
食物儲藏間
廚房
冰箱
廁所
客廳
餐廳
和客廳、餐廳連接的一體化ㄇ型廚房，擺設裝潢重點在冰箱的位置、牆面的微波爐架，以及對面流理台桌的顏色和高度。

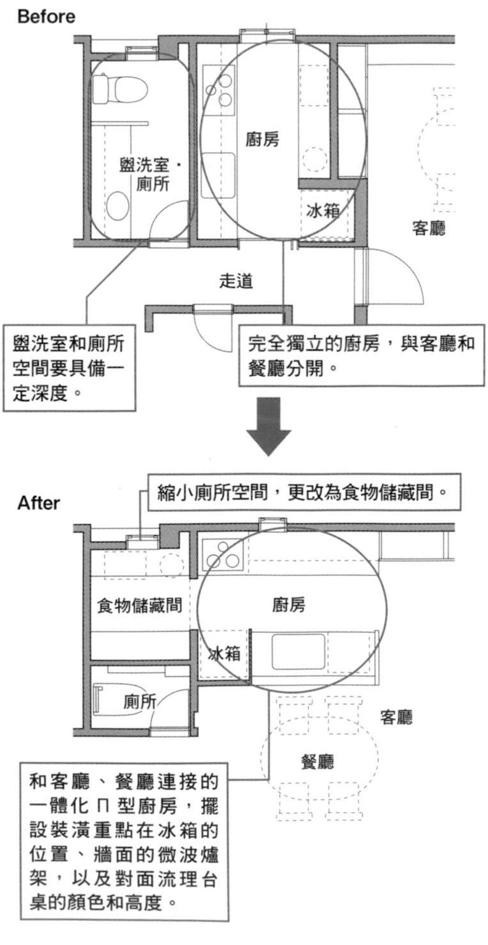

Part 6

不失敗的浴室翻修技術

- 浴室翻修類型與花費
- 系統式衛浴設備的安裝
- 半系統式衛浴設備的安裝
- 在來浴室的翻修工程（公寓、獨棟住宅、削減費用方式）
- 專欄 如何善用訂製系統衛浴設備

浴室和廚房都是屬於住宅翻修需求特別多的區域，如果設計師想要追求個別化的設計，浴室可說是會影響住宅整體翻修的關鍵所在。

在設計規劃的過程中，最重要的就是防水作業。不論是公寓或是獨棟住宅的翻修，都應該思考該如何解決浴室到樓下的嚴重漏水問題。

就防水的觀點來說，除非客戶有提出特別的需求，浴室基本上最好還是採用系統式衛浴設備，或是半系統式衛浴設備。原本使用在來工法所搭建的浴室，則應該把重點放在施工難易度，以及將來的漏水風險部分，應該思考有那些技巧可以善用利用。

最近這幾年來，有關浴室設計的守備範圍也擴大了不少，不再只是單獨的浴室翻修，可隨著屋主的生活模式作變化，進而衍生出浴室、廁所一體的雙功能衛浴空間，或是包括浴室、廁所、盥洗室在內的3功能衛浴空間等，簡直可以說是在考驗包括整個用水區在內的設計師提案能力。

接著則是要針對住宅翻修中的浴室設計、施工手法的部分來進行說明，介紹各種浴室類型以及設計規劃時所會面臨到的各式各樣問題。

表格 浴室翻修類型與花費〔※〕

	類型	尺寸〔mm〕	浴缸	牆面、地板材質	機器特色	價格（材料、施工）/日幣	照片
①廣尾H邸	公寓在來浴室（重新設置防水設施）	1,700×2,250×2,180	壓克力製（LIXIL／INAX）	牆面：磁磚 地板：磁磚	淋浴水龍頭（GROHE） 浴缸水龍頭（LIXIL／INAX） 插電式浴室乾燥機（三菱電機） 玻璃門	180萬	
②千代田區H邸	公寓在來浴室（原有防水設施增加覆蓋物）	1,500×1,800×2,200	壓克力製（TOTO）	牆面：磁磚 地板：浴室磁磚	淋浴柱（LIXIL／INAX） 玻璃門 插電式浴室乾燥機（三菱電機）	160萬	
③六本木T邸	公寓訂製系統衛浴（Tokyo Bath Style）	1,500×1,900×2,300	壓克力製（JAXSON）	牆面：大理石（2色分開） 地板：浴室磁磚	淋浴水龍頭（GROHE） 固定式蓮蓬頭（GROHE） 瓦斯式浴室乾燥機（TOKYO GAS）	320萬	
④高倫M邸	公寓在來浴室（重新鋪設防水設施）	2,430×2,600×2,380（同時設置1,300×900×2,380的淋浴間）	壓克力製（（噴射式&氣泡式）JAXSON）	牆面：大理石 地板：花崗岩（結晶表面）	淋浴柱（GROHE） 淋浴、浴缸水龍頭（GROHE） 不鏽鋼框玻璃門 瓦斯式浴室乾燥機（TOKYO GAS）	800萬	
⑤伊豆K別墅	獨棟住宅在來浴室（重新鋪設防水設施）	1,650×2,100×2,250	木製浴缸（HOUSE&HOUSE）	牆面：馬賽克磁磚（2色分開） 地板、腰壁：凝灰岩、地板暖爐	淋浴水龍頭（GROHE） 浴缸水龍頭（TOTO） 瓦斯式浴室乾燥機（NORITZ） 玻璃門	170萬	
⑥守谷O邸	獨棟住宅半系統衛浴設備	1,600×1,600×2,240	FRP半系統浴缸（TOTO）	牆面：磁磚	淋浴水龍頭、淋浴桿、玻璃門（TOTO） 托燈照明（Panasonic） 瓦斯式浴室乾燥機（東部瓦斯）	80萬	
⑦横濱N邸	獨棟住宅半系統衛浴設備	1,600×1,600×2,200	FRP半系統浴缸（TOTO）	牆面：檜木牆板	淋浴水龍頭、淋浴桿、玻璃門（TOTO） 托燈照明（Panasonic） 插電式浴室乾燥機（三菱電機）	100萬	
⑧新小岩T邸	獨棟住宅在來浴室（重新鋪設防水設施）	1,200×1,600×2,200	壓克力製（LIXIL／INAX）	牆面：馬賽克磁磚 地板：浴室磁磚	淋浴水龍頭（LIXIL／INAX） 左右推窗（TOSTEM） 插電式浴室乾燥機（LIXIL／INAX）	130萬	
⑨川越S邸	獨棟住宅系統衛浴設備	1,600×1,600×2,155	FRP製（TOTO）	牆面：HQ亮面板 地板：FRP細溝地板	淋浴水龍頭、扶手、單邊拉門、托燈照明、瓦斯式浴室乾燥機（TOKYO GAS）	80萬	

※ ①～⑤的設計、監工為各務兼司（KAGAMI建築計劃），⑥～⑨則是中西HIROTSUGU（in-house計劃）。價格是工程費用中浴室部分的花費，和浴室單獨的翻修價格不一定相符。

圖1 系統式衛浴設備的翻修準則

①配合原有浴室結構（S＝1:50）

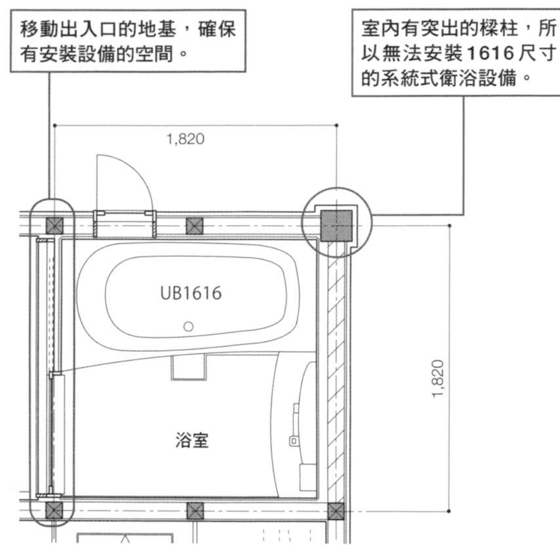

移動出入口的地基，確保有安裝設備的空間。
室內有突出的樑柱，所以無法安裝1616尺寸的系統式衛浴設備。
1,820
UB1616
1,820
浴室

②浴缸設置在1樓時的重點

a:決定會呈現腐蝕狀態的地基周邊木材

由於浴室地基周邊木材大部分都已經腐蝕，在更換同時也要注重防潮對策。格狀基礎再搭配上基礎隔熱材可提升隔熱效果，筆者所使用的隔熱材是經過壓縮的聚乙烯塑板。

b:遭受白蟻啃蝕的支撐木

表面的腐蝕情況雖不明顯，但木頭內的柔軟部分，都已經遭到白蟻啃蝕〔參照29頁〕。

③浴缸設置在2樓時的重點

目標：2樓的地板水平面設置系統衛浴設備

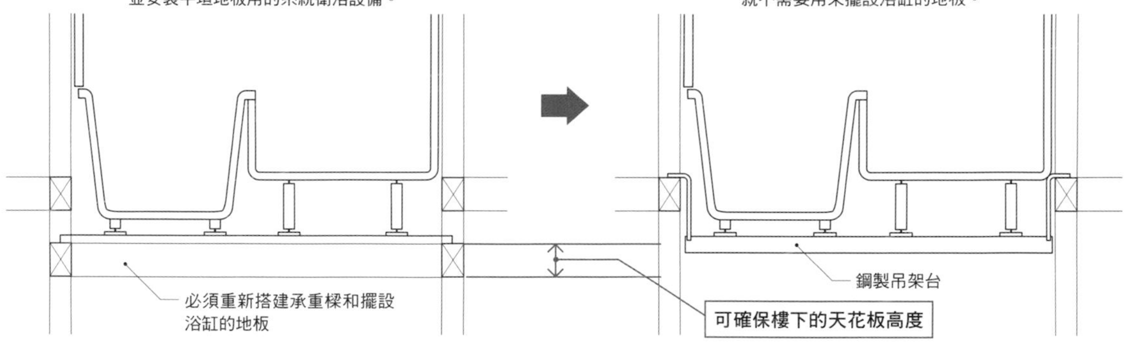

過去
降低2樓的地板樑柱位置，重新鋪設地板，並安裝平坦地板用的系統衛浴設備。
現在
利用專用的吊架台和樑柱接合，就不需要用來擺設浴缸的地板。
必須重新搭建承重樑和擺設浴缸的地板
鋼製吊架台
可確保樓下的天花板高度

系統衛浴設備的安裝

在裝設系統衛浴設備時的準則就是要確認安裝設備的尺寸大小。正確測量樑柱間的寬度，一定要確認是否有足夠空間擺放設備。**圖1**①是因為受制於原來的鋼筋位置，所以只好讓出入口的地基呈現錯位狀態，才總算能擺放浴缸的事例。

獨棟住宅的浴缸設置在1樓和2樓都有各自的安裝重點需要注意。前者地板下方周圍的防潮對策尤其重要，由於屋齡老舊的木造住宅多數都是使用在來浴室，所以最好要先作好浴室拆除後，周邊的地基和柱腳都遭到腐蝕的心理準備〔**圖1**②〕。還能藉由浴室周邊的格狀基礎，來達到基礎隔熱的效果。

而後者的所要面對的課題則是設置方式。如果要將浴室設在2樓，就必須配合地板水平面來裝設，還要架設新的樑柱並降低地板高度，作業過程稍嫌過於繁複。不過最近有系統衛浴設備廠商，提出了非常簡單的安裝方式〔**圖1**③〕，也就是利用鋼製吊架台來設置浴缸的手法。只要採用這種方式就能順利安裝，2樓也不會出現地板高低差，1樓空間也同樣適用。

〔中西HIROTSUGU〕

圖2 使用半系統浴缸的浴室翻修

剖面圖（S=1:50）

有別於系統衛浴設備，可自由規劃照明計劃。這裡是採用間接照明式的托燈，營造出浴室的空間柔和感。

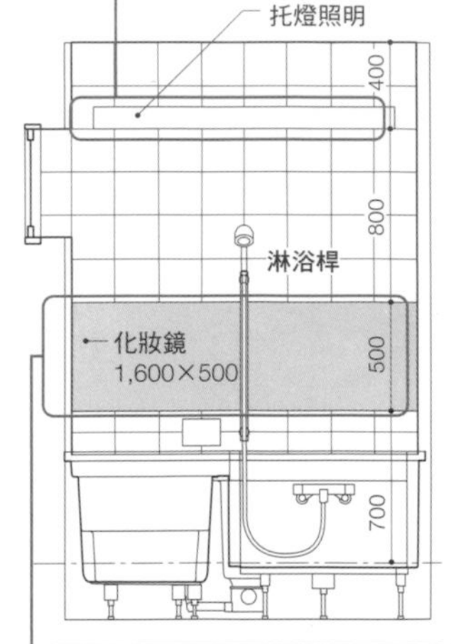

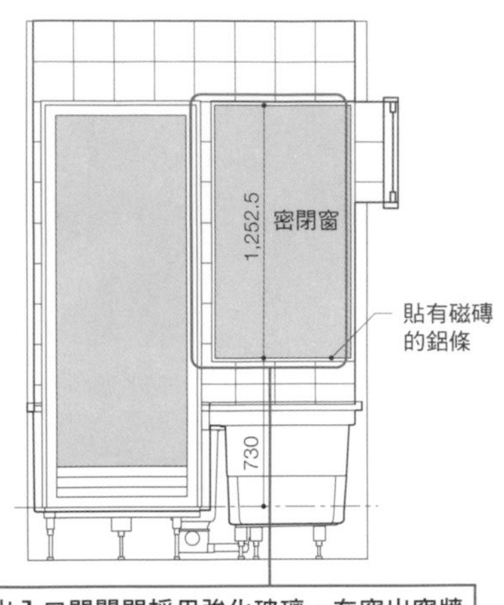

在牆面的同個平面上設置化妝鏡，還能設置嵌入式收納架等設備。

出入口開關門採用強化玻璃，在突出窄牆設置密閉窗，強調與盥洗室之間的接續感。

磁磚牆周邊細部圖（S=1:6）

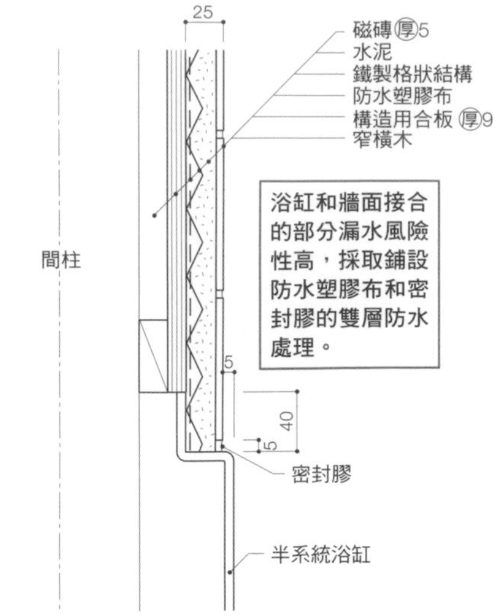

①浴室的防潮對策

防潮對策非常重要，在格狀基礎上再鋪設基礎隔熱材。

②設置開口部

牆面可自由設計，照片的事例是在開口處設置大量的窗框。

③從盥洗室內看到的浴室

密閉窗的設置營造出浴室和盥洗室的連結感。

可自由改造的半系統衛浴設備

半系統浴缸的優點是牆面、天花板、開口部可自由設計，還能確保與盥洗室之間的一體性，從外部的採光、眺望、間接照明等廣泛項目都能自由更動設計〔圖2〕。

防水性能則是和系統衛浴設備屬於相同等級（浴缸部分）。就筆者的經驗來說，由於老舊的木造住宅幾乎不會發生浴缸上方遭到腐蝕的情況，所以考慮到設計的自由度，這應該是最好的選擇。

但是浴缸和牆面接合的部分，還是必須確保防水性能和清潔保養的便利性。密封膠和防水塑膠布的雙層保護，就能夠將漏水的可能性降到最低。由於在黏貼護壁板時，很容易傷到牆面的前端，所以可以先作為可更換式的天花板隔板使用。

這樣看來裝設半系統浴缸似乎有許多的好處，但其實還是有問題存在，那就是廠商所販賣的商品同質性高變化少。站在設計師的立場判斷，雖然半系統浴缸是很有系統的設備，但是最讓人感到困擾的仍舊是設備的選擇性太少，所以很期待之後廠商所開發新商品。

〔中西HIROTSUGU〕

圖3 在來浴室翻修注意事項～公寓篇～（S1＝:50）

平面圖

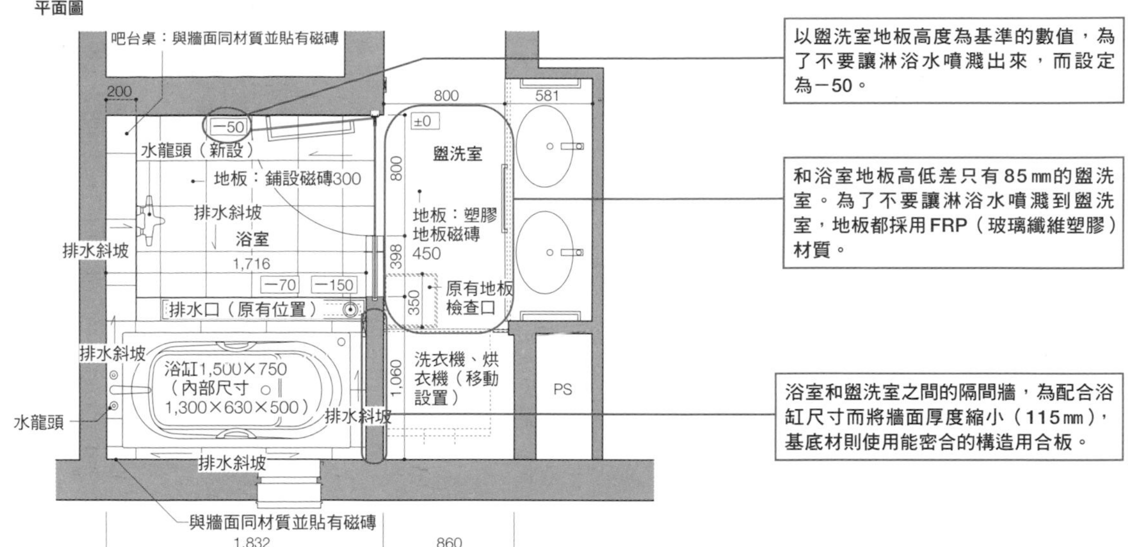

剖面圖

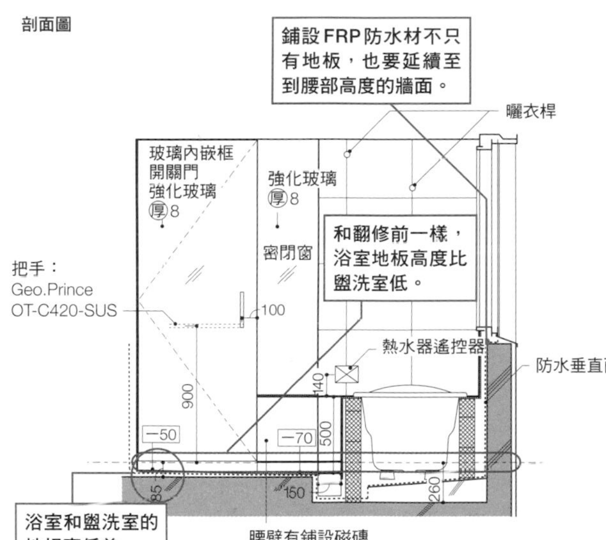

測試FRP的防水度，在有一大片積水的狀態下等待24小時，再確認是否有漏水。

選用大片磁磚和玻璃開關門，打造出飯店水準的浴室設計。

在來工法浴室也要進行防水測試

公寓住宅緊貼軀體結構部分（地板、牆面）的防水層在歷經巨大搖晃後，很有可能會出現破損情形，而這正是在來浴室的最大風險所在。因此在來浴室的設計重點則是要針對此部分進行修正。

圖3是因為客戶想要寬敞的浴室，再加上住家高度不高（3樓公寓的2樓），考量到搖晃度不高，在向客戶說明風險後，最後決定採用在來工法來翻修浴室。將隔壁的盥洗室隔間牆拆除，改變隔間方式，並去除原有的防水層素材後再進行翻修。幸虧排水存水彎不在浴室內，而是連接至盥洗室地板下方的個別箱型裝置，所以能夠直接將FRP防水材塞入。

再加上盥洗室的地板高度只比浴室高出85㎜，所以會擔心淋浴時的熱水可能會噴濺至盥洗室。因此筆者決定將所有的地板都加上FRP防水材，等到施工完成後，則是在浴室進行放水測試，在經過24小時後確認沒有漏水的地方，接著再進行浴缸的安裝作業。

〔各務兼司〕

圖4 在來浴室翻修注意事項～獨棟住宅篇～（S1=:30）

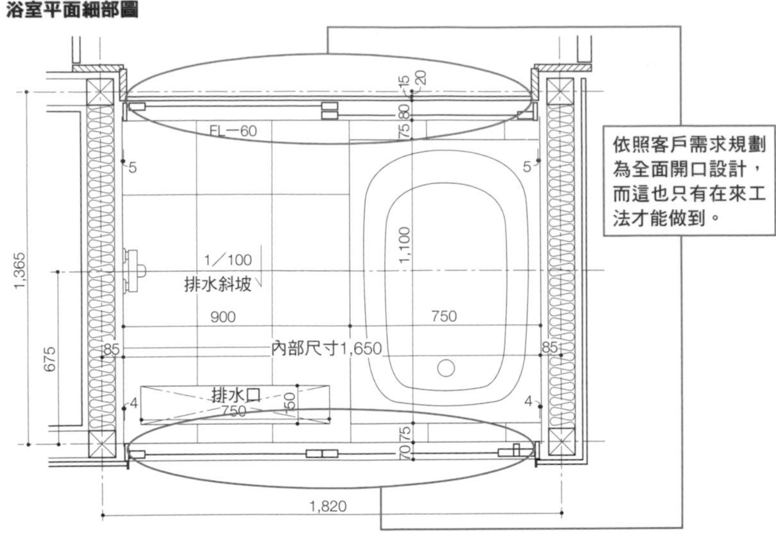

浴室和外面的露台空間連成一體，將開關門全都打開，就能好像在泡露天溫泉，也可以直接從屋外進出。

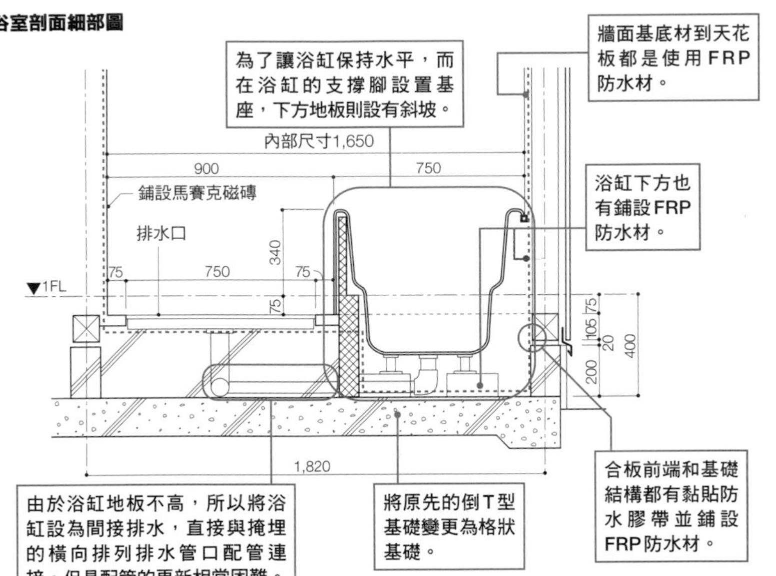

浴室剖面細部圖
為了讓浴缸保持水平，而在浴缸的支撐腳設置基座，下方地板則設有斜坡。
牆面基底材到天花板都是使用FRP防水材。
內部尺寸1,650
900
750
鋪設馬賽克磁磚
排水口
浴缸下方也有鋪設FRP防水材。
▼1FL
75
750
75
340
400
200
1,820
依照客戶需求規劃為全面開口設計，而這也只有在來工法才能做到。
由於浴缸地板不高，所以將浴缸設為間接排水，直接與掩埋的橫向排列排水管口配管連接，但是配管的更新相當困難。
將原先的倒T型基礎變更為格狀基礎。
合板前端和基礎結構都有黏貼防水膠帶並鋪設FRP防水材。

以雙推式玻璃門作為與盥洗室之間的隔間，讓狹窄的浴室從視覺上變得寬敞。

在來工法只能作為特殊手法

木造獨棟住宅的浴室若決定採用在來工法進行翻修，那必須先有一定程度的心理準備，因為在來工法只能作為與外部空間連成一體等，以設計性為優先的特殊手法。

就連圖4的事例也沒有例外，為了要營造出與露台之間的連結感，以及確保視覺上的寬敞度，而採用全開口式的設計，所以只能選擇以在來工法來翻修浴室設施。浴室的防水部分，除了在牆面基底和浴缸下方都鋪設有FRP防水材，也補強了下方地基和基礎的連接部分，對基底的防水措施下了不少功夫。

但由於防水處理並非萬無一失，還是會有漏水的風險存在，這部分的認知也必須與客戶達成共識。

其他像是浴缸的安裝方式和排水規劃等問題，也都是在來工法必須面對的眾多課題之一。尤其是排水部分就有必須埋設於下方的橫向排列排水管的大問題存在，因為等到管線因老舊化需要更換時，就一定要破壞鋼筋水泥的部分才能進行更換，以長期管理的觀點來說，實在不建議進行獨棟住宅的浴室翻修時採用在來工法。

〔中西HIROTSUGU〕

圖5 削減在來浴室翻修費用的訣竅

平面圖（S＝1:40）

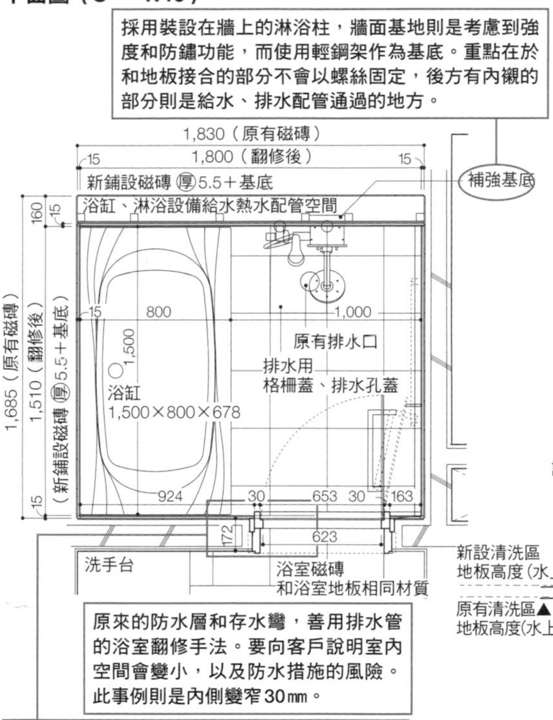

採用裝設在牆上的淋浴柱，牆面基地則是考慮到強度和防鏽功能，而使用輕鋼架作為基底。重點在於和地板接合的部分不會以螺絲固定，後方有內襯的部分則是給水、排水配管通過的地方。
1,830（原有磁磚）
1,800（翻修後）
15
15
新鋪設磁磚 厚5.5＋基底
補強基底
浴缸、淋浴設備給水熱水配管空間
160
15
1,685（原有磁磚）
1,510（翻修後）
（新鋪設磁磚 厚5.5＋基底）
800
1,000
原有排水口
1,500
排水用
格柵蓋、排水孔蓋
浴缸
1,500×800×678
924
30
653
30
163
172
623
洗手台
浴室磁磚
和浴室地板相同材質
原來的防水層和存水彎，善用排水管的浴室翻修手法。要向客戶說明室內空間會變小，以及防水措施的風險。此事例則是內側變窄30㎜。

剖面圖（S＝1:10）

原有鋁條
架高天花板
移除部分原有三方木框
▲浴室天花板
▲盥洗室天花板
訂製不鏽鋼框
30
20
112
新設三方木框
調整尺寸
30㎜
原有的鋁條修改角度
沿用防水層導致地板出現140㎜的高低差，所以刻意在盥洗室設置橫木台，和浴室使用相同磁磚，營造出空間的整體感。
強化玻璃
單邊開關門
厚8
1,851
浴室
盥洗室
新設框：鋪設磁磚
（和浴室地板相同的浴室磁磚）
橡膠圈
95
300
40
55
訂製不鏽鋼框
鋁條
（防水用）
15
50
5
30
30
36
171
44
140
149
新設清洗區
地板高度(水上)▼
水上
44
15
原有清洗區▲
地板高度(水上)
原有大理石
厚30
護壁板
60
盥洗室地板
▼地板高度
159
49
◀原有牆面
原有鋁條
地板用隔音材
因為翻修而出現的地板高低差，要想辦法從設計和設備方面補強，內部有連接洗衣機的排水管（管徑為⌀50）通過。

平面細部圖（S1＝:10）

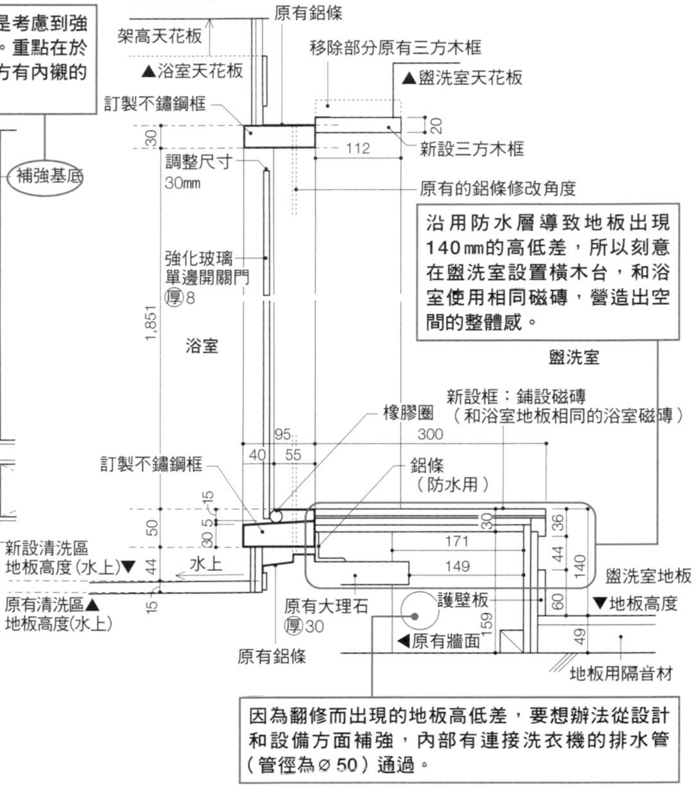

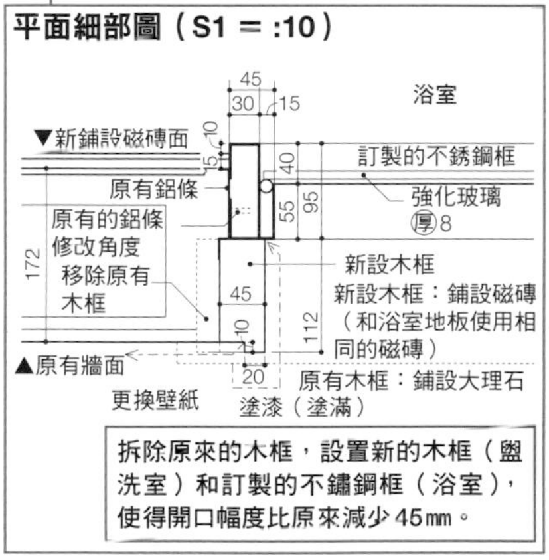

45
30
15
浴室
▼新鋪設磁磚面
10
15
訂製的不銹鋼框
40
原有鋁條
強化玻璃
厚8
55
95
原有的鋁條
修改角度
172
移除原有
木框
新設木框
新設木框：鋪設磁磚
（和浴室地板使用相同的磁磚）
45
10
112
▲原有牆面
20
原有木框：鋪設大理石
更換壁紙
塗漆（塗滿）
拆除原來的木框，設置新的木框（盥洗室）和訂製的不鏽鋼框（浴室），使得開口幅度比原來減少45㎜。

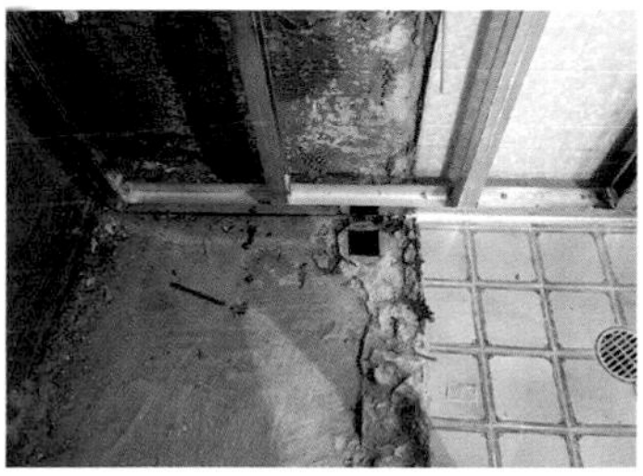

拆除原有浴缸後的浴室樣貌，可看見移除磁磚後的基底層，接者抹上陽極基底塗料，一旁看到的是不銹鋼製的輕鋼架基底。

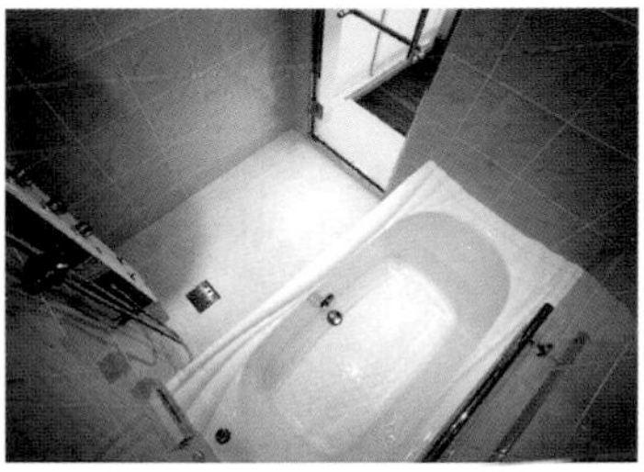

翻修完成後的樣子，玻璃門的另一端有和盥洗室之間地板高低差而設置的橫木台，並和浴室地板鋪設相同的磁磚。

可利用原來的防水層

屋齡在30年以上的老舊公寓的浴室，幾乎都是採用在來工法。雖然可移除的磁磚和防水層，再重新設置新的防水層，但可能會面臨到費用和工期上的問題〔※1〕。

但如果是直接在原有的磁磚上鋪設新的磁磚，並沿用原有的防水層，這些問題就能迎刃而解〔圖5〕。因為在原來的磁磚抹上陽極基底塗料就能完成基底層，不必花時間移除舊有素材，產生的廢材數量也很少。費用只要重新設置防水層的一半〔※2〕，施工期也能縮減至一半〔※3〕。不需要進行拆除工程，更棒的是，也不會對公寓附近住家產生噪音。不過由於是直接在浴室原有的地板上鋪設磁磚，所以會導致地板的高低差、牆面內的空間比原來狹窄、開口幅度所小等問題發生，而且浴缸的擺放方式也不能隨意變更。

在進行施工作業時，最重要的是避免防水層的損傷。在移除浴缸時掌握地板高度和地板排水孔的實際位置，從浴缸排水孔和地板排水孔的位置和高度來決定浴缸的設置高度，以及清洗區的地板高度。

〔各務兼司〕

※1　如果是在排水管通過樓下天花板的情況下，需要克服的技術面問題會比較多。由於排水存水彎是在埋設在鋼筋水泥層中，存水彎的角度部分會接觸到瀝青，所以就只能從樓下的天花板鑿洞來同時更換雙方的排水管和存水彎，要不然就會一直擔心漏水問題。
※2　移除浴缸和水龍頭五金
※3　要在原有的磁磚上鋪設磁磚時，最好選擇輕薄型的磁磚

column

如何善用訂製系統衛浴設備

價格保證的信賴度和設計性

系統衛浴設備的優點是①與建築物之間屬於各自獨立關係，即便發生地震，受到搖晃所造成的影響有限②優越的防水性③現場組裝方式簡單。

缺點則是各家廠商的設備標準尺寸幾乎沒有差別（※），但由於製造、販賣都是由負責生產浴缸、水龍頭的公司壟斷，所以無法選擇其他家公司所生產的水龍頭五金等製品來作搭配。而表面覆蓋材的狀況也差不多，雖然有能夠選擇的磁磚的業者（產品），但是提供的都是輕敲幾下，就會發現只能算是厚度不夠的擋板覆蓋材，門板也大多是塑膠製品。

相較之下，採用在來工法搭建的浴室，不論是空間大小、變形或是曲面壁都可隨意變化，表面覆蓋材和水龍頭五金類用品，也都能自行選擇搭配。但就如前述內容所言，以浴室的防水觀點來說，不論是公寓或是獨棟住宅，選擇在來浴室都有一定的風險存在。

而在這裡要提出討論的就是綜合兩者優點的訂製系統衛浴設備。其洗衣機下方排水區的防水度和系統衛浴設備屬於相同等級，雖然在組裝上沒有系統衛浴設備簡單，但比起在來工法還是能迅速完成作業。

在表面覆蓋材和五金物件的搭配上，也幾乎和在來浴室一樣可自由選擇，某種程度也能達到變形浴室的效果。也能夠使用不銹鋼框＋強化玻璃開關門，打造出飯店水準的浴室空間。雖然說要看地板下方構造，才能決定洗手台下方地板和水平面地板的可能性，但只要在該關門下方設置格柵蓋，營造出無障礙空間，就能以技術性方式完成水平面覆蓋材。

說了這麼多訂製系統衛浴設備的優點，但其實它的唯一缺點就在於價格。特別訂製的產品因為是獨一無二，單價當然會比較高，可是和最高級的系統衛浴設備相比，價格其實沒差多少，所以還是能考慮選用訂製系統衛浴設備。

而特別訂製一詞並非指從無到有的過程，大部分廠商都有自己的標準設備模型。只要從標準設備開始，選擇自己喜歡的表面覆蓋材、五金物件等搭配品項，就能有效壓低費用。

排水暢通的滿意規劃

接著要以使用訂製系統衛浴設備的六本木T邸作為實例來進行說明。此事例的客戶的需求有4大點，分別是①盡量避開構造體的樑柱，規劃出寬敞的浴室空間②表面覆蓋材要配合房間等級，所以決定採用大理石建材③選用JAXSON公司所生產的浴缸設備④設置固定式蓮蓬頭和暖爐三溫暖設備。

由於系統衛浴設備都無法滿足以上所有需求，所以找了2家廠商相互交換意見，考量到設計性和報價詳細內容，以及公司以往的施工成果，最後決定採用Tokyo Bath Style的產品（**參照80頁表格**）。

而進入施工期後的重點如下。由於完工時間約為4個星期，所以在開始施工後，也要同時進行浴室預定設置地點的拆除作業，盡早規劃出施工基準，接著再決定浴室的大小和選購所需設備。因為是在地板樓板高低差範圍之外的區域設置浴室，所以除了規劃排水位置，也要針對隔壁的盥洗室和洗衣機的排水會行經浴室的內襯部位仔細規劃。設備的安裝則是遵守填滿空間，並左右各留5㎜空隙的施工手法，再搭配上訂製系統衛浴設備的排水暢通等優點，打造出讓客戶滿意的浴室設計（照片）。

採用的標準是？

最後要說明訂製系統衛浴設備的採用標準。就筆者以往的經驗來說，會選擇訂製廚具的客戶，大部分都會接受採用訂製系統衛浴設備的想法。

懂得選購包括國外生產的調理機器和高級水龍頭在內的訂製廚具設備的客戶，應該無法滿足於搭配選項少的系統衛浴設備。所以在提出浴室規劃意見時，不如就大膽向客戶提出選用訂製系統衛浴設備的想法吧！

（各務兼司）

照片｜訂製系統衛浴設備所呈現出的高級感

正在組裝訂製系統衛浴設備的樣子，左下角的孔洞是為了讓盥洗室等設備排水管通過的部分鋪設內襯材而鑿開的小洞。

牆面、地板都和盥洗室內的水平夾層對齊的浴室，並設有不鏽鋼框和玻璃門，洗手台的設置等規劃都可以在討論會議中提出變更方案。

※　玻璃吧台桌的尺寸可自由變更，可縮小約25㎜的單位。

Part 7

發揮照明功能

- 1室多燈照明計劃
- 透過間接照明展現天花板和牆面的魅力
- 照明功能的細節
- 專欄　視聽影音機器的巧妙安裝

要改變原有空間的氣氛，重新規劃照明設備會是其中一項極具效果的手法，只要善加利用增厚牆和下降天花板，很容易就能打造出有格調的空間感。

特別是近年來1室多燈照明的設計需求性大增，理由在於可以配合生活情境選擇燈光效果，讓空間具有豐富的變化性。只要將ＬＥＤ等相關設備組裝完成，在必要時調整燈光，就能有效降低因照明燈具而增加的使用電量。所以務必要學習1室多燈照明的相關知識。

另一方面，家電用品和ＩＴ相關機器也是同樣道理，需要隨著技術的進步，掌握相關設備的最新資訊。而前述所提到的ＬＥＤ照明，當然也是這幾年來必須有一定認知的領域。只要制定一套必要時尋求專門業者協助的工作模式，那麼至少就能讓自己對這類產品有一定程度的瞭解。

接著除了針對住宅翻修照明計畫中的1室多燈照明，以及ＬＥＤ照明的相關設計手法作出說明，也會介紹如何讓照明燈光發揮效果的技巧，還會稍微提及和照明計劃有著密切關係的ＡＶ機器配置和接續等相關解說。

圖1 照明翻修的3個步驟

1 | 強化照明效果

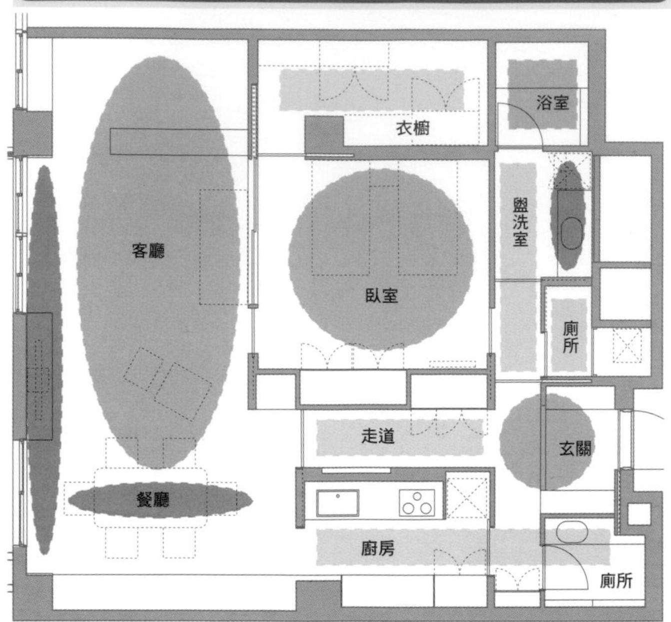

：光線充足明亮
：光線適中朦朧
：光線微弱昏暗

1室多燈照明計劃捨棄以往的整體空間光線平均分配的照明效果，能夠賦予燈光變化感，就連客廳和餐廳也不例外。在吃飯時可以將餐桌上方的燈光調亮，將客廳燈光稍微調暗。

2 | 天花板構造圖內的大量情報

排氣暖爐乾燥機
衣櫥
浴室
盥洗室
排氣管
客廳
臥室
排氣管
樑木
走道
玄關
餐廳
廚房
廁所

採用1室多燈照明要注意避免對照明器具、配線，以及其他配備、配管造成干涉，所以要準備比平面圖還要詳細的天花板構造圖來仔細規劃。

何謂設計者觀點的照明計劃？

新屋和住宅翻修的照明計劃是完全不一樣的狀況，因為新屋是要針對什麼都沒有的大空間，在掌握了空間寬度、大小、窗戶位置等現場情報後，再擬出一套照明計劃。但是對於多數客戶能夠親自掌握住宅空間優缺點的翻修工程來說，重點則是要放在如何幫助客戶解決對空間各個部位的不滿情緒。

經過分析後，發現多數人都是針對空間的照明亮度，以及開關位置等設備規劃感到不滿意。而最簡單的解決方式，就是在昏暗的區域擺放直立燈座補足光線，或是更改不適合的開關位置。但是站在設計者的立場來說，真正的問題應該在於是否有妥善規劃生活情境、空間特色、家俱的配置以及照明擺設的契合度，從這些細節就能看出設計師手是否具備專業的設計提案能力。

採用1室多燈照明能適度調節亮度

在日本不管是公寓還是獨棟住宅，1室1燈照明設計從戰後開始就相當普及。就是在活動空間的天花板裝設大型的日光燈，利用開關來調整室內的光線明暗度。但是1室1燈照明除了不能在日落時享受舒服的傍晚時光，在吃過晚餐後，家人聚在客廳或餐廳時，也很難按照每個人的狀態，來調整適合彼此的光照環境。

但如果是1室多燈照明設備，就

不會有這樣的問題發生。不過這可是一項需要仔細進行的作業，因為要從生活動線和家俱的擺設方式，想像每個空間和各區域的活動模式，思考適合考每個場所的燈光規劃，最後再具體規劃出選定的照明器具和開關位置。至於多數人會擔心的過度耗電問題，則是可以透過選用具備優越省電功能的LED照明燈的方式來解決，而且使用壽命也比較長。

LED照明在顯色性等性能面都有持續在提升，而選用這類燈具時會面臨到的擇向性高和價格等的問題，都可以算是限制用電量的公寓特有且具效果的住宅翻修手法。

在規劃時要預留未來家庭生活形態和家俱擺設可能會變更的空間，等到照明計劃進行到差不多的階段，則要和客戶仔細討論，思考計劃整體方向性是否有需要修正的地方。

3 | 製作照明配置圖

建築模數線

空調出風口位置，因為會干涉到照明，所以移動至房間中央。

避開空調出風口

避開壁櫥門板

書房　衣櫥　浴室　客廳　臥室　盥洗室　廁所　玄關　走道　廚房　人體感應器　廁所

埋設照明燈箱會受到樑木干擾，需要修改設計。

嵌燈和排氣管相互干擾時會移動嵌燈位置。

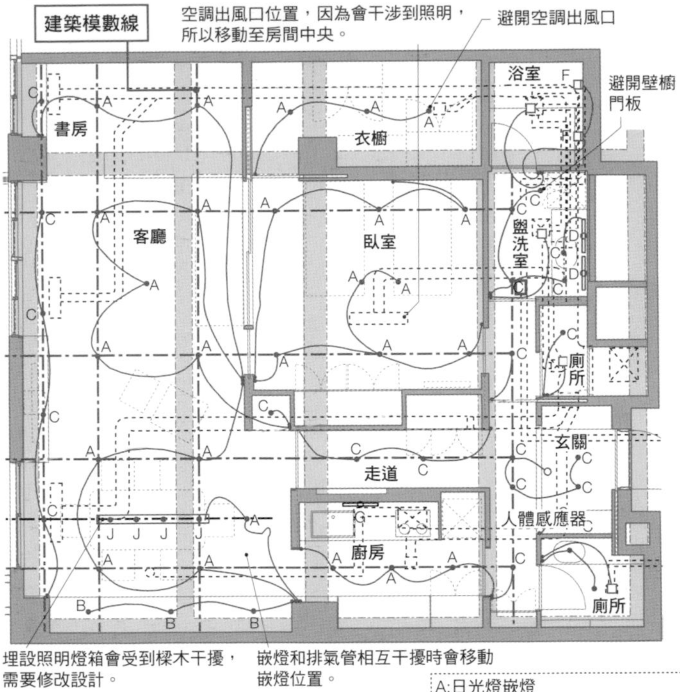

呈現出圖1-1的照明計劃，依場所選擇最適合的照明器具，精準控制每個區域所需的燈光亮度。

A:日光燈嵌燈
B:洗牆燈嵌燈
C:原有燈泡嵌燈（其他目的沿用）
D:日光燈
J:聚光燈

天花板結構圖是照明計劃的必需品

接著要依序說明施工設計圖的照明計劃重點。首先是要繪製基本的照明設備規劃圖，與客戶分享照明計劃的配置方式（圖1-1）。再來是在經過現場調查後，製作天花板結構圖（圖1-2），需具體描繪出天花板的高低差，以及隱身在天花板的樑柱和排氣管位置，也要記錄天花板內嵌空調和火災警報器的位置。同時也別忘了標註家俱和門窗（門窗的開啟方向）所在位置。

這些前置作業可以解決只靠平面圖思考設備配置時容易發生的各種問題，避免像是「挑選好的照明器具因為受到樑柱干擾而無法設置」、「嵌燈剛好設在門打開的地點，導致有不必要的黑影照射在地板上」等類似的初步錯誤發生（圖1-3）。

最後則是要說明筆者在進行照明規劃時的標準流程手法。最基本的照明就是嵌燈，為確保餐廳和客廳有足夠的光線，需平均分配裝設照明器具。而擺放藝術品和生活用品的牆面和吧台桌，則是設置有聚光燈和托燈照明。並規劃了坐在沙發上看書的閱讀區，地板設有直立式照明燈用的電源插座，也在天花板的高低差和牆面交錯位置，設有許多間接照明設備來強化各個空間給人的印象。

不過這樣的照明計劃可能會導致照明器具過多的情況發生，因此筆者便決定透過將系統分開的開關數減少，以及利用調光器的方式，盡量縮減照明器具數量，就能夠配合建築模數決定器具的陳設方式。

至於照明開關的部分，也是要特別下工夫。雖然說一般都會將開關設在1樓的入口處，但由於考慮到生活動線，餐廳的照明設備最好是設在隔壁廚房的邊界牆上。這樣就不必在每次戶外光線變化時，還得走到入口處調整室內照明亮度。另外像是陽台照明或是壁掛藝術品等照明器具，都是要在地點所在處就近設置，這些都是在規劃時需要考慮到的生活動線相關細節。

〔各務兼司〕

善用建築物的形狀

住宅翻修中的照明計劃施工重點，要放在如何善用天花板內的死角空間，以及樑柱形狀等原有的建

圖2 善用天花板高低差的照明計劃

①天花板高低差有 200㎜時

為避免架高天花板露出樑柱造成視覺混亂，於是在小型樑柱下方搭建天花板，確保天花板高低差有200㎜，並利用此空間裝設間接照明設備。盡量縮小垂直空間，並採用省空間的細管日光燈。

剖面圖（S=1:100）

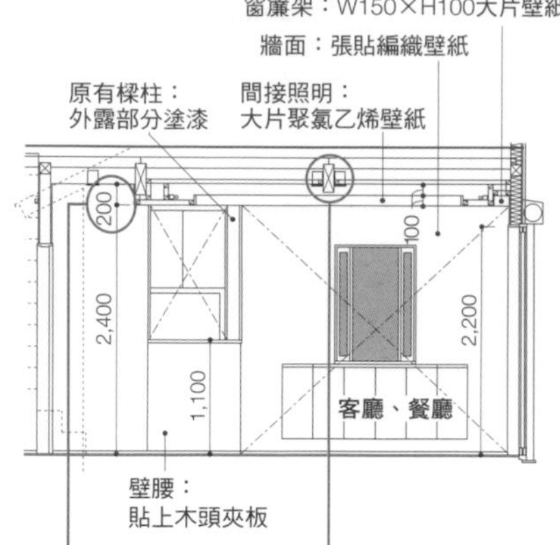

在小型樑柱下方搭建天花板，確保與天花板面之間至少有200㎜的空間。

大膽將大型樑柱外露，有裝飾空間的效果。

光線會擴散至整體空間

②天花板高低差有 300㎜時

照片中的樑柱因為配置條件良好，所以將天花板高低差設為300㎜。由於面向南側的天花板比較高，在此裝設間接照明設備，可以提升空間的開放感。而使用不同的天花板建材，也能營造讓天花板看起來更高聳的效果。

剖面圖（S=1:100）

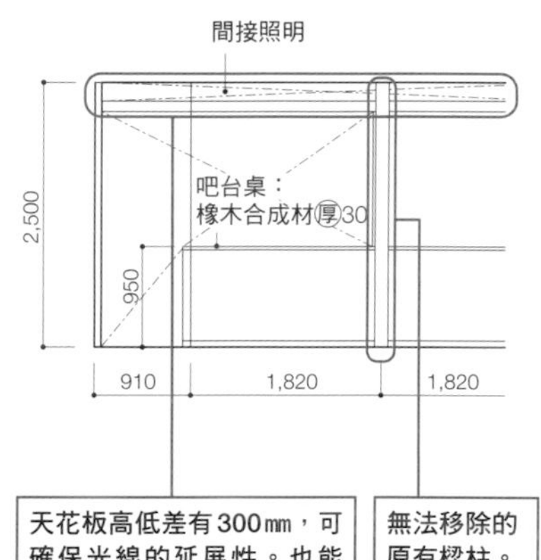

天花板高低差有300㎜，可確保光線的延展性。也能輕鬆裝設有一定高度的日光燈。

無法移除的原有樑柱。

築物形狀〔※〕。從平面搭建天花板的高度大多落在2300㎜左右或是更低，因此大部分的客戶都會提出「架高天花板」的要求。但是要將整體空間的天花板都架高，通常都會受限於樑柱位置（大型樑柱約300㎜高）而無法進行，所以只能退而求其次，在不會受樑柱干擾的範圍內架高天花板。另一方面，天花板所產生的高低差正好可以用來設置照明設備，只要好好規劃，就能呈現出極具效果的空間感。

具體來說一般的手法是會利用高低差，在天花板面設置間接照明，這樣能讓原本已經很高的天花板感覺更高。間接照明的光線可避免直接以過量光源對準居住者，但卻能讓空間保持合適的明亮度。

而在處理天花板搭建作業時，重點在於要確保天花板面的高低差要大，最理想的差距是300㎜左右，至少要有200㎜以上的空間大小〔**圖2**〕。因為空間的大小會直接影響光線的照射範圍，若是高低差距離過小，那麼部分的光線就會呈現出「線光」的狀態，但如果高低差來到300㎜左右，從間接照明設備所照射出的光線，就會以「面光」方式擴散至整個空間。所以還是有按照目的來劃分照明設備的必要性。

此外，如何不直接看到光源和照明器具的設計規劃方式也很重要。選用日光燈時，由於燈管的高度約有80㎜，因此就必須保留相當於這個高度的垂直面空間。最近市面上推出了細管日光燈和LED照明燈（高度約為40㎜）等照明設備產品，可針對各個空間挑選合適的燈具〔**表格**〕。然而細管日光燈和LED照明燈目前還是有價位過高的問題存在。

注意牆面的設計

此外，也有利用間接照明照射牆

※　獨棟住宅就不需要像公寓住宅那樣注意用電容量的限制。

面的手法，不過在這樣的情況下，也必須考慮到如何以空間來隱藏光源以及照明器具。最好的方式是將照明設備安裝在天花板的折縫處，雖然在施工時步驟會比較繁複。但只要能輕鬆達到間接光線的效果，在牆面無法讓人隨意接近的條件下，於牆面界線設置縫隙空間，就算讓光線直接從天花板照向牆面也沒關係〔圖3〕。不過縫隙空間的寬度最好越窄越好（100㎜左右），而照明器具則是要選擇細管日光燈和LED照明燈。

　而為了提升照明效果，也要特別在牆面的設計上下功夫。與其採用表面平坦的素材，還不如選用有凹凸感的覆蓋材，這樣比較能夠提升光線照射效果。

　至於在事前作業上的重點則敘述如下。現場調查一定要確認樑柱尺寸、位置，以及天花板內部空間的有無。等到進入設計階段時，則是要注意和其他設備之間的搭配性。除了各種機器的位置以外，也要實際模擬空調的冷媒管、排氣管、換氣扇的管線行經路線，規劃出不會互相干擾的間接照明設計。細節的部分則是要確保垂直面等地點的設置空間大小。

　施工階段則是要留意間接光線照射到的地點會產生的問題。由於光線是橫向照射，所以表面傾斜的部位會特別突出，和新屋情況不同，老舊的建築物也必須注意軀體結構是否有歪斜角度過大的問題。而間接照明的設置面，也要採用華東椴膠合板等容易清潔的面材。如果沒有特別注意以上事項，有可能會出現施工不完整的情況。

〔中西HIROTSUGU〕

圖3 利用牆面裝設照明器具

①透過天花板折射的照明光線

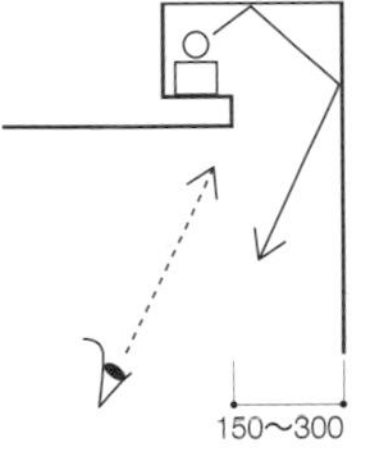

牆面上有設置間接照明，營造出接近自然光的效果。將天花板內的照明器具隱藏起來，就算直接從下方往上看，也只會看到折射光，而牆面的凹凸面設計也是重點之一。

②從天花板照射至牆面的照明光線

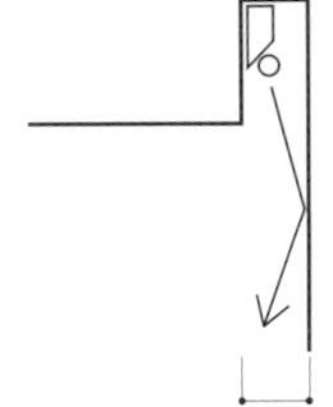

照片中的空間因為要裝設空調設備，所以利用天花板內部裝設能照亮牆面的間接照明器具，還能降低天花板下降區域的壓迫感。

表格 各種照明器具的特徵（尺寸、價格、省能源性）

	產品樣式	器具高度〔mm〕	價格（日幣）	消費電力〔W〕
日光燈	W1,250／85／80 Hf日光燈32W型	約80	約1萬元	34
細管日光燈	W1,250／85／40 細管日光燈管FRT 1250	約40	約2萬3,000元	40
LED照明燈	W1,200／50／40 LED 16個	約40	約3萬元	25

圖4 快速上手！善用照明提升設計層級的細節說明〔※〕

①裝設在地板內的嵌燈 （S = 1:60）

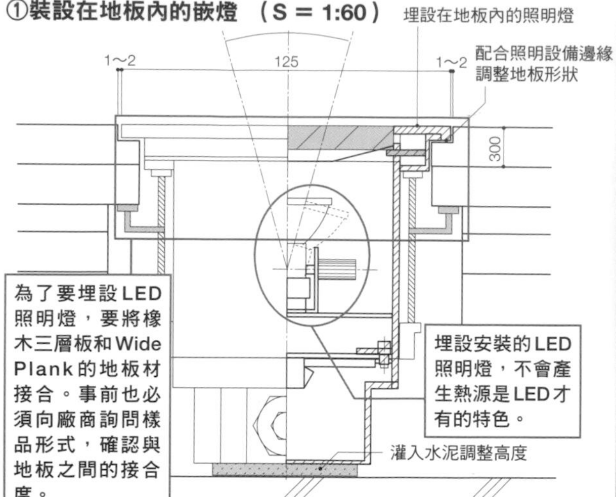

埋設在地板內的照明燈
1～2
125
1～2
配合照明設備邊緣調整地板形狀
300
為了要埋設LED照明燈，要將橡木三層板和Wide Plank的地板材接合。事前也必須向廠商詢問樣品形式，確認與地板之間的接合度。
埋設安裝的LED照明燈，不會產生熱源是LED才有的特色。
灌入水泥調整高度

從玄關進入起居室後，正面就能看見照射在水泥牆上的光線。一般的嵌燈大多是裝設在屋外，有不少會產生熱源，不能在室內使用的產品。因此這裡選用的是埋設型的LED照明燈（FLOS公司），先完成與地板之間的接合，接著在平面安裝設備。

②照亮鋼製隔間牆的線光照明 （S = 1:12）

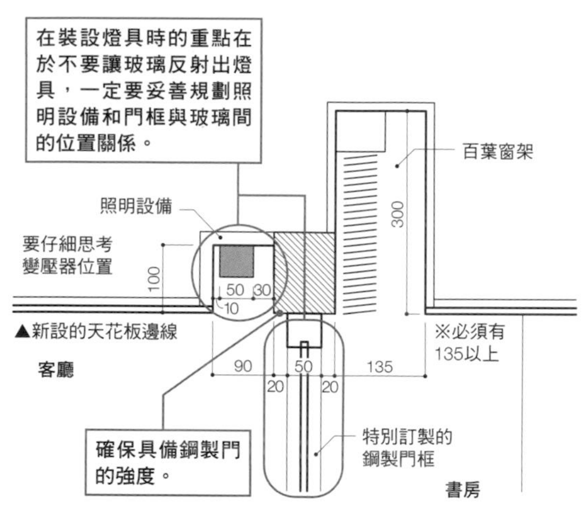

在裝設燈具時的重點在於不要讓玻璃反射出燈具，一定要妥善規劃照明設備和門框與玻璃間的位置關係。
照明設備
要仔細思考變壓器位置
百葉窗架
300
100
50
30
10
▲新設的天花板邊線
客廳
※必須有135以上
90
50
135
20
20
確保具備鋼製門的強度。
特別訂製的鋼製門框
書房

為了加強客廳隔開書房的訂製鋼鐵門框印象，沿著門框在客廳測挖溝槽，每隔100㎜就安裝有LED照明燈。玻璃也安裝在不會看到照明燈的位置，採用角度狹窄的鏡面，光線會照射到門框的鋼框和玻璃上，整個燈光效果比想像中高出許多。但由於並排器具長600㎜，所以需要按照器具數來安裝變壓器〔參照65頁照片④〕，要謹慎思考設置場所的調整等狀況的應對方式。

③讓玄關門廳看起來變寬敞的間接照明 （S = 1:10）

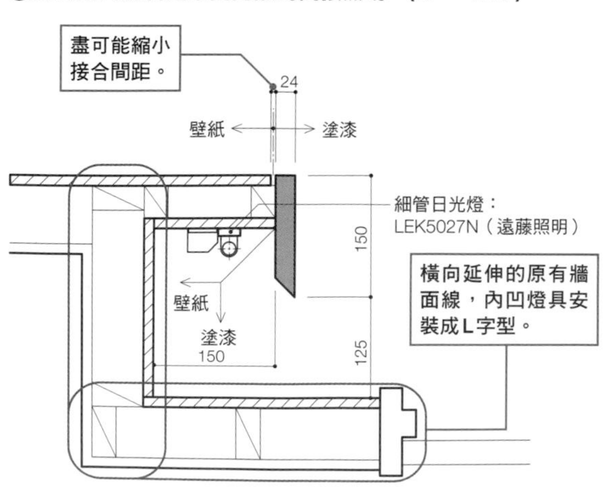

盡可能縮小接合間距。
24
壁紙
塗漆
細管日光燈：LEK5027N（遠藤照明）
150
壁紙
塗漆
150
125
橫向延伸的原有牆面線，內凹燈具安裝成L字型。

將原來有2,000㎜高的天花板分區裝設間接照明，讓玄關和前方的玄關門廳空間變寬敞。利用天花板的高低差和走道牆面的錯位方式，以L字型裝設相同大小的燈具，採用的是細管日光燈。在牆面的部分設有無框玻璃，L型的照明燈照射出門型光線，會讓人感覺空間變寬敞許多。

※ ①～③的設計、監工是由各務兼司（KAGAMI建築計劃）負責，④～⑥則是由中西HIROTSUGU（in house建築計劃）負責。

④閣樓內的間接照明（S＝1:20）

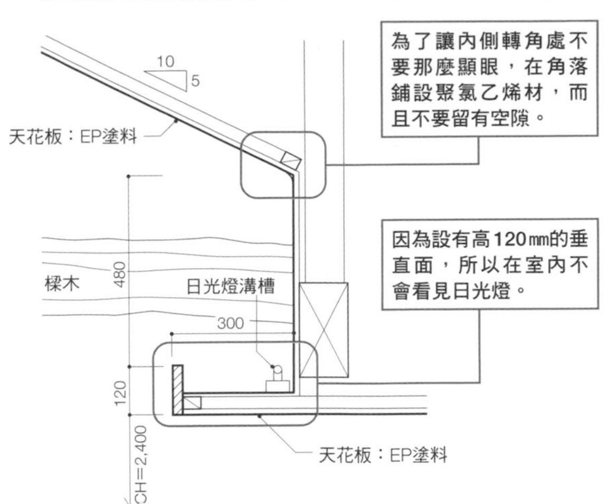

為了讓內側轉角處不要那麼顯眼，在角落鋪設聚氯乙烯材，而且不要留有空隙。
天花板：EP塗料
因為設有高120mm的垂直面，所以在室內不會看見日光燈。

日光燈溝槽

天花板：EP塗料

照片為在進行2樓翻修工程時，將閣樓內空間納為起居室空間的事例。在這樣的情況下，可利用天花板裝設間接照明設備，提升空間的開放感。所使用的照明設備為日光燈，間接照明的垂直面為120mm，在裝設器具時不會有問題產生。

⑤盥洗室的間接照明（S＝1:10）

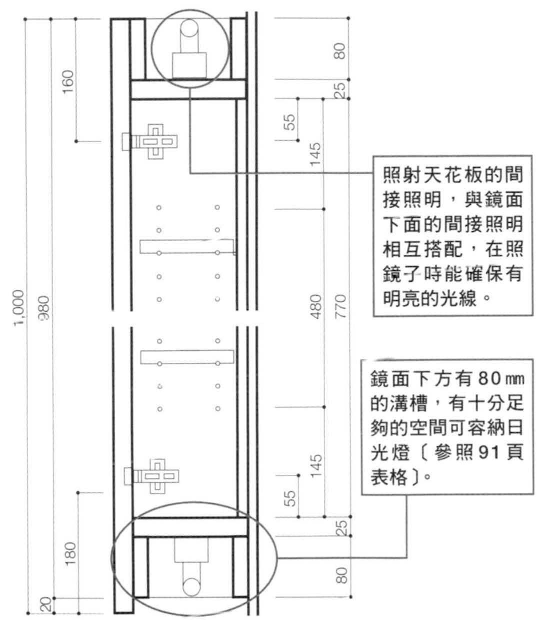

照射天花板的間接照明，與鏡面下面的間接照明相互搭配，在照鏡子時能確保有明亮的光線。
鏡面下方有80mm的溝槽，有十分足夠的空間可容納日光燈〔參照91頁表格〕。

⑥玄關收納的間接照明（S＝1:20）

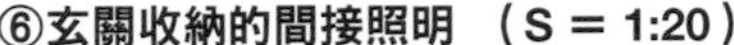

可改善天花板壓迫感的間接照明。
照明
嵌燈 鑿洞ø60
燈具採用能營造氣氛的LED照明燈。在設計時需預留變壓器空間，不過近年來由於器具外型變輕薄，對設計師來說增加不少的便利性。
450

兼具廁所功能的盥洗室空間，部會感覺燈光太亮，而是配合鏡面來設置間接照明設備。鏡面下方有80mm的空間可用來裝設照明器具（細管日光燈）。

配合開關門的高度，在玄關收納上方400mm的空間內，裝設間接照明的細管日光燈，能減少天花板帶來的壓迫感。引人注目的壁龕也設有照明器具，採用適合底板大小的的薄型LED嵌燈。

column

視聽影音機器的巧妙安裝

重要性與日俱增的AV機器

近年來有越來越多的客戶會要求在客廳安裝電視、立體音響、大螢幕投影、5.1環繞高音質聲道的一整套影音播放系統。這樣高規格的視聽機器的特色在於電視可連接網路欣賞電影，放在口袋裡的iPad，也能透過無線裝置直接撥放音樂，善用家中的影音網絡器材打造出家庭劇院，甚至有獨立的影音播放室，或是在家中播放高音質音樂等各式各樣可變換的娛樂方式。

但即便是對這些視聽器材瞭若指掌的設計師，也很難持續完全掌握每一年不斷推陳出新的機器情報。如果能夠尋求家庭劇院設備專門業者的協助，就能將機器的選購到擺設安裝階段都交由對方來負責，而這也是最能兼顧所有面向的工作方式（※1）。

專業的安裝業者可以按照預算的多少來選購合適的器材，不論是音響的選擇和配置方式等音響設計規劃，或是周邊環境的隔音設計和配線等，都能依照客戶需求來打造家庭劇院設施。但是比較會讓人感到困擾的是，由於器材並非從大賣場或是網路購買，所以價格會比較高（幾乎是定價標準），也還要另外負擔附帶設計和開會討論的費用。

基於以上的理由，有越來越多的客戶選擇自行選購器材，再委託設計師負責安裝。但由於建築工程中，負責供電設備安裝的公司，大多都是不懂得如何配置高規格視聽機器和電視設備的業者，所以從配線和調整機器設備，都還是要徵詢電器業者的意見。

在進行設計規劃前有以下2點需要注意，分別是①將原本要委託專門業者負責的工程，規劃為翻修工程範圍內需要支援的部分，所以即便到配線連接階段都很順利，但還是很難決定是初期設定和出狀況時的應對方式②隔音設備也要一開始就規劃完成，需要將這部分與客戶仔細進行說明。

就要以上述2點為出發點，與客戶確認要如何配置引線連接至機器所在位置。同時也要記住如果機器受到其他用電機器的干擾，就要設置專用電源，也要因應之後器材設備的增加，在弱電盤上裝設一定數量的CD管。

從配線和散熱設計上下功夫

接著要說明客戶自行選購擴音器和電視，再負責將器材安裝在訂製家俱內，連接大型電視和天花板埋設喇叭的設計和施工事例（圖）。在設計面要特別注意的重點是如何將連接機器的電纜線完全隱藏起來，以及擴音器會產生高溫，要如何散熱的處理方式。

電纜線連接的部分，則是裝設在視聽器材的牆面內側，也就是在盥洗室的訂製收納架上設置2個大的檢查口，用來連接電纜線。機器散熱的部分，則是選擇在機器收納架的另一端設置排氣口，確保線路能連接至天花板內的空間（※2）。

這個事例最困難的部份是在還不瞭解機器和系統作業的階段，就要和客戶開會討論，接著再將意見傳達給工程公司和電器業者，一來一往之間花費太多時間。但也因為在機器的連接和初期調整時過於不謹慎，結果導致在交屋後，還必須前後進行多達3次的設備檢查。有了這次慘痛的教訓，日後如果這部分的工程沒辦法另外委託專門業者負責，也會考慮尋求對系統作業瞭若指掌的電器設備業者的幫助。

（各務謙司）

圖｜裝設在牆面的AV機器

裝設在牆面上的各種視聽機器，由於將配線都隱藏起來，外觀看起來簡潔俐落。

剖面圖（S=1:40）

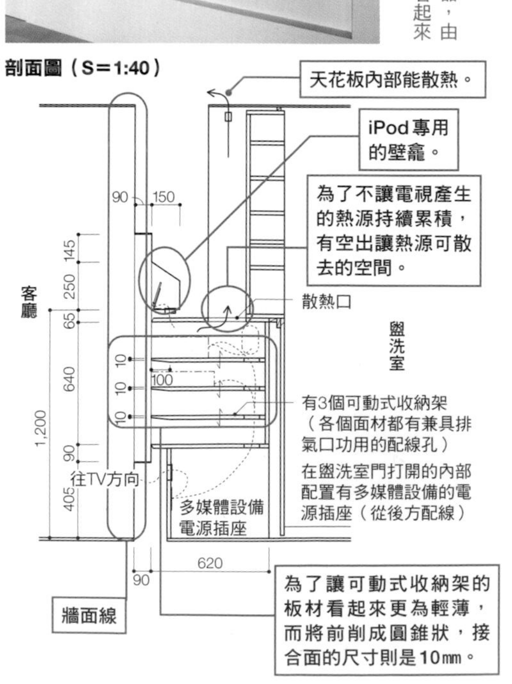

天花板內部能散熱。
iPod專用的壁龕。
為了不讓電視產生的熱源持續累積，有空出讓熱源可散去的空間。
散熱口
盥洗室
客廳
有3個可動式收納架（各個面材都有兼具排氣口功用的配線孔）
在盥洗室門打開的內部配置有多媒體設備的電源插座（從後方配線）
往TV方向
多媒體設備電源插座
為了讓可動式收納架的板材看起來更為輕薄，而將前削成圓錐狀，接合面的尺寸則是10mm。
牆面線
90
150
145
250
65
640
1,200
90
405
10
10
10
100
620
90

※1　從購買器材到安裝器材的金額換算最少要花費日幣100萬元。

※2　其他像是為了能夠透過iPod聆聽音樂，在收納架上方設計了壁龕，後方則是與擴音器連接。

Part 8

意見調查&提出設計案

- 徵詢客戶意見時的注意事項
- 設計提案內容概要、資料的製作
- 豐富的設計提案方式
- 專欄　筆記能力＝工作能力。

即便具備一定水準的設計能力，也不保證能持續有工作上門，在這樣的情況下，與客戶之間的應對能力就顯得相當重要。不管是新屋的裝潢設計，或是老舊房屋的翻修工程，都必須經常從日常生活中培養徵詢客戶意見和提出設計構想的能力。

相較於新屋裝潢，住宅翻修工程在客戶的需求面和前者有所差異，像是①客戶的需求來源不同（購買新屋的客戶出發點是因為「對新房子的空間規劃設計產生期待」，而住宅翻修則是以「對居住環境現狀的不滿」為出發點）②大部分都需要和專門從事住宅翻修的設計施工公司來爭取出線③施工期間比較緊迫④工程費用會比較便宜⑤空間裝潢的比重較多。只要在與客戶接觸時，將以上的要素融入彼此的意見討論當中，應該就能從中摸索出最合適的答案。

在徵詢意見和提出設計構想時，除了展現提案能力，也必須瞭解客戶的想法，但雙方的想法相去甚遠時，也要具備如何「拒絕」的能力。

接下來則是要提出具體的事例，來相互說明意見調查和提出設計案的作業方式，也會介紹提升工作能力的筆記能力。

圖1 聯絡客戶、調查意見的流程要點

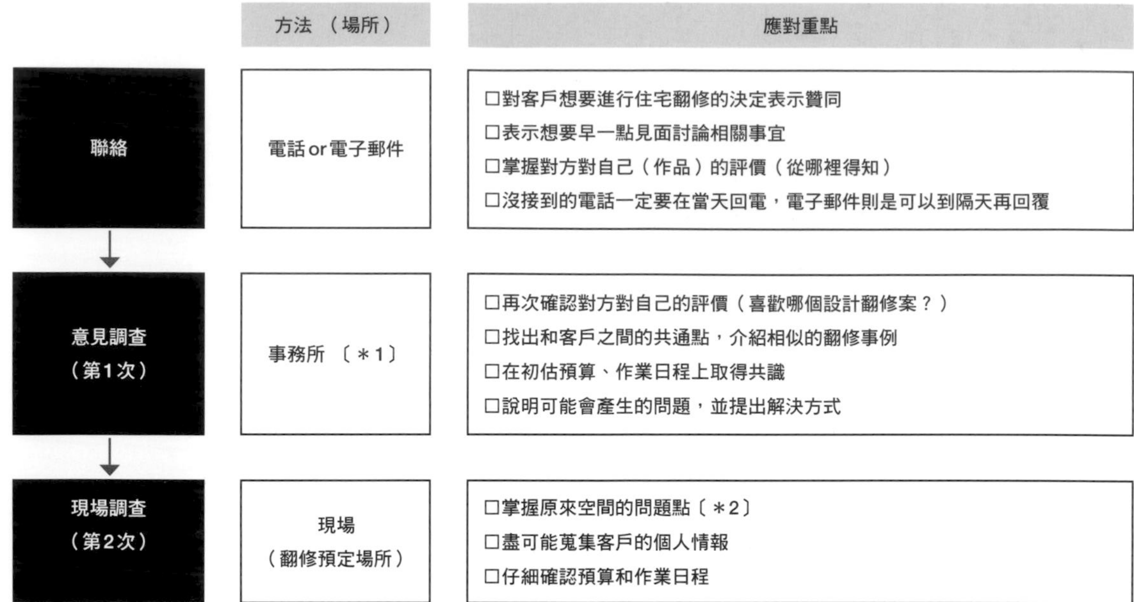

	方法（場所）	應對重點
聯絡	電話or電子郵件	□對客戶想要進行住宅翻修的決定表示贊同 □表示想要早一點見面討論相關事宜 □掌握對方對自己（作品）的評價（從哪裡得知） □沒接到的電話一定要在當天回電，電子郵件則是可以到隔天再回覆
意見調查（第1次）	事務所〔＊1〕	□再次確認對方對自己的評價（喜歡哪個設計翻修案？） □找出和客戶之間的共通點，介紹相似的翻修事例 □在初估預算、作業日程上取得共識 □說明可能會產生的問題，並提出解決方式
現場調查（第2次）	現場（翻修預定場所）	□掌握原來空間的問題點〔＊2〕 □盡可能蒐集客戶的個人情報 □仔細確認預算和作業日程

＊1：基本上第1次的客戶意見調查要在事務所進行，可從對方意向推敲住宅翻修的意願有多高。如果對方覺得到事務所來很麻煩，大多都是以為進行調查和提案是免費提供的服務，所以必須事先說明。

＊2：公寓住宅的確認重點是設備，而獨棟住宅則是設備和建築結構。如果是自家的獨棟住宅需進行翻修工程時，最好是從觀察中挖掘客戶的「生活習慣」。

一切從肯定對方開始

接著要按照順序說明一開始與客戶聯絡和意見調查的注意事項〔圖1〕，在與對方聯絡的階段要留意的部分有以下3點。

首先是要針對客戶想要進行住宅翻修的這個決定表達認同意見，可以盡可能從過去的翻修事例中，找尋是否有與客戶所需要的居住空間相似的案例，並說明可具體提供幫助的事項。

第2點是盡早直接和對方見面討論，目的在於掌握原有空間的特色和客戶沒有提出的居住空間需求。

第3點則是要掌握身為設計師的自己，在客戶心中的評價如何，大部分客戶都是看過網頁和報章雜誌文章介紹，才會直接聯絡。可以試著在第1次徵詢對方意見時，不留痕跡地打探對方「是從哪裡看到自己的設計，感覺又是如何」。

在第1次見面調查意見時，需要明確說明工程預算、施工日程等簽訂設計契約時容易發生問題的部分，也要掌握對方對翻修工程所抱持的反應。而且也要針對容易發生問題的部分說明解決方式〔※1〕，並表現出願意傾聽意見的態度。

而第2次的意見調查，基本上是在預定施工現場進行。可以一邊觀察現場的狀況，一邊冷靜地分析給客戶知道。公寓住宅設備關係的事前調查相當重要〔※2〕，但如果只是手拿清單邊確認邊聆聽客戶意見，那就和一般的住宅翻修公司沒什麼兩樣，相信對方也會感覺誠意不足。因此必須以誠實的話術告知對方改造建築物空間的可能性有多高，傳達如何依照客戶生活型態來規劃實際居住空間的想法。

在第2次意見調查時，也要確認客戶一家人（包括飼養的寵物！）的姓名和年齡等資料。在進入提出設計案階段時，與其在設計圖上標記為「小孩房間」，還不如直接標明為「○○的房間」，這樣比較能拉近和客戶一家人之間的關係。

接著則是要再度確認工程預算，但也不能直接不禮貌地直接詢問對方預算有多少。筆者因為有製作過去處理過的設計事例等工程的預算比較表格〔**106頁、表格1**〕，所以不需要考慮到構造問題的公寓住宅，只要確認對方的需求（特別是內部裝潢和設備的等級）內容，就能大概掌握整個工程的總花費，再看對方反應來推算總預算金額。

〔各務謙司〕

※1　如果日程允許可以先徵詢客戶的意見，最好是能夠向對方索取原來的住宅隔間圖。在見面討論前先準備好簡單的素描翻修設計圖，也能讓彼此的對話更加順暢。

※2　具體的檢查項目和調查內容請參照「Part 3 有智慧的設備計劃～事前調查篇～」（55～62頁）。

圖2 意見調查時應該記錄的內容

下圖為筆者在調查客戶意見時，在筆記上記錄下的內容。除了有記載家庭成員和現在的生活模式等情報，還會將提案時可作為重點的部分，以簡單的隔間繪圖來表現，如果有空間的速描圖，也能加快設計作業所花費的時間。

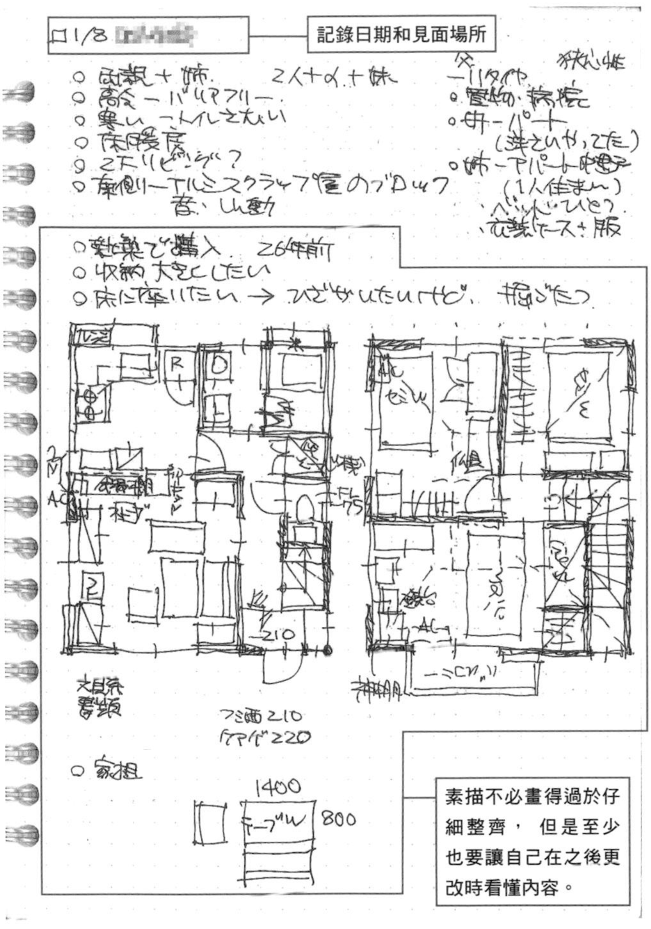

記錄日期和見面場所

素描不必畫得過於仔細整齊，但是至少也要讓自己在之後更改時看懂內容。

發現「生活習慣」的洞察力

在調查客戶意見時，最重要的就是要從彼此的對話中，推論出對方的真正想法。如果在詢問住宅翻修想法時，直接作出侵犯到對方隱私的行為，那麼大部分的客戶應該都不會想要表明真正的想法。而不禮貌地多次詢問同樣的問題，也會破壞彼此的合作關係。所以在徵詢客戶意見的同時，也可以透過觀察客戶平常的生活型態，來發掘對方沒有以言語表達的內心想法。

收到設計委託案後進行的現場調查，不僅是掌握建築物（構造與設備等）的情報，也要調查委託人一家的生活方式〔圖2〕。從客戶口中所透露出的理想住宅空間訊息，往往都和現在的生活方式有些差距，因此要好好掌握家中的家電等用品的整理狀況，以及擅長和不擅長的清掃工作等「生活習慣」。在提案時，就可以將觀察到的情況反應在收納計劃或是設計上，這樣就能一口氣拉近與客戶之間的距離。

盡量早一點提及預算問題！

站在商業買賣的立場來說，確實掌握設計時間和預算花費是非常重要的一部分。尤其是木造獨棟住宅的翻修工程中，除了耐震和隔熱等整修作業，為提升住宅本身的舒適度，大部分都會再增加翻修項目的費用。但可能也會因為屋齡老舊和設備的毀損，導致設計範圍受到限制，這時候要立即判斷客戶需求和建築物的狀態，確認實際情況和推估預算的差額是否過大。這部分如果疏忽，到了報價階段結果導致費用超出預算太多，很可能會失去客戶的信任。

為了要避免這樣的事態發生，應該在意見調查的階段，就表明設計時間和預算內容的基準〔※3〕。但也不要在初次見面時，就直接詢問對方的「預算有多少」，這不是聰明的作法。應該是在傾聽客戶對居住現狀的不安與不滿情緒，以及詢問對方的住宅翻修需求的同時，確實掌握客戶對價格的感受才對。

而大部分的委託人也會再另外找尋其他設計公司做比較，雖然目的不在精算工程總預算金額，但也還是要一定程度瞭解業者的市場走向，再去打探各家設計事務所的住宅翻修工程費用。若只是以價格來比較設計公司的優劣，那麼在後續的作業上很可能會發生問題，所以最好是盡早和客戶進行預算的討論會議，但如果雙方無法取得想法上的共識，那麼設計師也要具備慎重拒絕客戶委託的勇氣。

〔中西HIROTSUGU〕

※3 筆者所屬的設計事務所會直接表明住宅翻修工程的每坪計算金額在日幣50萬以上，30坪左右的設計時間為3～6個月，施工期也是3～6個月。

圖3 客戶能接受的提案平面圖

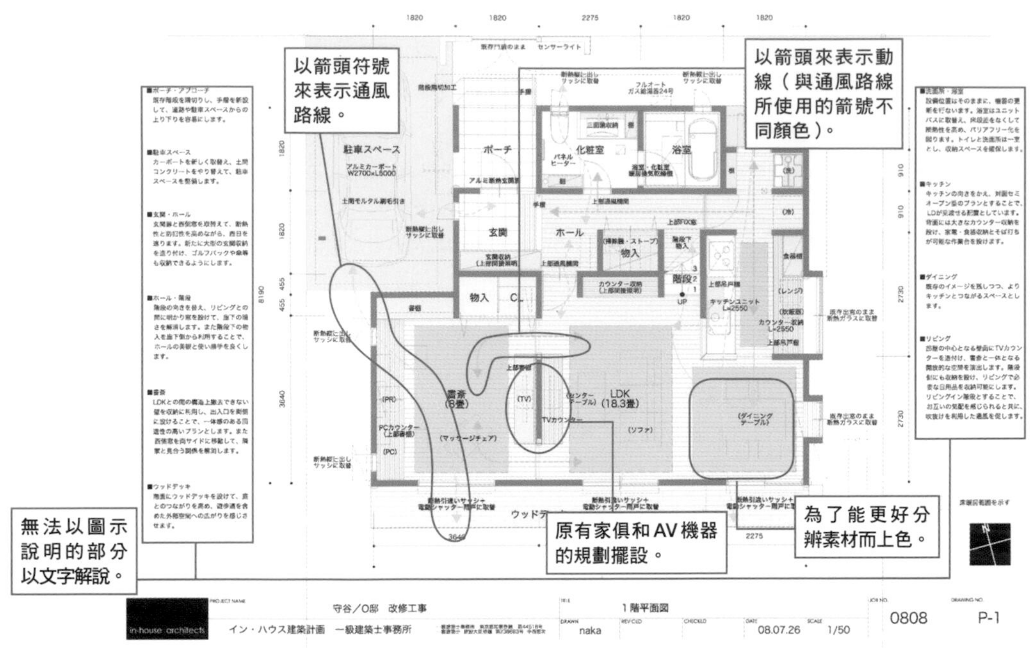

利用模型來補充平面圖的內容

發表設計圖內容沒有固定的規則存在，重點在於如何將所有想法都呈現在資料裡。但不管是多麼優秀的構想，如果不能以容易理解的方式，正確傳達給客戶知道，那就是在白費力氣了。

在發表設計內容時，主要會使用平面圖等2度空間的資料，但如果有另外準備模型或透視圖等3度空間的輔助道具，可以幫助客戶更快瞭解設計內容。特別是模型能夠具體呈現出空間場景，優點是比較能吸引客戶的注意。不管尺寸大小或是完成度如何，只要將這些道具帶到發表會現場，相信這份心意一定會打動對方。而筆者所屬的設計事務所，因為改建或變更建築的結構翻修工程物件相當多，所以至少都會製作100分之1比例的模型在設計發表會上使用。

此外，在與客戶進行具體計劃案內容的會議討論時，則是會以50分之1比例的平面圖來輔助說明。即便對方喜歡以模型來呈現設計內容，但如果實際的設計和便利性不足，那麼不被採用的機率還是很高，所以要瞭解到模型頂多只能作為加分效果的輔助道具罷了。

有特色的提案平面圖

至於平面圖，當然要製作精美，顏色讓人比較好理解的設計內容，並將會議中無法一一說明的內容，都整理在平面圖內，讓客戶一看就能掌握重點。因為大部分的人都是在熟讀設計發表資料後，再決定是否採用。而且基本上會選擇委託設計事務所來進行住宅翻修設計的客戶，大多數屬於會深思熟慮的類型。所以在檢查平面圖時，有新的想法一定要補充在資料內，因為等到客戶將「資料帶回家後」，就會決定各家公司的勝負結果。

製作設計提案資料的具體重點請參考**圖3**。

①施工圖的細節可省略，以簡單理解的方式標示構成空間

②為了能更好分辨素材的差異性，而使用上色功能（顏色不要太亮，頂多是作為空間隔間的標示）

③無法以平面圖表現的設計內容，可以透過部分空間展開圖，或是手繪素描來補充

④規劃出原有家俱和其他家俱的陳設方式，讓人比較容易想像空間場景

⑤以箭頭等方式標明動線，將房

圖4 標明施工日程和預算

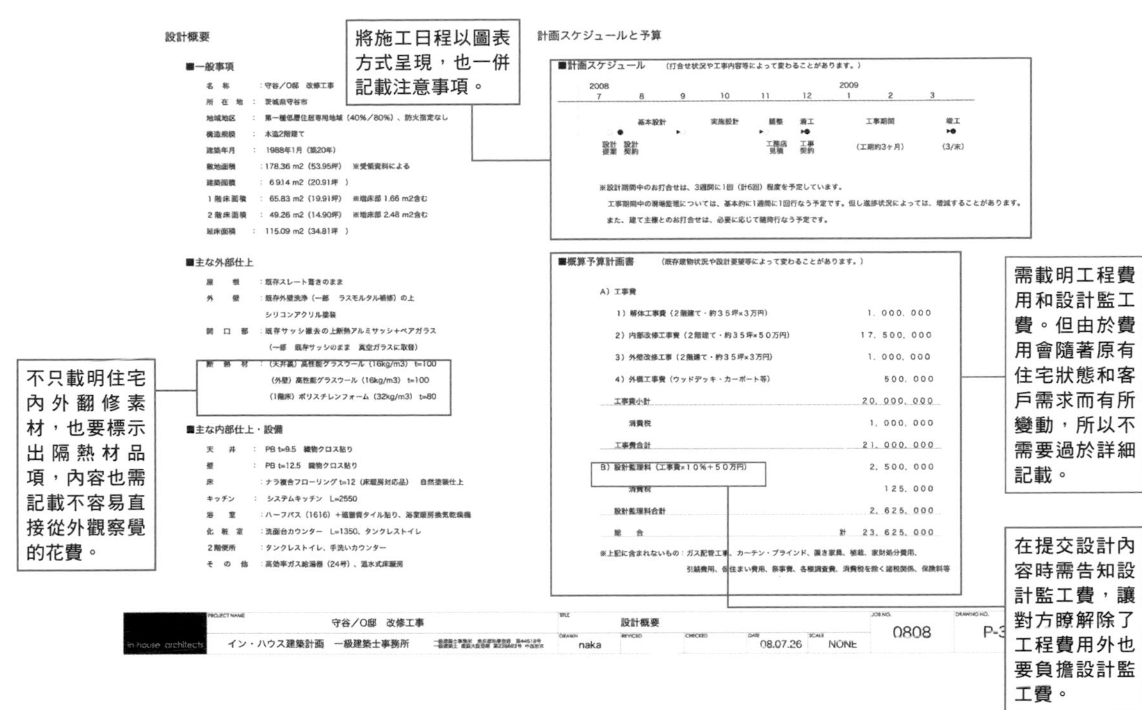

將施工日程以圖表方式呈現，也一併記載注意事項。
不只載明住宅內外翻修素材，也要標示出隔熱材品項，內容也需記載不容易直接從外觀察覺的花費。
需載明工程費用和設計監工費。但由於費用會隨著原有住宅狀態和客戶需求而有所變動，所以不需要過於詳細記載。
在提交設計內容時需告知設計監工費，讓對方瞭解除了工程費用外也要負擔設計監工費。

設計概要

■一般事項

名称：守谷／O邸　改修工事
所在地：茨城県守谷市
地域地区：第一種低層住居専用地域（40%／80%）、防火指定なし
構造規模：木造2階建て
建築年月：1988年1月（築20年）
敷地面積：178.36 m2（53.95坪）　※受領資料による
建築面積：69.14 m2（20.91坪　）
1階床面積：65.83 m2（19.91坪）　※増床部 1.66 m2含む
2階床面積：49.26 m2（14.90坪）　※増床部 2.48 m2含む
延床面積：115.09 m2（34.81坪　）

■主な外部仕上

屋根：既存スレート葺きのまま
外壁：既存外壁洗浄（一部　ラスモルタル補修）の上
シリコンアクリル塗装
開口部：既存サッシ撤去の上断熱アルミサッシ+ペアガラス
（一部　既存サッシのまま　真空ガラスに取替）
断熱材：（天井裏）高性能グラスウール（16kg/m3）t=100
（外壁）高性能グラスウール（16kg/m3）t=100
（1階床）ポリスチレンフォーム（32kg/m3）t=80

■主な内部仕上・設備

天井：PB t=9.5　織物クロス貼り
壁：PB t=12.5　織物クロス貼り
床：ナラ複合フローリング t=12（床暖房対応品）　自然塗装仕上
キッチン：システムキッチン　L=2550
浴室：ハーフバス（1616）+磁器質タイル貼り、浴室暖房換気乾燥機
化粧室：洗面台カウンター　L=1350、タンクレストイレ
2階便所：タンクレストイレ、手洗いカウンター
その他：高効率ガス給湯器（24号）、温水式床暖房

計画スケジュールと予算

■計画スケジュール　（打合せ状況や工事内容等によって変わることがあります。）

2008：7　8　9　10　11　12　2009：1　2　3

設計提案　設計契約　基本設計　実施設計　調整　工務店見積　着工　工事契約　工事期間（工期約3ヶ月）　竣工（3/末）

※設計期間中のお打合せは、3週間に1回（計6回）程度を予定しています。
工事期間中の現場監理については、基本的に1週間に1回行なう予定です。但し進捗状況によっては、増減することがあります。
また、建て主様とのお打合せは、必要に応じて随時行なう予定です。

■概算予算計画書　（既存建物状況や設計要望等によって変わることがあります。）

項目	金額
A）工事費	
1）解体工事費（2階建て・約35坪×3万円）	1,000,000
2）内部改修工事費（2階建て・約35坪×50万円）	17,500,000
3）外部改修工事（2階建て・約35坪×3万円）	1,000,000
4）外構工事費（ウッドデッキ・カーポート等）	500,000
工事費小計	20,000,000
消費税	1,000,000
工事費合計	21,000,000
B）設計監理料（工事費×10%+50万円）	2,500,000
消費税	125,000
設計監理料合計	2,625,000
総合計	23,625,000

※上記に含まれないもの：ガス配管工事、カーテン・ブラインド、置き家具、植栽、家財処分費用、引越費用、仮住まい費用、祭事費、各種調査費、消費税を除く諸税関係、保険料等

PROJECT NAME：守谷／O邸　改修工事
in-house architects　イン・ハウス建築計画　一級建築士事務所
TITLE：設計概要　DRAWN：naka　DATE：08.07.26　SCALE：NONE　JOB NO.：0808　DRAWING NO.：P-3

間的連接方式和眺望視野、光線和通風地點的表現方式形式化，補足設計規劃的相關內容

⑥以評語方式補充說明各個空間的特色和設計巧思（客戶無法理解2度空間圖示時，則以圖片或文字作補充說明）

模型的部分則是要製作得比平面圖還簡單，由於翻修工程現場有許多需要調整的事項，簡單的模型設計，可以避免真實空間場景的設計淪於固定化。模型頂多是作為平面圖的內容補充道具，所以只需要簡單表現出空間構成，以及展現設計方向的設備位置即可。

3週時間擬定計劃內容

在提交設計內容時，資料中應確實註明主要的內外裝素材、隔熱設施翻修材，以及整體施工日程和大概的預算花費數目（圖4）。當客戶收到提供多項情報的資料時，應該很快就會展開下一步的洽談動作。

有關工程費用的部分，基本上要參考過去處理過的設計案，視情況增減項目來計算，尋求有交情的工程公司進概算報價也是不錯的辦法。最困難的是如何設定估算的工程費用，如果報價過高，或許對方會認為「這家設計事務所收費很高」，進而與其他家業者接觸，若是提出可接受價格，但與實際報價後費用差距過大，會因此讓客戶失去信賴感。所以還是不要太勉強迎合對方，但若是提出超過安全範圍內的金額總數，還是有可能會因此失去合作機會，所以要特別留意。

筆者所屬的設計事務所作法是在繳交設計提案的同時，也會在資料上註明設計和監工的預估費用。我方會在工程規模、所需的施工時間，以及工程費用都獲得彼此雙方的共識，並簽訂設計契約後，才會正式進入實施設計的階段。

而完成設計提案的所需時間，大多都會設定在3週的時間（※）。老實說如果可以的話，當然是希望可以延長至1個月的時間，但難免還是會擔心客戶會覺得「設計事務所的效率差」，所以說3週的時間是一般客戶最多可以接受的時間長度。

從設計到施工都包括在內的翻修公司，通常會在首次會議結束的1週後提案和報價。但是不論是多麼優秀的設計規劃內容，若是有多家公司同時競爭，很有可能隨著事態的轉變，導致客戶的情緒由期待轉為不滿。因此在規劃住宅翻修工程的設計提案時，必須盡量早回復客戶的需求。〔中西HIROTSUGU〕

※　KAGAMI建築計劃將第2次的客戶意見調查，到之後提出設計案的時間設定為2～3週。

圖5 設計案發表手法①

①多件設計案的大量資料情報

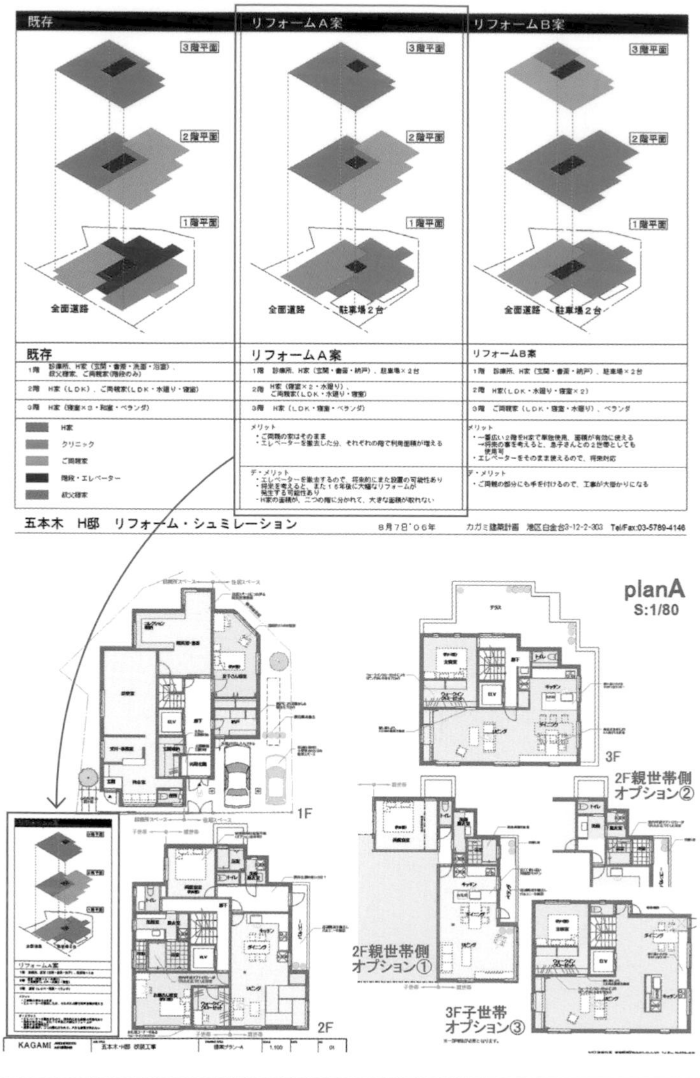

將多件設計案並排陳列，能直接針對問題進行修正，也更容易比較各案的優缺點，最適合重視務實思考的客戶使用。

各個設計案的資料有使用顏色分類，重要的情報還有個別說明。

以隔間和用水區的規劃決勝負

住宅翻修設計的提案相當競爭，所以在發表設計提案時，要冷靜地展現設計師本身的作品特色，重點是如何表現出與其他業者之間的獨特性。筆者在面對不同類型的客戶時，時常都會提醒自己要懂得臨機應變。

而大部分的競爭業者都是屬於設計、施工全包的翻修公司，其強項在於能夠快速地一次提出設計案和具體的報價項目，還能將客戶的所有需求全都納入翻修計劃內。

但是這類業者似乎比較不擅長大膽改變格局和移動用水區空間的設計，而且會從客戶需求來逆向增減預算，以這樣的方式來規劃空間的設計，所以設計內容通常都是大同小異，沒有什麼變化。

所以設計師更應該要從這部分下手並發揮強項，雖然說無視於預算的規劃方式與最後能否成功接案無關，但還是要大膽地在設計內容中加入改變隔間和用水區的構想，即便多樣性的選擇會超出預算範圍，還是要想辦法讓最後發表的設計案內容更能吸引旁人目光。

看對手改變戰術

視客戶類型來適度改變基本的設計案發表手法也是個不錯的辦法，像是在面對大多會利用網路和報章雜誌等方式來蒐集情報，並分析其利弊，年齡層在30～40歲的客戶，就可以製作多件設計案比較優缺點的表格，來給對方作為參考資料【圖5】。資料中也要標明之前設計案的費用和具體施工日程，盡量多增加能幫助對方判斷的資訊，表現出設計師謹慎的態度。

但如果客戶是屬於比較好親近容易攀談的類型，要注意的是多件設計案的呈現方式，可能會讓對方感覺混亂。因為充滿數字和實際狀況

圖6 設計案發表手法②

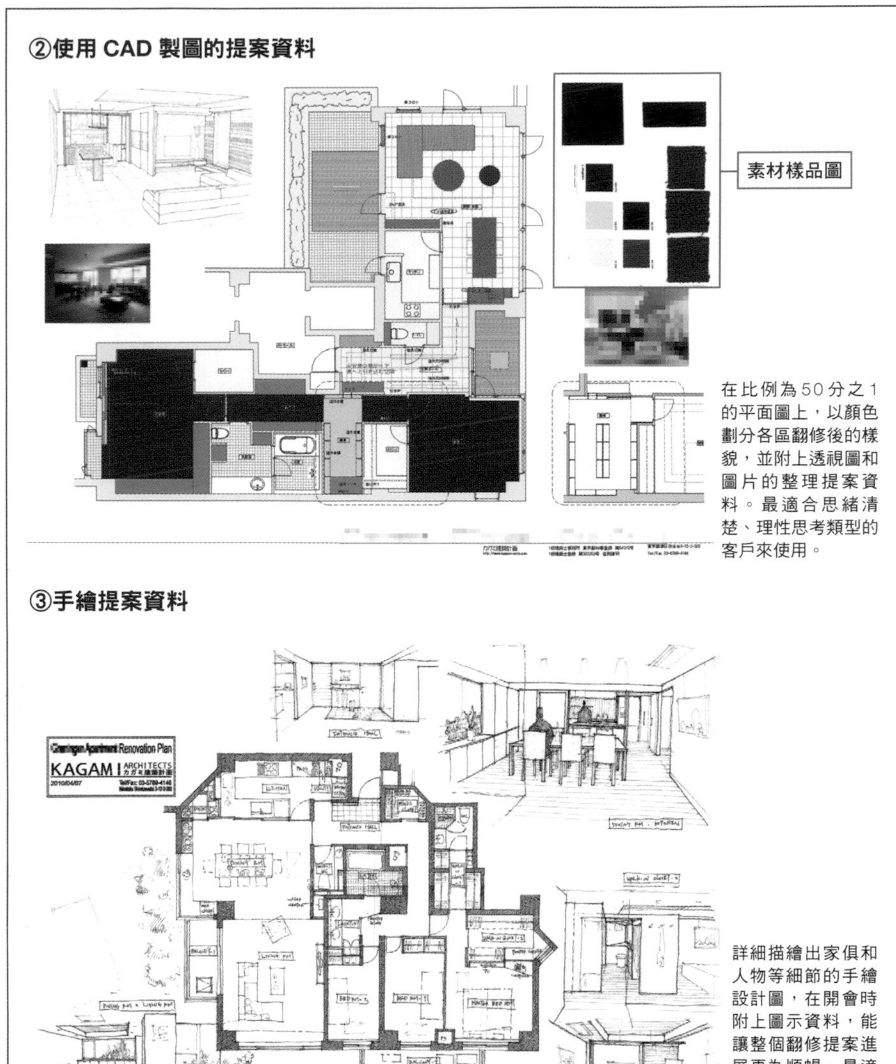

②使用 CAD 製圖的提案資料
素材樣品圖
在比例為50分之1的平面圖上，以顏色劃分各區翻修後的樣貌，並附上透視圖和圖片的整理提案資料。最適合思緒清楚、理性思考類型的客戶來使用。
③手繪提案資料
Greeningen Apartment Renovation Plan
KAGAMI ARCHITECTS
2010/04/07
詳細描繪出家俱和人物等細節的手繪設計圖，在開會時附上圖示資料，能讓整個翻修提案進展更為順暢。最適合好親近容易攀談類型的客戶使用。

的文字敘述，很容易給人冷淡的印象，所以最好是只要列出單件設計案內容給對方參考即可。在發表設計內容時，可以從個人簡單的對話開始，仔細說明有整理出多件設計案比較內容，但為什麼只提出單件設計內容的原因，最好是以帶有設計師本身情感的方式來做說明。

最後要介紹的是筆者所使用的設計提案資料〔圖6〕。這是以CAD製圖為基礎的真實提案資料，內容包括有充滿溫度的手繪素描資料、附上許多圖片的彩色平面圖、能感覺空間立體感的模型，以及裝訂成冊獨一無二的資料冊等。可以將這些相關資料也做分類，再依照各個類型的客戶，挑選出最適合的提案應對技巧。

〔各務兼司〕

矚目 獨一無二的資料冊！

旗の台の家

裝訂為書本形式方便翻閱

資料的陳列順序基本上是設計概念→設計細節

column

筆記能力＝工作能力。

訓練創造力！

高品質的提案設計內容需具備創造力，而為了鍛鍊自己的能力，應該要時常提醒自己注意以下4點內容。

第1點是「手繪素描圖是創意來源」，可透過繪圖的作業方式，激發大腦湧現新的想法。第2點是「分析每天的生活方式」，也就是在這個章節內容也曾經提到過的需具備發掘客戶「生活習慣」的能力。第3點是「仿效他人的作法」，因為所有的創造都是從模仿開始，直到靈感出現前需要經歷許多困難。第4點是「凡事簡單思考」，在工作的過程中也必須保持這樣的心態，否則原來具備的能力，也是會隨著時間逐漸生鏽。

筆記是附加硬碟

如果想要提升自己的創造力，手寫筆記會是很有幫助的輔助品。因為筆記是隨時帶在身邊的物品，就連參加研討會等場合，我都還會經常拿出筆記，介紹它是「外掛式的類比硬碟」。獨立開業至今也過了13年，已經累積了超過20本的手寫筆記，幾乎是以半年1本的速度在持續增加中。

筆者自身的作法敘述如下。筆記不只是拿來記載計劃和創意等想法的素描本，也如實記錄會議的議事錄和工作日程，但是並非以內容分類，而是按照日期書寫內容。如此一來，在之後翻閱筆記時，就很容易一眼看出想法的變遷，以及是在哪個時間點寫下的記錄。在和客戶以及施工方開會時，也可以拿出筆記分享自己的素描和備忘錄內容，讓彼此的想法能更快達成共識。

在調查客戶意見時，不但要記下客戶提出的具體需求，也要記錄對方獨特的說話內容。因為那些言論很有可能就是構思提案內容時的關鍵所在。進行現場調查時，則要記錄下住宅的問題點，以及導致客戶不滿的原因，不只是以文字記載，還要搭配上手繪插圖來詳細記錄。當然身為設計師，也別忘了要記下對周邊環境和建築物的情景感受。

筆者為了掌握客戶的生活方式，不但會在筆記內記載住宅隔間，就連大略的家俱配置方式、物品的種類和數量，以及那些地方有太陽光照射或是通不通風、濕度和氣味等與身體五感有關的項目，全都憑藉個人印象詳細記錄。這麼一來，還能發現就連客戶本身也沒察覺到的住宅優缺點。

「用手來思考」

人類是容易遺忘的生物，再加上記憶也會因為使用的文字和言語的不同，而出現不同的解釋。所以為了避免日後有誤解的情況發生，所以一定要以素描方式作補充記錄（圖）。

素描不必畫得很整齊漂亮，但至少要讓之後看到的時候自己看得懂。雖然說設計師本身應該具備一定的規模感和整體感判斷能力，但只要習慣了能力自然會提升。筆者在大學時代也是屬於不會畫圖的人，不過就在經過多次被迫一定要畫素描的情況訓練下，現在的素描程度已經達到不會被他人嘲笑的水準了。

最近有許多年輕人因為習慣使用電腦，而很少動手畫圖。但是在講求臨機應變反應的翻修工程現場，也應該培養不需要測量工具，也能隨手以素描記錄資料的能力。還是說這樣的想法已經太落伍了？

（中西HIROTSUGU）

圖　作筆記是設計能力的泉源！

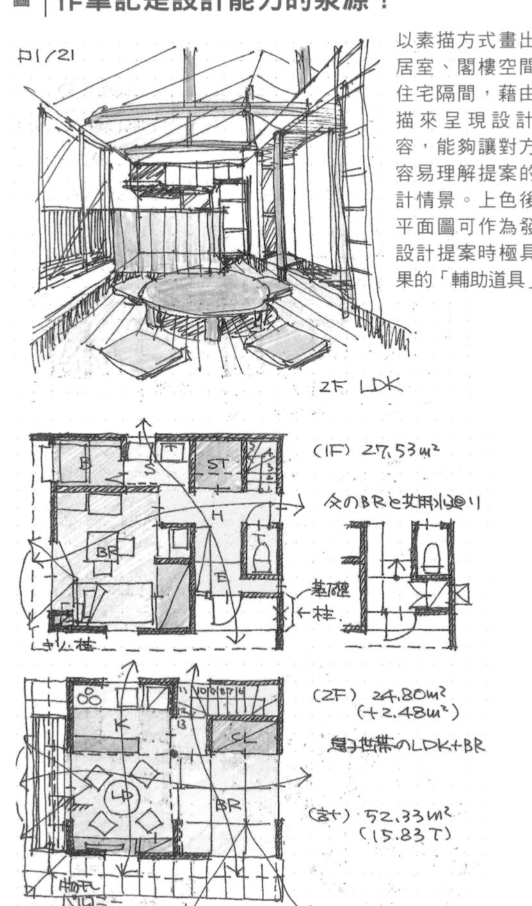

以素描方式畫出起居室、閣樓空間和住宅隔間，藉由素描來呈現設計內容，能夠讓對方更容易理解提案的設計情景。上色後的平面圖可作為發表設計提案時極具效果的「輔助道具」。

Part 9

工程費用也需要規劃

- 決定工程費用的流程
- 概算的意義和計算方式
- 有選擇的提案以及階段式翻修工程的優點
- 報價審核、減額（調整）的手法
- 專欄　選擇工程公司是掌控成敗的關鍵

從側面的商業角度來看，工期較短且施工費用較低的小額翻修工程，通常會給人「不需要回頭修正就能完成」的印象。而對於施工期可延長，比較容易規劃設計的新屋來說，這類住宅翻修工程所講究的是更嚴格的管理能力。

而其中1項要素則是價格，除了要將預算和工程費用的差距縮到最小，還得要回應客戶的需求，在實踐理想住宅設計的同時，也必須找出所需金額的平衡點。

確定工程費用的流程如下。掌握大略的預算項目（隨時注意工程費用的累積狀況）→基礎設計→概算（計算基礎設計的工程費用）→契約→實施設計→委託施工方報價→提出報價審核、減額方案→決定工程費用與工程是否繼續進行。如果是有許多不確定要素的住宅翻修工程，最重要的是要先做好需拆除部分住宅，才能確認構造和設備配管情況的心理準備，以這樣的心態來制定預算計劃。

當然有很多時候不能只靠設計師的判斷來作決定，因此必須和客戶以及工程公司來共同決定，接下來要說明住宅翻修工程的工程費用處理方式。

盡可能沿用原有設施

決定工程費用，要從掌握工程概要花費開始（圖1），在這個階段要特別注意如何增加提案計劃的成本效益。而經過和客戶的意見溝通和實際的現場調查後，要以得到的情報為基礎，提醒自己一定要想辦法壓低設計提案的費用。

以下要說明公寓翻修如何縮減工程費用的重點。

圖1 簡單明瞭！決定工程費用的流程

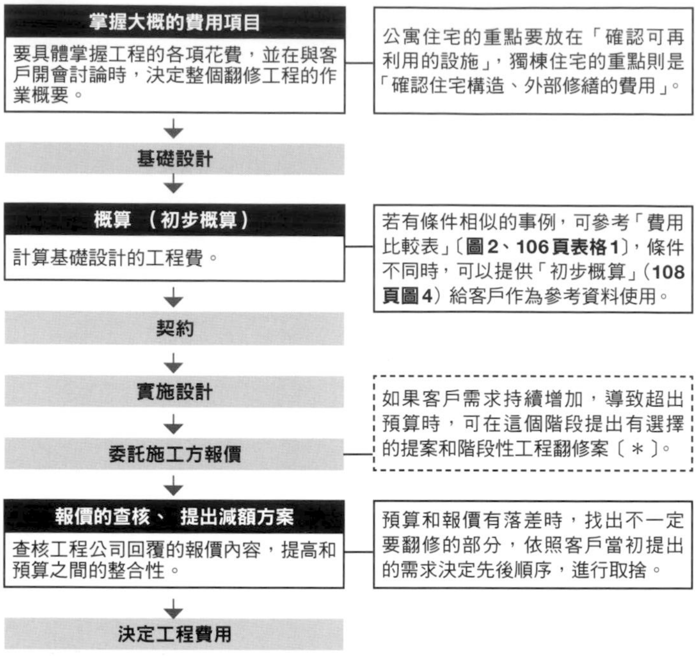

掌握大概的費用項目
要具體掌握工程的各項花費，並在與客戶開會討論時，決定整個翻修工程的作業概要。
——公寓住宅的重點要放在「確認可再利用的設施」，獨棟住宅的重點則是「確認住宅構造、外部修繕的費用」。

↓

基礎設計

↓

概算 （初步概算）
計算基礎設計的工程費。
——若有條件相似的事例，可參考「費用比較表」〔**圖2**、**106頁表格1**〕，條件不同時，可以提供「初步概算」（**108頁圖4**）給客戶作為參考資料使用。

↓

契約

↓

實施設計

↓

委託施工方報價
——如果客戶需求持續增加，導致超出預算時，可在這個階段提出有選擇的提案和階段性工程翻修案〔＊〕。

↓

報價的查核、 提出減額方案
查核工程公司回覆的報價內容，提高和預算之間的整合性。
——預算和報價有落差時，找出不一定要翻修的部分，依照客戶當初提出的需求決定先後順序，進行取捨。

↓

決定工程費用

＊：適用於公寓住宅翻修。 獨棟住宅不適合使用相同手法， 原因在於工程種類多元， 容易會發生外牆拆除後再搭建的 「衍生工程」， 所以很難在這個階段設計細項金額。

①需要拆除所有設施的大規模翻修工程，雖然施工困難度不高，但隨著廢棄物數量的增加，也會連帶增加基底工程的作業項目，很容易讓工程費用激增。所以要盡量重複使用還能利用的基底材（天花板和地板），並保留還能使用的牆面，就能有效降低工程費用。

②如果是屋齡很新（5～10年程度）的公寓住宅，照明器具和空調等設備的在利用性應該是相當高。只要重新配置或是更換擺設方式，善用原有的設備機器，就能夠同時省下廢物處理和購買新器材的費用

③衣櫥或是鞋櫃等尺寸固定的家俱，可以只更換開關門和檯面來搭配周邊設備的設計

④將門窗、馬桶、水龍頭、門把、五金物件等還可以再使用的設備都保留再利用

⑤如果直接將裝有地板暖爐的地板材全部移除，可能會損壞暖爐設備。所以為了不要破換暖爐功能，可以考慮直接在原有地板上鋪設新的地板材

⑥善用系統式廚具、系統衛浴設備，以及成套的洗臉台設備，就不必花大錢購買訂製品。

〔各務兼司〕

避免大幅度變動隔間

若要求獨棟住宅的翻修效果等同於新屋程度，那麼按照屋齡來計算，工程費用可能會比直接改建的費用高。所以一定要先掌握原有建築物的性能和現狀，規劃出最理想的費用。而設計師本身也必須具備有耐震翻修、設備計劃的相關知識，並經常更新商品和價格相關資訊。

而之所以會造成獨棟住宅翻修工程費用動盪的主要原因有3個部分，分別是住宅的構造、外部翻修和用水區的翻修作業。

①構造：變更隔間的翻修工程時，會產生構造補強的作業項目。這樣就必須變更區域周邊的構造，造成費用增加，所以盡量不要大幅變動原有隔間。

②外部翻修：包括屋頂瓦片的更換和外牆、門窗框的汰換等，如果再加上防水相關的「衍生工程」，那麼工程費用必定大幅增加。所以若是住宅沒有下雨漏水等其他防水問題，就不必全面更新進行塗漆修繕作業。

③用水區：因為客戶對於廚房和浴室等用水區的需求很強烈，所以不太可能更換為層級較低的設備，最好不要大幅移動用水區位置，將變換設備配管的幅度壓到最低，就能夠減少機器以外設備的改修費用。

其他像是利用原有的基底材、覆蓋材，和善用現成商品，有各種可運用的省錢手法。只要將降低花費當作是規劃的重點，就能規劃出具備成本效益的住宅翻修設計內容。

〔中西HIROTSUGU〕

圖2 有助於概算和提出設計案的費用比較表

註明禁止將資料帶走。

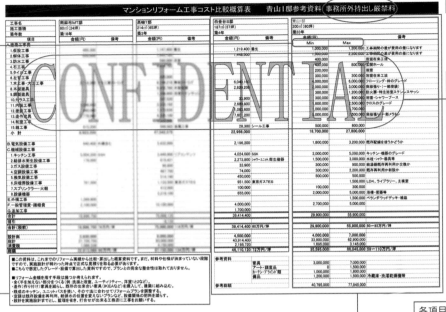

大型翻修物件很容易會因為規模和內容，而讓工程費用產生大幅差距。所以最好是直接標明最低和最高的金額。

標註費用相關情報會提及客戶隱私的事項。

說明具體的減額案內容。

マンションリフォーム工事コスト比較概算表　青山I邸参考資料　事務所外持出し厳禁料

工事名	南麻布MT邸		高輪T邸		白金台S邸		青山I邸		
施工面積	80㎡(24坪)		214㎡(65坪)		187㎡(57坪)		200㎡(60坪)		
築年数	築18年		築3年		築4年		築33年		
項目	金額(円)	備考	金額(円)	備考	金額(円)	備考	金額(円) Min	Max	備考
A.建築工事費									
1.仮設工事	[illegible]		[illegible]	[illegible]	1,219,400	養生	1,000,000	1,200,000	工事期間の差が費用の差になります
2.解体工事	[illegible]		[illegible]		1,448,500		1,500,000	2,200,000	工事期間の差が費用の差になります
3.防水工事			[illegible]	[illegible]			400,000		浴室在来工法
4.石工事			[illegible]				400,000	800,000	玄関ホール
5.タイル工事							200,000		浴室
6.左官工事			[illegible]				300,000	300,000	浴室在来工法
7.木工事・大工工事	[illegible]	[illegible]	[illegible]	[illegible]	6,040,150		4,000,000	6,000,000	フローリング・枠のグレード
8.木製建具			[illegible]	[illegible]	2,820,200		2,000,000	3,000,000	突板張り・(一部塗装)
9.鋼製建具			[illegible]	[illegible]			300,000	1,200,000	防火扉・特注浴室ステンレスサッシ
10.ガラス工事			[illegible]		33,900		300,000	600,000	浴室・シャワーブース
11.内装工事	[illegible]		[illegible]		2,689,800		1,800,000	2,500,000	クロスのグレード
12.塗装工事	[illegible]		[illegible]		1,083,600		1,000,000	1,700,000	
13.造作家具	[illegible]		[illegible]		7,601,200		5,000,000	7,500,000	突板張り・一部メラミン
14.和室工事			[illegible]						
15.雑工事	[illegible]		[illegible]	[illegible]	28,300	シール工事	500,000	800,000	
小計	[illegible]		[illegible]		22,956,000		18,700,000	27,800,000	
B.電気設備工事	[illegible]	[illegible]	[illegible]		2,196,200		1,800,000	3,200,000	既存配線を使うかどうか
C.機械設備工事									
1.キッチン工事	[illegible]	[illegible]	[illegible]	[illegible]	4,024,000	SSK	2,000,000	5,000,000	キッチン・機器のグレード
2.給排水衛生設備工事	[illegible]		[illegible]		2,273,800	シャワーユニット,衛生機器	1,500,000	3,000,000	水栓・シャワー器具等
3.ガス設備工事			[illegible]		33,900		300,000	900,000	給湯器既存再利用か交換か
4.空調設備工事			[illegible]		74,000		300,000	2,200,000	既存再利用か新設か
5.換気設備工事			[illegible]		450,000		500,000	500,000	
6.床暖房設備工事	[illegible]		[illegible]	[illegible]	951,500	東京ガスTES		1,500,000	LDK、ライブラリー、主寝室
7.スプリンクラー・火報			[illegible]		100,000		100,000	300,000	
8.設備機器			[illegible]		655,000		2,000,000	5,000,000	浴槽・便器等
E.外構工事	[illegible]							1,500,000	ベランダウッドデッキ・植栽
F.一般管理費・諸経費	[illegible]		[illegible]		4,000,000		2,700,000	5,000,000	
G.追加工事					1,700,000				
合計	[illegible]		[illegible]		39,414,400		29,900,000	55,900,000	
値引			[illegible]						
合計(税前)	[illegible]	[illegible]	[illegible]	[illegible]	39,414,400	80万円/坪	29,900,000	55,900,000	50～93万円/坪
設計料	[illegible]		[illegible]		4,500,000		4,000,000	7,000,000	
総計	[illegible]		[illegible]		43,914,400		33,900,000	62,900,000	
消費税	[illegible]		[illegible]		2,195,720		1,695,000	3,145,000	
総額	[illegible]	[illegible]	[illegible]	[illegible]	46,110,120	72万円/坪	35,595,000	66,045,000	59～110万円/坪

参考資料		Min	Max	備考
	家具	3,000,000	7,000,000	
	アート・調度品	0	1,500,000	
	カーテン・ブラインド類	1,000,000	1,800,000	
	備品	1,200,000	1,500,000	冷蔵庫・洗濯乾燥機等
参考総額		40,795,000	77,845,000	

■この資料は、これまでのリフォーム実績から比較・算出した概算資料です。まだ、材料や仕様が決まっていない段階ですので、実施設計が終わった時点で正式な見積りを取る必要があります。
■こちらで想定したグレード・設備で算出した資料ですので、プランとの完全な整合性は取れておりません。

■リフォーム金額を落す手段は幾つか考えられます。
・全く手を加えない部分をつくる(例:洗面と浴室、ユーティリティー、洋室1と2など)。
・造作(作り付け)家具を減らし、既存の出来合い家具(IKEAなど)を購入して、建築に組み込む。
・既成のキッチン、ユニットバスを使い、その寸法に合わせてリフォームプランを調整する。
・空調は既存設備を再利用、給排水の位置を変えないプランなど、設備関係の肥料を減らす。
・設計を実施設計までとし、監理を省き、打合せが出来る工務店に工事をお願いする。

各項目的工程費→**參照106頁表格1。**

公寓住宅的概算

在這裡要說明概算階段要注意的重點，最好是能夠根據工程內容來計算目標金額，並以此資訊規劃之後需提交的設計案內容。

工程項目較為受限，而且比較沒有「衍生工程」的公寓翻修工程，比起獨棟住宅的翻修，比較容易正確計算出工程概算金額。作法是將3件以上的同規模翻修事例的報價項目表格以橫向排列，將相同項目再次分類，就能夠直接比較各項工程的單價和材料費（**圖2**）。

由於每個工程公司都有自己的一套報價系統，所以要一項一項查核對方的報價表，再進行修改是非常麻煩的作業。但是就長遠眼光來看，製作費用比較表也能夠算是自家公司在提案時的強力武器。作為客戶選擇合作夥伴的候補名單人選，如果能將概算內容傳達給對方知道，也能連帶提升說服對方增加類似事例預算的可能性（※1）。

筆者針對公寓住宅翻修工程各個事例的施工面積、設備層級和用水區設計，分別整理出低花費、標準花費以及高花費的比較表（※2）。

在看大型物件的概算表時，由於會受到工程範圍、內容的影響，而容易導致金額呈現大幅差距，因此內容必須包括最低金額和最高金額的概算項目在內（**106頁表格1**）。最低金額的部分則是要設定比客戶知道的數目還要低的金額數字。

比較表中也必須記載下減額案的相關內容，像是①完全不需要更動的部分②因為空調是沿用原有的設備、給水排水位置不變的設計規劃，所以能降低設備相關費用③使用直接販賣的廚具和系統衛浴設備，因應設備尺寸來調整翻修計劃的空間配置方式④減少使用訂製家俱，盡量使用家俱製品來裝潢空間等。列出所有能降低花費的項目，提案內容就更容易被客戶所接受。

而在標明概算內容項目時，一定要傳達給客戶知道，會因為各個階段的不同進度，費用和設計規劃整合性不一致的情況出現。

為了遵守過去案件的費用保密義務和保護客戶隱私，避免將費用比較表交給對方。所以只能作為比較性的記載情報資料，絕對不能讓對方帶回家。由於不是只憑施工面積和單價來進行的概算內容，所以一旦在進入到實施設計階段後，若是與施工方的報價有所出入時，很有可能會因此降低客戶對設計師的信賴度。

〔各務兼司〕

※1　向客戶說明設計監工費用和消費稅，或是依不同情況的新家俱、百葉窗類用品的購入費用，大部分的客戶都會表示接受。
※2　圖2為高花費比較表。

公寓住宅翻修工程費用大公開！

工程名稱		港區H邸		青山邸		
施工面積		187m²（57坪）		200m²（60坪）		
屋齡		4年		33年		
項目		金額（日幣）	補充說明	金額（日幣）		補充說明
A.建築工程費				Min	Max	
	1.臨時工程	1,219,400	保護措施	1,000,000	1,200,000	工程期間的差額就是費用差額
	2.拆除工程	1,448,500		1,500,000	2,200,000	
	3.防水工程			400,000		浴室在來工法
	4.石材工程			400,000	800,000	玄關門廳
	5.磁磚工程			200,000		浴室
	6.水泥工程			300,000	300,000	浴室在來工法
	7.木工、組裝工程	6,040,100		4,000,000	6,000,000	地板、木框升級
	8.木製門窗	2,820,200		2,000,000	3,000,000	鋪設薄木板、部分塗漆
	9.鋼製門窗			300,000	1,200,000	防火門、特別訂製的浴室不鏽鋼窗框
	10.玻璃工程	33,900		300,000	600,000	浴室、淋浴間
	11.內裝工程	2,680,800		1,800,000	2,500,000	壁紙、毛毯升級
	12.塗漆工程	1,083,600		1,000,000	1,700,000	
	13.木工家俱	7,601,200		5,000,000	7,500,000	鋪設薄木板、部分鋪設美耐皿板
	14.和室工程					
	15.雜務工程	28,300	密封工程	500,000	800,000	
	小　計	22,956,000		18,700,000	27,800,000	
B.電力設備工程		2,196,200		1,800,000	3,200,000	決定是否使用原有配線
C.機械設備工程	1.廚房工程	4,024,000	訂製品	2,000,000	5,000,000	廚房、機器升級
	2.給水排水衛生設備工程	2,273,800	淋浴系統設備、衛生機器	1,500,000	3,000,000	水龍頭、淋浴器具等
	3.瓦斯設備工程	33,900		300,000	900,000	沿用原有熱水器or 更換
	4.空調設備工程	74,000		300,000	2,200,000	繼續沿用or重新設置
	5.排氣設備工程	450,000		500,000	500,000	
	6.地板暖爐設備工程	951,500	東京瓦斯「TES」		1,500,000	LDK、圖書室、主臥室
	7.灑水器、火災警報器	100,000		100,000	300,000	
	8.設備機器	655,000		2,000,000	5,000,000	浴缸、馬桶等
E.外圍工程					1,500,000	木造陽台、植栽
F.一般管理費、各項經費		4,000,000		2,700,000	5,000,000	
G.追加工程						
合計		37,714,400		29,900,000	55,900,000	
折扣						
合計（稅前）		37,714,400	66萬日幣／坪	29,900,000	55,900,000	50～93萬日幣／坪
設計費用		4,500,000		4,000,000	7,000,000	
總計		42,214,400		33,900,000	62,900,000	
消費稅		2,110,720		1,695,000	3,145,000	
總額		44,325,120	77萬日幣／坪	35,595,000	66,045,000	59～110萬日幣／坪
		參考資料	家俱	3,000,000	7,000,000	
			藝術品、日用品	0	1,500,000	
			百葉窗捲簾類	1,000,000	1,800,000	
			預備品	1,200,000	1,500,000	電冰箱、洗衣烘衣機等
		參考總額		40,795,000	77,845,000	

將過去類似規模和層級的事例當成比較對象。

包括設計監工費和消費稅在內的整體金額。

參考資料是指沒有包括在工程費用內的項目，因為有選擇性，所以能另外標示金額，可以載明需花錢購買的物品價格。

超大型的設計案也會出現金額有大幅落差的情況，所以要標明最低金額和最高金額。

高級公寓住宅翻修的工程費用。筆者的作法是會將費用大致分為建築工程費用、電力設備工程費用、機械工程費用。依項目別來看，費用金額最高的是建築工程費用中的訂製家俱和木工、組裝工程費用。

圖3 明確規劃優先順序的選擇性提案

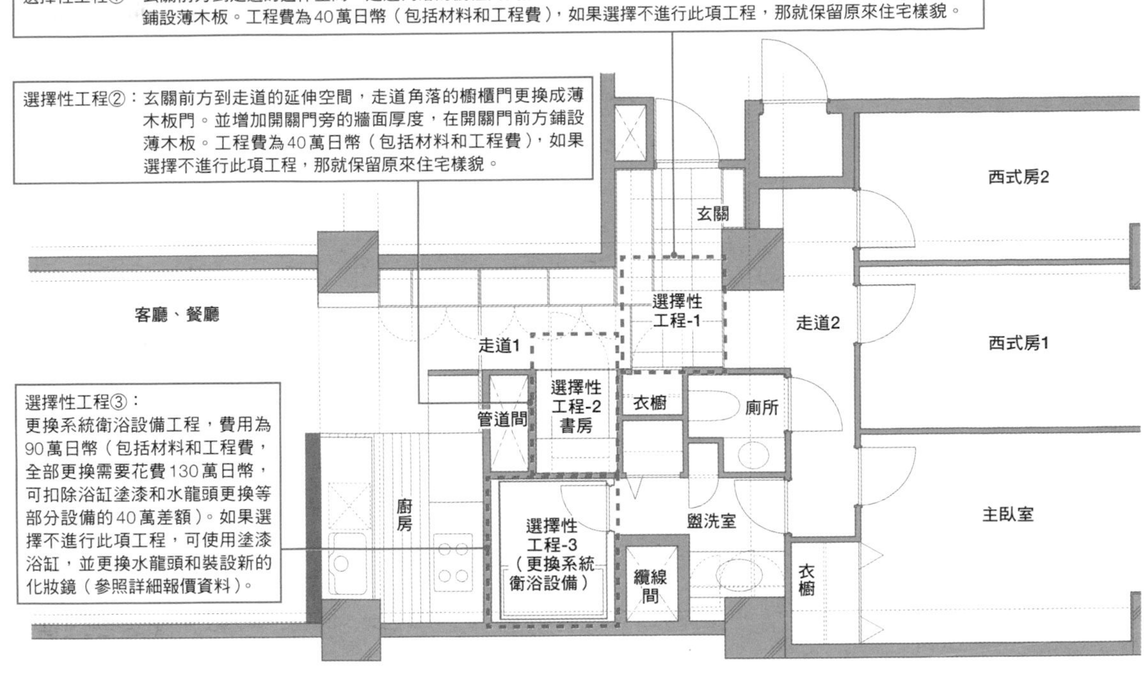

選擇性工程①：玄關前方到走道的延伸空間，走道角落的櫥櫃門更換成薄木板門。並增加開關門旁的牆面厚度，在開關門前方鋪設薄木板。工程費為40萬日幣（包括材料和工程費），如果選擇不進行此項工程，那就保留原來住宅樣貌。
選擇性工程②：玄關前方到走道的延伸空間，走道角落的櫥櫃門更換成薄木板門。並增加開關門旁的牆面厚度，在開關門前方鋪設薄木板。工程費為40萬日幣（包括材料和工程費），如果選擇不進行此項工程，那就保留原來住宅樣貌。
選擇性工程③：更換系統衛浴設備工程，費用為90萬日幣（包括材料和工程費，全部更換需要花費130萬日幣，可扣除浴缸塗漆和水龍頭更換等部分設備的40萬差額）。如果選擇不進行此項工程，可使用塗漆浴缸，並更換水龍頭和裝設新的化妝鏡（參照詳細報價資料）。
西式房2
玄關
選擇性工程-1
走道2
西式房1
客廳、餐廳
走道1
選擇性工程-2書房
衣櫥
廁所
管道間
廚房
選擇性工程-3（更換系統衛浴設備）
盥洗室
主臥室
纜線間
衣櫥

重新設定預算or迴避工程項目？

在預算範圍內規劃出最完善的翻修工程計劃是業界的不變法則，只要假定競爭對手也是在相同的條件下定勝負，就必須得遵照客戶所給的預算金額為前提條件來著手規劃。對於比起客戶預算還要高出2成以上的概算金額，也應該要做好會被拒絕的心理準備。

但是要在預算之內完成客戶所有需求的成功案例也非常罕見。所以需要再次確認客戶的需求，在完成現場調查的階段（提出設計案前），與客戶討論工程費用的細節內容。如果判斷客戶預算與完成所有需求的概算費用有一定落差時，除了要向客戶詢問調整預算的可能性，也必須考慮是否該捨棄優先順序排名在後的翻修項目。

可以將工程分次進行

在這個情況下可以考慮將翻修項目區分為基本費用和選擇性費用（圖3）。依筆者的經驗判斷，在資料中區分翻修選項，並標明完成時需增加多少的基本費用，如此一來，大多數客戶都不會表示拒絕，都還會持續對翻修成果抱持期待。

如果需要更換某項設備，工程費用又會因此超出預算的話，基本上還是先採取沿用設備的態度，但是可以在資料內註明可更換的設備。除了要特別小心處理可選擇權的工程作業以外，若是設計師能夠提出讓人眼睛為之一亮的設計，那會更有幫助。

而將工程分為階段式進行的想法，也能有效降低第1次的工程費用。像是包括浴室、盥洗室、小孩房在內的部分翻修工程，把真正需要翻修的時間往後延5～10年，那麼就能夠縮減預算至7成的費用，可用來直接針對廚房、客廳、餐廳、玄關等區域進行重點式的翻修作業。

只要多加利用這樣的思考模式，就能增加翻修工程部分的區域實質平方單價，同時還能提升設計和工程的品質。如果能就此說服客戶，不妨就試著以這樣的角度來思考。

（各務兼司）

獨棟住宅的「初步概算」

獨棟住宅的翻修工程要在提出設計案前，正確判斷原有建築物的性能其實相當困難，所以很難整理出比公寓住宅準確度還要高的概算內容。但由於這些資料是作為客戶正

column

選擇工程公司是掌控成敗的關鍵

選擇工程公司會面臨的困境

累積了越來越多的翻修工程現場經驗後，會發現要找到工作態度嚴謹的工程公司進行商業合作，其實並不是那麼簡單。因為工期短，連帶使得工程費用相對低廉，還必須兼顧各種領域的施工型態，導致工作效率的下降，綜合這些條件的最後結果就是沒什麼利益的翻修工程案，而這樣的例子也不在少數。

但是換個角度思考，也是可以用真誠的心來面對這樣的狀況，再去尋求工程公司的合作機會。只是這樣的業者應該不會是能夠忠實呈現設計，展現卓越特殊翻修技術的合作夥伴。對負責設計、監工的設計師來說，雖然想委託擁有完整的施工管理機制的工程公司來進行翻修，但是不能否認的是依現況而言，規模越大的公司，其保護措施費用和一般管理費用就會越高。

獨棟住宅的翻修基本上是直接委任

選擇工程公司的過程可分為報價競爭和直接委託兩種方式。大部分的設計師在處理一般的全新獨棟住宅翻修案時，會因為客戶需求，而選擇以報價競爭方式決定工程公司。不過要注意的是獨棟住宅的翻修，若不進行拆除作業就無法得知內部狀況，再加上施工的限制相當多，所以對設計師而言會很難判斷工程範圍。

所以最好是能在進入實施設計階段時，就讓施工方加入作業，讓工程進度能更順利進行。如果能將設計師和客戶需求，以及工程完成進度，更清楚地傳達給施工方知道，那麼就很容易得到正確的報價內容。這也就代表獨棟住宅的翻修工程，最好還是以直接委任的方式來決定工程公司（圖①）（公寓住宅的結構翻修由於構造問題不多，所以容易確立施工準則。再加上工程費用的增減幅度較少，即便進行報價競爭也不會有問題產生）。

但由於客戶會提出各式各樣的需求，所以即便是直接委任工程公司，也不要只鎖定一家公司，設計師應該要就公司的等級分類，納入多家公司作為參考選項。

工程公司的分級制？

雖然這個作法對工程公司不太禮貌，但是筆者所屬的設計事務所還是會針對獨立開業工程公司的體制和規模來劃分等級（圖②）。

①A等級：公司的設計施工物件非常豐富，經營狀況很穩定，還會製作施工平面圖，會議進行也很順利。

②B等級：比較具有歷史的公司，與合作業者之間的信賴度很高，工作態度謹慎有效率。

③C等級：雖然木工作業有一定的評價，像是設備、木工家俱等項目，但是在其他領域的施工管理卻不夠謹慎。

A等級的業者因為有經手過許多的設計翻修物件，所以也比較講究設計感，雖然工程費用較高，但是翻修工程的完整度高，能減輕設計師的負擔。

B等級的業者雖然會按照施工進度作業，但是卻不是很在意設計性，想要完全按照設計師的規劃來施工，設計師還必須在現場給予施工方詳細的指示，才能順利進行。

C等級的業者則是木工起家的小規模工程公司，工程費用便宜，可有效壓低預算，但是在施工面上的技術可能稍嫌不足。可能要依情況外包業者來請教對方技術，再由設計師自己來執行，會造成設計師監工的業務負擔。

所以還是必須在掌握各家業者優缺點的情況下，選擇最合適的委託業者。以盡量讓客戶所要求的品質能明確反應在工程費上為前提，如果不能選擇最合適的工程公司，導致最後的成果不如預期，那麼也會連帶影響到設計師本身的聲譽，所以還是必須審慎選擇工程公司。

（中西HIROTSUGU）

圖 選擇工程公司的2大重點

①報價競爭or直接委任。選擇工程公司的流程

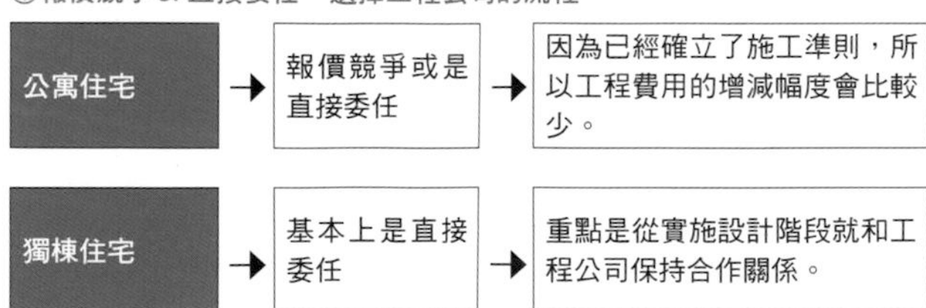

公寓住宅
報價競爭或是直接委任
因為已經確立了施工準則，所以工程費用的增減幅度會比較少。
獨棟住宅
基本上是直接委任
重點是從實施設計階段就和工程公司保持合作關係。

②HIROTSUGU風格！評定工程公司等級

A等級	設計施工物件非常豐富，經營狀況很穩定。施工管理方式明確，經手的設計物件多，且評價良好。
B等級	比較具有歷史的公司，與合作業者之間的信賴度很高，工作態度也很謹慎。
C等級	木工起家的經營者所開設的小規模公司，雖然木工作業有一定的評價，像是設備、木工家俱等項目，但是在其他領域的施工管理卻不夠謹慎。

Part 10

以木工家俱決勝負！

- 確保收納空間的思考方式
- 木工家俱與構造、設備之間的關係
- 木工家俱如何善用死角空間
- 專欄　收納的基本是簡單＆低花費

說到住宅翻修工程中的木工家俱，首先會想到的應該是能夠確保有足夠收納空間的牆面收納設備。其他像是可隱藏無法移除樑柱的存在感，還具備達到調和空間的效果，以及能夠適度遮蔽空調設備和AV機器、照明等器具，木工家俱能發揮功效的範圍其實相當廣泛。

換句話說木工家俱的好壞程度，的確足以影響空間給人的印象。特別是作為競爭對手的工程公司，其提案內容大部分都是使用現有的商品，因此一定要懂得如何藉由木工家俱來突顯設計內容的差別性。

在進行作業前的事前需確認項目則有①計算客戶所需的收納物品數量②確認空間內外露樑形、位置和尺寸③確認設備機器、配管和配線的配置和尺寸④確認地板、牆面和天花板是否有凹凸不平的部分。接著以這些情報為基礎，思考收納箱的尺寸、門材的選擇、與間接照明的搭配性，以及和門窗的接合方式，規劃出一個立體的設計空間。

接著要說明木工家俱的設計手法，也會介紹作為商品販賣的低價木工家俱。

圖1 收納計劃的重要性

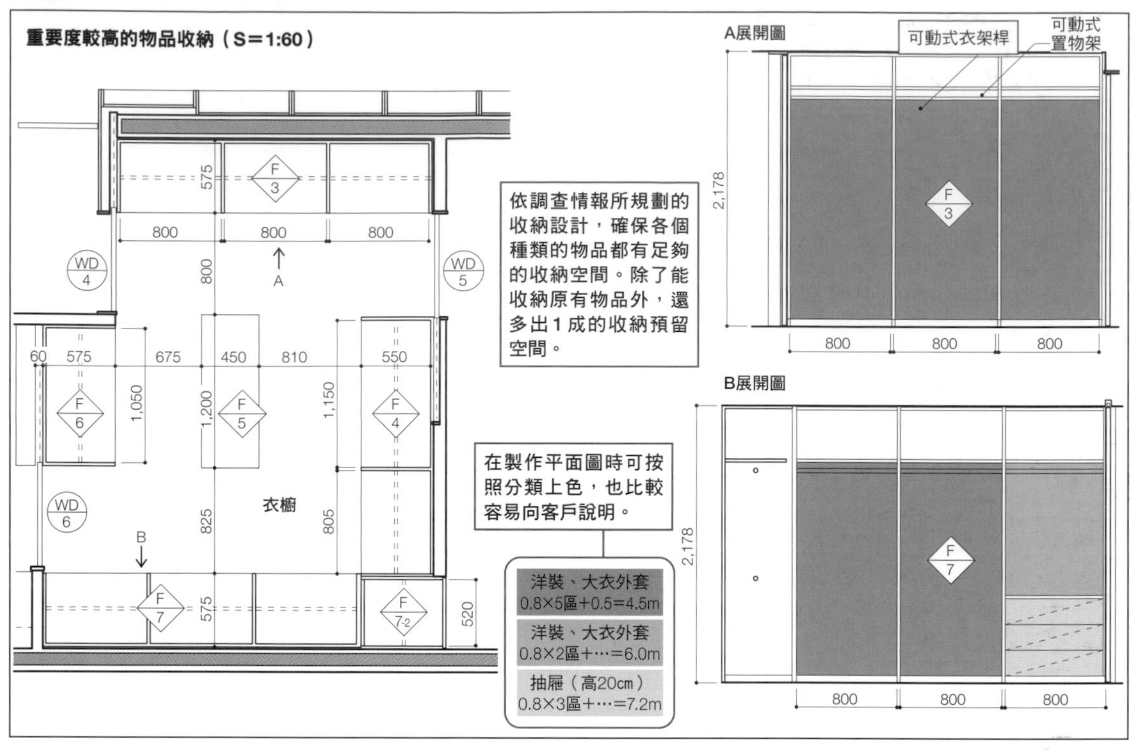

重要度較高的物品收納（S=1:60）
依調查情報所規劃的收納設計，確保各個種類的物品都有足夠的收納空間。除了能收納原有物品外，還多出1成的收納預留空間。
在製作平面圖時可按照分類上色，也比較容易向客戶說明。
洋裝、大衣外套 0.8×5區+0.5=4.5m
洋裝、大衣外套 0.8×2區+…=6.0m
抽屜（高20cm） 0.8×3區+…=7.2m
衣櫥
A展開圖
可動式衣架桿
可動式置物架
B展開圖

辨別收納物的重要度

有關木造家俱的具體設計部分，會伴隨著會議的進行，而加深雙方的信賴關係，至於家俱的擺設和生活方式，則是要等到雙方充分溝通後的階段再進行規劃。因為在這個階段，比較能夠看到客戶家中儲藏室和衣櫥內的收納情形，所以要盡可能掌握各項細節（進行現場調查最好有女性工作人員同行，理由是怕女性客戶不想讓外人看到廚房和用水區的收納情況）。

在進行收納相關的調查時，要針對翻修後還能再利用的原有家俱、預備用品和生活用品等必需品展開調查。為避免在之後確認會出現混亂場面，就必須要有萬全的準備。需事前準備好隔間圖、室內照片，以及標註號碼的家俱和收納空間圖，並填入正確的記錄。

結束調查後，要將客戶家中的物品分為重要物品和不那麼重要的物品，並確認前者的正確收納數量。如果客戶是喜歡看書的人，那麼就要確認書籍、服裝、興趣蒐藏物、餐具等用品數量。後者不那麼重要的物品，則是就只要騰出空間擺放收納箱就可以了。

在構思翻修計劃的內容時，也要注意到收納物品的重要程度。重要的物品則要有觀看式收納，以及因應將來數量增加的預留空間計劃。像是**圖1**的固定式衣櫥，就是為了喜歡蒐集服裝的客戶，所打造出的「一眼就能看見所有衣服的服裝間收納」。將服裝分為長度較長的洋裝和大衣外套，以及長度較短的裙子和上衣類，將下身衣物和小物放在抽屜內，確保各種類的物品都有足夠份量的收納空間。

而不是那麼重要的物品則是要思考收納數量和擺放的收納空間。由於在進行翻修工程時，會重新配置原有的住宅空間，所以有可能會出現同種類物品無法收放在同一空間的情況。如果臥室內的衣櫥無法擺放所有的衣物，那麼就可以將下身衣物放在洗手台下方，視情況構思出一套可靈活運用的收納計劃。

最理想的規劃方式是除了客戶原有物品外，再預留1成的空間作為收納空間。以此為前提，如果客戶在入住前，先將不要的物品清除掉1成的數量，那麼就可以有2成左右的收納空間可收放其他物品。

〔各務兼司〕

圖2 利用木工家俱遮蔽空間構造和設備配管

①隱藏柱形的手法（S＝1:60）

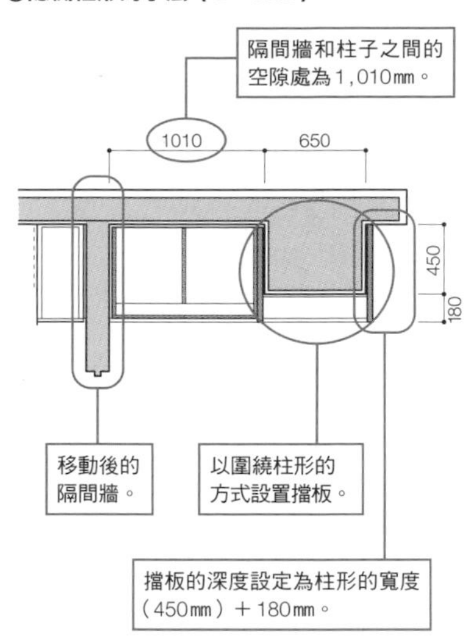

隔間牆和柱子之間的空隙處為1,010㎜。
1010
650
450
180
移動後的隔間牆。
以圍繞柱形的方式設置擋板。
擋板的深度設定為柱形的寬度（450㎜）＋180㎜。

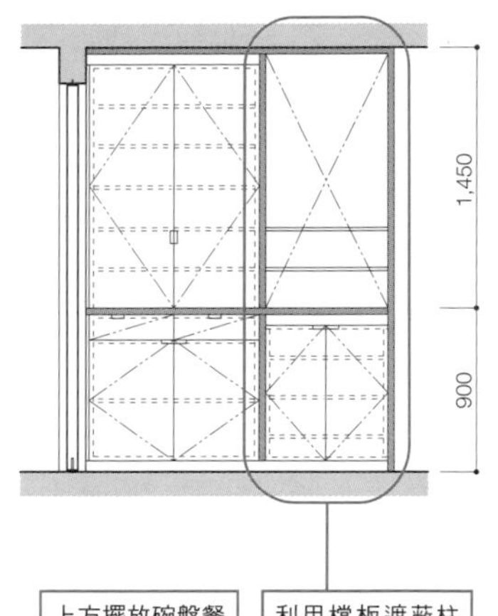

1,450
900
上方擺放碗盤餐具類用品，下方則是收放大型碗盤和刀類用品。
利用檔板遮蔽柱形，有效淡化柱子的存在感。

完全被遮蔽的柱子

感覺柱形不存在的木工收納櫃，面材使用木共心合板再加上槭木合板。

②遮蔽設備配管的手法

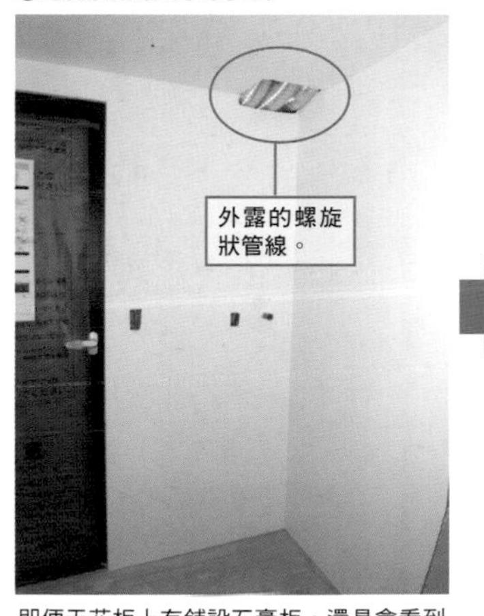

即便天花板上有鋪設石膏板，還是會看到外露的螺旋狀管線。由於樑木上沒有孔洞，所以是從樑木下方通過。

不規則形狀的上方收納區。

由於鏡面收納櫃無法完全遮蔽管線，所以有特別設計上方收納櫃的形狀。

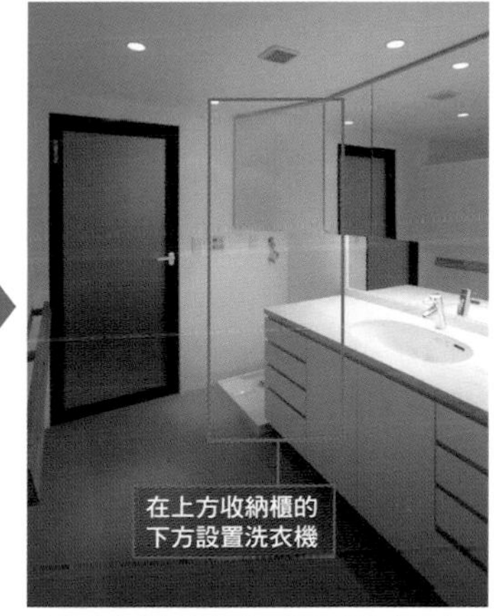

完成上方的收納櫃後，就和盥洗室下方的鏡面收納櫃連成一體，下方則用來擺放洗衣機和洗衣精等用品。

隱藏鋼筋水泥構造的公寓樑柱

鋼筋水泥構造的公寓翻修工程，要如何降低無法移除的樑柱存在感，會直接影響到整體設計的質感。尤其是更改隔間時要特別注意，因為一旦移動隔間牆，就會讓牆面和空間構造（樑柱）之間產生空隙，還會導致設備配管和排氣管的外露現象，所以當然要發揮木工家俱的最大用處來掩蓋以上的缺點。

首先是處理樑柱問題。從圖2①可以看出移動隔間牆後，會和樑柱之間產生空隙。一般來說經常會使用的解決手法是設置配合樑柱形狀的木工家俱，雖然可以透過牆面對齊的方式來分配空間，但卻無法降低樑柱的存在感。

而另一種方法則是利用檔板來包圍樑柱，透過環繞方式可以製作出空間相對較大的木工收納櫃。在樑柱的側面裝設有深度的擋板，就能有效降低樑柱的存在感（※）。

接著要說明樑形和管線的處理方式。尤其是沒有孔洞的樑柱更是麻煩，像是圖2②那樣大幅移動浴室位置，雖然浴室內天花板空間變大，可以有足夠空間讓螺旋式管線通過，但若是沒有鑿洞的樑柱，就

※　木工家俱是在進行木工工程時製作。在天花板完成之前，可以利用L型的木框來補足與天花板之間的空隙。這樣就不會特別引人注目，周圍設計給人俐落感

只能將管線繞至樑柱下方（※），所以天花板下方怎麼樣都會有管線外露的問題。

以這個事例來說，如果在洗手台上方裝設深度達18㎝的鏡面收納櫃（上方收納）來延續空間，還是有可能沒辦法完全遮蔽住管線。因此筆者決定在放置洗衣機的上方處，裝設突出的斜面收納櫃，利用上方的橫木條來隱藏管線。即便在下方有一定深度的空間內擺放洗衣機的狀況下，也能夠輕鬆拿取上方物品，充分發揮上方收納櫃的功能。

至於用水區的問題則在於給水排水用設備配管的限制，除了公寓的地板樓板為共用部分外，也不能隨意更動天花板內的配管，所以無法設置新的排水孔（要移動時須考慮到100分之1以上的排水坡度，而必須將地板架高約18㎝）。從**照片**中的事例可看出有試著在馬桶旁邊設置洗手台，但是地板樓板只能設置1處的排水孔。

在這樣的情況下，最好採用廁所排水匯合型的洗手台裝置。只要將馬桶往前移動100㎜，就能夠在後方內襯牆面內連接洗手台的排水管。洗手台水槽內的排水最好是設在木工收納櫃內，就能有效降低排水管的存在感。

〔各務兼司〕

照片　共用的排水孔

施工中

完工後

廁所和洗手台只能共同使用設置在1處的排水管，洗手台的排水管完全被木工家俱給遮蔽，與廁所的排水管匯流至同一個的排水孔。

事例　善用原來的開口

屋齡7年算是在住宅設備狀況還不算差的情況下所進行的翻修工程，由於是將書房規劃在窗邊，而這面牆旁邊還連接窗戶，所以便設置了能遮掩百葉窗捲簾的木工收納架。

除了需要將窗戶共用部分的窗框連接處保留，也要將原來的木製框架全都移除。為了確保收納深度，則是移除了增厚牆和石膏板牆。木工作業重點可分為配合窗戶形狀製作上部木框，以及無連續性的下方收納部分。上方的木框可在現場直接組裝，而下方收納架則是在工廠組裝製作。

在裝設收納架時，由於下方收納的後方會有固定五金物件外露的情況發生，所以就變更部分的收納架深度，並增加了抽屜式設計。但由於原來的窗戶角度不夠平整，再加上窗框數量多，設計受到侷限，所以在組裝上就花了3天以上的時間。對專業人員來說的確是造成不小的負擔，但最後還是順利遮蔽不平坦的牆面，完成了和2扇大小不同的窗戶密合的收納架。〔各務兼司〕

Before

翻修前的問題是外牆的凹凸不平，以及窗戶尺寸的不一致，雖然窗戶是屬於共用部分，但還是能夠以提升性能為前提進行修繕（參照156頁）。

After

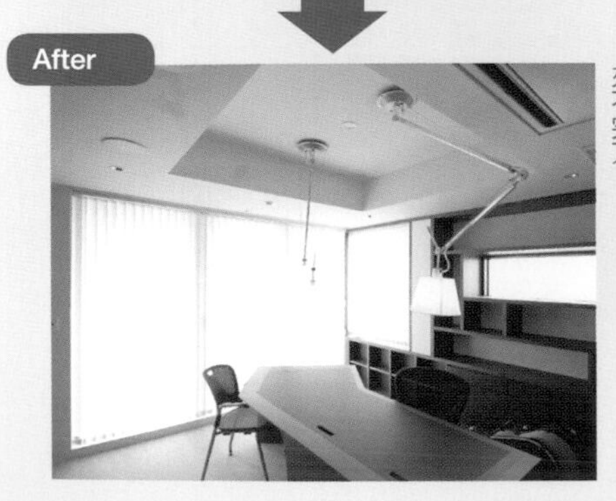

設置收納架能完全遮蓋凹凸的牆面，利用擺設讓2扇不同大小的窗戶看起來不突兀。

※　樑柱為共用部分，在梁柱上施工會嚴重影響住宅構造，所以不能直接在樑柱上鑿洞。

圖3 移動耐力牆後設置木工家俱

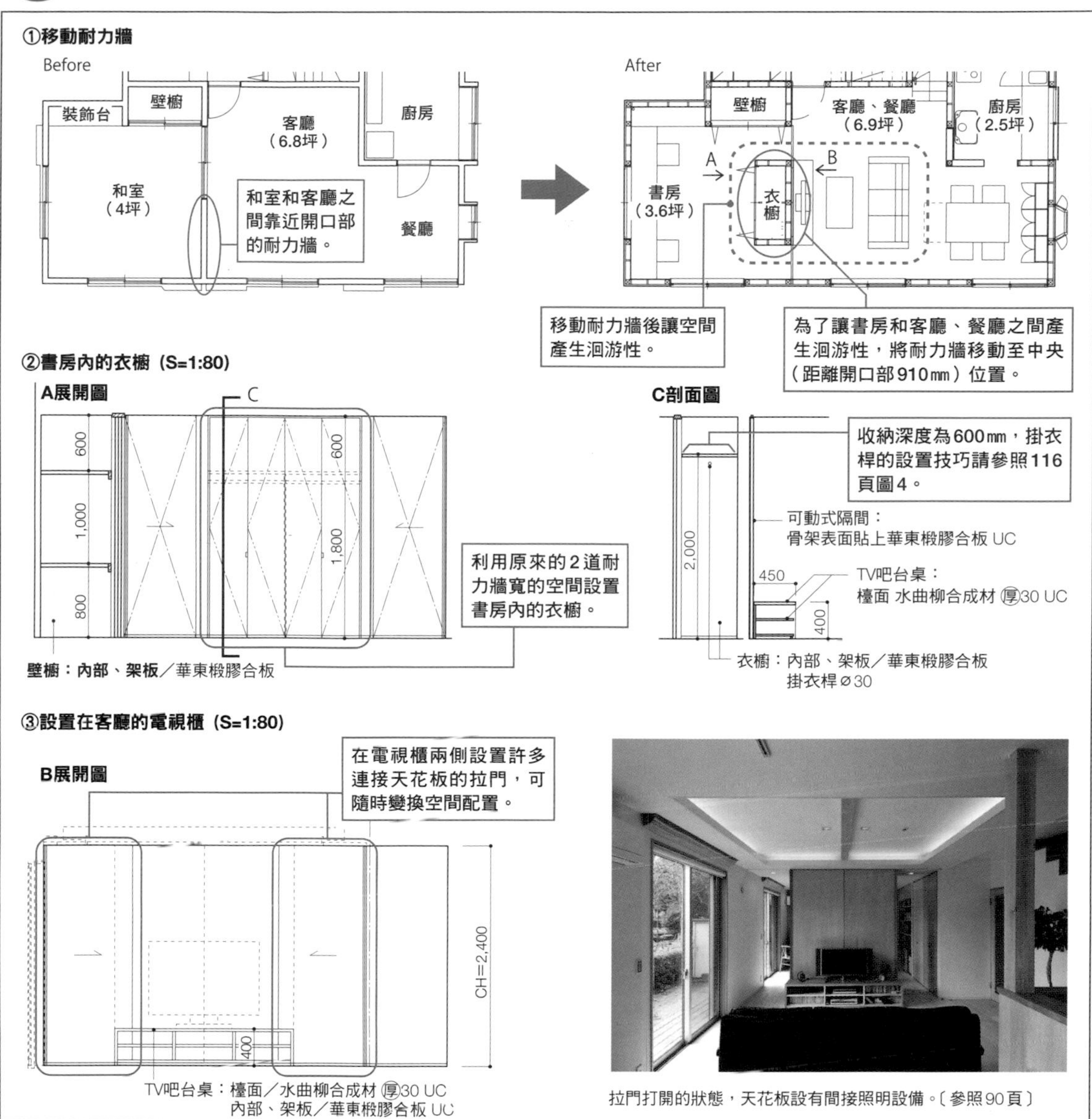

拉門打開的狀態，天花板設有間接照明設備。〔參照90頁〕

木造獨棟住宅要積極利用耐力牆

木造獨棟住宅（在來軸組構法）翻修工程中的收納計劃，需要和變更隔間、耐震修繕視為一體來進行。如何利用原有的耐力牆和樑柱來確保收納空間，這就是設計師展現實力的最好機會。除了要準確判斷各個空間需要多大的收納空間，也要懂得如何發揮有限空間的優點。

接著要介紹如何讓構造中不可或缺的耐力牆，與收納家俱和門窗組合搭配的技巧。圖3的事例是為了營造出空間的洄游性，而將1樓的耐力牆移動至客廳和書房的中央，並善用空間在一側設置衣櫥。還在耐力牆的兩側設置了直達天花板的拉門。關上拉門就成為獨立的書房，將所有拉門都打開，則會和客廳的電視櫃變換為一體空間，尤其是客廳和書房的空間接續性相當高。

像這樣的耐力牆和收納家俱的接合也是相當重要的技術，但還是必須思考收納物和收納深度之間的關係。由於在來軸組構法是以3尺（910㎜）的建築模數來設計，所以會多留一些作為收納用途的空

column

收納的基本是簡單&低花費

設計盡量保持簡單

以使用方便性來說，若要從翻修工程中票選需求的優先順序，排名在1~2名的絕對都是「希望增加收納容量」。因為以客觀角度判斷，一般家中的物品有3分之1都是屬於可丟棄類物品，所以不難理解那種不想隨便丟棄東西的心情。

實際上筆者在上電視節目時，由於將收納設計以繪圖方式呈現，而受到不少好評，而電視節目方面，也因此希望我能再多發表一些獨特性的設計創意。但如果設計過於複雜，不但會讓設備容易故障，需要花更多時間使用也很麻煩，也會導致設備無法長期使用。

因此筆者便以「盡量保持簡單的設計」為目標，規劃出機能性高的收納設計（圖①）。設計重點則擺在具備2種以上的功能，以及如何運用角落空間（參照117頁）。最終完成了設計新穎且方便使用的設備，也很受到客戶好評。

但是這卻轉變為設計變更的事例。有很多是因為看了電視節目的觀眾，而希望我能幫忙打造出一樣的設計，但基本上在不同環境的條件下，是不可能會規劃出相同的收納設計。由於使用人和收納物的不同，其用途和尺寸也會產生差異，所以有可能只是設計新穎，但其實使用期根本不持久。

選用販賣商品

另外一個重點則是「使用便宜的素材」。住宅翻修中的家俱工程算是費用比重較高的部分，所以在這個階段要盡早決定預算調整，將不需要的作業都刪除。

這樣就能套用業者經常會使用的手法，也就是選用低價的販賣商品。但如果完全由客戶決定使用商品，有很高的機率會影響到原有設計，如此一來，就只能保留些許空間來擺放商品，而無法回應客戶原先的期待。身為一名設計師，我認為自己必須具備將販賣商品與設計結合相互配合的能力。

就設計師的觀點來判斷，低價商品最具代表性的店家應該是無印良品（圖②）。由於商品的組件一致，和空間的收合度良好，可因應各種用途變換搭配方式。而且設計簡單自然，與木工家俱的搭配性高。不過要注意的是雖然價格低，但如果需要大量購買，也會是一筆可觀的花費，所以最好優先選用可以看到內部的收納設備。

說到低價商品，那麼也一定會聯想到IKEA和宜得利家居所販賣的家俱（圖③）。雖然比起無印良品來說，商品比較會有「設計偏好」，但由於價格真的相當低，所以最適合用來妝點部分空間。其他像是在量販店內販賣的「Fits系列商品（天馬）」，以及「多層置物架、多層收納箱（IRIS OHYAMA）」等收納器具，則是很適合放在衣櫥內使用，不但價格便宜，使用上也很方便。

家俱的大量生產也是有它的意義存在，可以提供單項製品所沒有的品質一致性，也能壓低售價，這正是工廠製造的優點。但是就現在的實際狀況來說，設計師所進行的商品開發事例還很少見，所以應該從日常生活中就大量蒐集有設計的家俱情報。

即便工程預算不高，也不需要放棄設計感，最重要的是懂得依情況作出判斷。

（中西HIROTSUGU）

圖　提升成本效益的重點

①收納計劃的２大心得

簡單	→	複雜設計不耐用
費用低	→	以木工工程為主。可使用無印良品、IKEA、宜得利家居等店家販賣商品。

②善用無印良品商品的低價收納設計

木工吧台桌搭配無印良品所販賣的可移動抽屜收納櫃，所打造出小孩的讀書空間，收納櫃的材質為鐵製（日幣2萬1千／片）。

③善用IKEA商品的低價收納設計

使用IKEA的衣物收納箱，寬度和高度固定的開放式衣物收納箱為IKEA的SKUBB，3個收納箱只要花費日幣1千490元。開放式置物櫃則都是以杉木夾板（三層）所組成（3×6版、不需修補、日幣6千600元／片）。

Part 11

基底材&覆蓋材的確認

- 基底材的拆除確認
- 基底材的重複利用或更換
- 住宅軀體構造、基底材、覆蓋材之間的關係
- 護壁板、窗戶的規劃
- 專欄　提升附加價值的陽台設計

不論是新屋還是老舊住宅的翻修，內部的設計裝潢都是提升空間質感的重要因素。尤其是如何妥善規劃原有的基底材和外觀覆蓋材，都是設計師能一展長才的絕佳時機。

但絕非只是將所有的基底材和覆蓋材都拆除，並更換新的建材那麼簡單而已。因為所有的作業都會大幅影響工程費用，重要的是如何判斷「拆除程度」。只要基底材狀態依舊健全，就不必硬是要全面汰換。如果預算不高，將原有的覆蓋材，當作是新設基底材的手法也具備一定的效果。

此外，由於原有住宅通常都會出現「樑柱斜塌（傾斜）」、「樓板高度不一」等問題，也就是空間有歪斜現象發生。想要隱藏這項缺點，建議可從基底材和覆蓋材下手。由於翻修工程是再次規劃設計原有的住宅軀體結構、空間，所以如何在內部空間裝潢時，讓空間看起來簡單俐落，就必須以新屋的設計標準來審視。

接著要針對住宅翻修的基底材和覆蓋材的內容來進行說明，也會介紹陽台的整修方式。

圖1 能調整地板高度的結構圖（S=1:2）

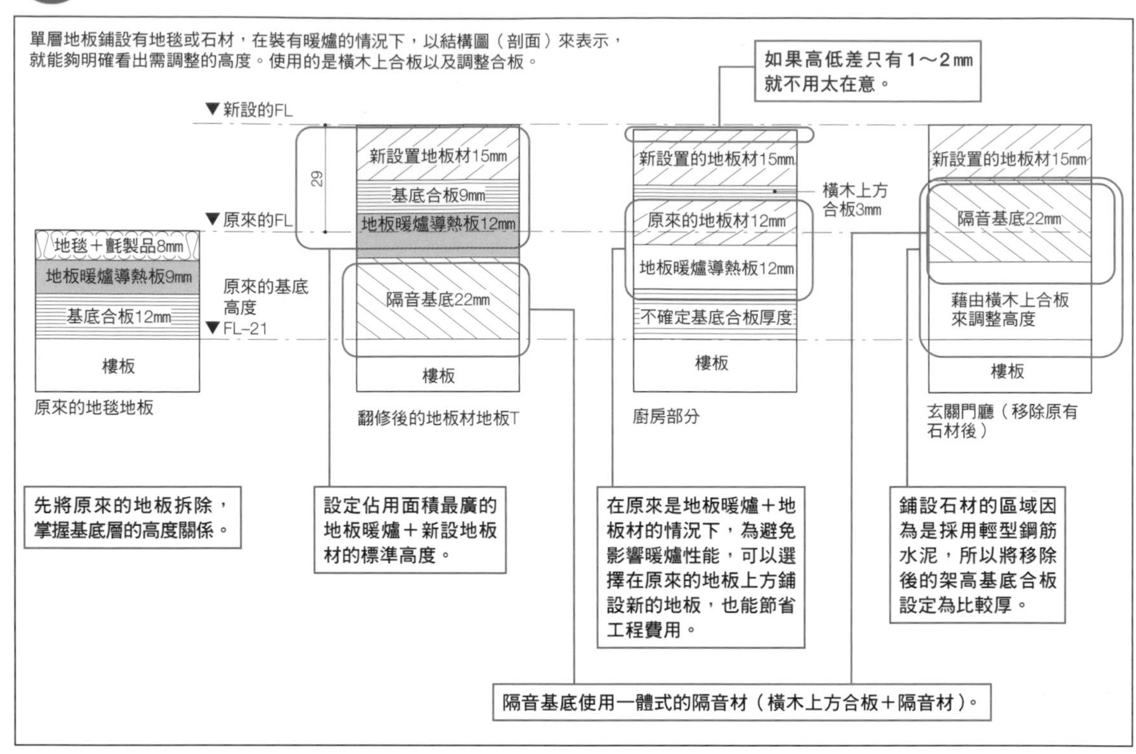

單層地板鋪設有地毯或石材，在裝有暖爐的情況下，以結構圖（剖面）來表示，
就能夠明確看出需調整的高度。使用的是橫木上合板以及調整合板。
如果高低差只有1～2㎜
就不用太在意。
▼新設的FL
▼原來的FL
29
地毯＋氈製品8㎜
地板暖爐導熱板9㎜
基底合板12㎜
樓板
原來的基底
高度
▼FL–21
原來的地毯地板
新設置地板材15㎜
基底合板9㎜
地板暖爐導熱板12㎜
隔音基底22㎜
樓板
翻修後的地板材地板T
新設置的地板材15㎜
橫木上方
合板3㎜
原來的地板材12㎜
地板暖爐導熱板12㎜
不確定基底合板厚度
樓板
廚房部分
新設置的地板材15㎜
隔音基底22㎜
藉由橫木上合板
來調整高度
樓板
玄關門廳（移除原有
石材後）
先將原來的地板拆除，
掌握基底層的高度關係。
設定佔用面積最廣的
地板暖爐＋新設地板
材的標準高度。
在原來是地板暖爐＋地
板材的情況下，為避免
影響暖爐性能，可以選
擇在原來的地板上方鋪
設新的地板，也能節省
工程費用。
鋪設石材的區域因
為是採用輕型鋼筋
水泥，所以將移除
後的架高基底合板
設定為比較厚。
隔音基底使用一體式的隔音材（橫木上方合板＋隔音材）。

公寓地板會因為部材結構而有所變動

公寓住宅的翻修因為不能隨意更動住家軀體結構，所以只能從室內調整基底材的厚度。如果過度追求地板的平整度和高度一致性，會導致基底材從內側隆起，而讓空間變得狹窄。

有關地板的部分，因為可分為單層地板、乾式雙層地板，所以在基底材和覆蓋材的選用上思考方向會有所差異。因此必須向管委會取得原來的住宅平面圖，確認地板的構造，掌握地板樓板的高度設定，以及與地板覆蓋材之間的關係。

單層地板的翻修有直接移除地板，再重新鋪設基底材的方式，以及在原來的覆蓋材上，再鋪設新的覆蓋材方式。如果是直接在樓板上鋪設地板，想要將包括黏著劑在內的地板全都順利移除不是件簡單的事，所以在原來的地板上鋪設新的地板，或裝設地毯會是比較有效率的提案內容。

在更換基底材時，應該要注意的是樓板的準確高度。如果高度差距太大，會出現地板凹凸不平的現象，建議可使用快速乾燥定型的水平調整材，來確保地板的平滑面，或是經常以薄木板調整高度。

設計師所構思的隔音對策

覆蓋材的部分則是要注意隔音相關的公寓管理規則。不只是大部分所採用的地板材，就連石材和磁磚也都有限制規定，所以最好是能在工程剛進行時盡早確認。至於隔音的性能一般都只要確保有舊式的LL-45（現在是ΔLL-4）的層級就不會有問題。

鋪設地板的手法有直接使用隔音地板的方式，以及確保基底材有隔音性能，再鋪設地板的方式。多數的翻修工程公司都會選擇前者，雖然價格便宜這點很吸引人，但是對以設計能力決勝負的設計事務所來說，各式各樣的覆蓋材是最好的靈感來源，所以應該要選擇後者才對。

如果在地板表面不單純只是地板材，還混有地毯和石材，甚至有部分導入地板暖爐設備的情況下，可以像圖1一樣繪製地板高度的結構圖，以這樣的方式來有效調整地板高度。繪圖的重點則在於超過2㎜再做調整的思考方式。因為基底的準確高度，其實並沒有需要嚴密監控的必要。

而乾式雙層地板比起鋪設單層地板的問題還要少，除了需確保是屬於舊式ＬＬ－45的產品外，不同的地板材也會造成浮動地板的現象，需要視情況做調整。

如果是在將地板基底材全都更新，直接鋪設地板材的情況下，會因為翻修工程導致走道或客廳等部位出現地板高地差的現象。雖然可以犧牲掉天花板高度來架高地板，但是也會增加費用。為了因應這樣的狀況，所提出的替代方案則是設置坡道的作法。可以在說明優缺點後，由客戶自行決定。依照筆者以往的經驗判斷，若產生20㎜的高低差，那麼只要規劃出長1ｍ的坡道設計，就不會感覺到地板有高低差的問題存在。

壁紙→塗漆的難易度高

接下來是牆面翻修的部分。如果是貼有壁紙的牆面要更換壁紙時，有直接張貼壁紙，和移除原有壁紙再張貼新壁紙的兩種方式。要看原有壁紙的品質與測量準度，並確認新的壁紙的品質，再決定適合的手法。若要在塗漆牆面再張貼壁紙，那就必須選用與基底材接合性高的黏著劑。

要更改牆面的覆蓋材最困難的就是將壁紙牆更換為塗漆牆。若選用的基底材是石膏板，在移除原有壁紙時，最好的方式是要保留內層紙和塗抹黏著劑，接著再全面抹上油灰，但還是很有可能受到基底材測量準度影響，而出現接合處產生裂痕的現象。筆者是認為鋪設多層石膏板後，再進行塗漆作業，比較能有效提升覆蓋材的測量精準度。

但如果是要在鋼筋水泥牆上直接鋪設壁紙時，那又該怎麼做呢？在這樣的情況下，即便移除原有的壁紙，牆面也不會是完全平坦的狀態，所以最好事先塗抹上石膏板黏著劑，接著鋪設新的石膏板，最後再進行塗裝。若無法這樣做的時候，可以先抹上油灰再進行塗裝，但是在一旁有光線照射時，可能會發現牆面的表面平整度不是那麼整齊。若決定採用這種手法，一定要向客戶充分說明（如果使用矽藻土等泥漿類相關覆蓋材，就不必移除壁紙，有販賣可以直接塗抹的材料）（※1）。

「破壞窗戶」的顛覆性巧思

接著要介紹在牆面基底材相關的翻修作業中，如何發揮設計師的技術來突顯出獨特的創意巧思，也就是破壞窗戶變更為牆面的方法（照片1、※2）。

外牆數量少的公寓住宅，通常都會在能設置窗戶的地點裝設窗戶作為隔間，但卻也會經常出現「窗戶正面會看見隔壁大樓」、「窗外取景角度很差」的缺點。而住家內有很多窗戶，也會讓家俱在配置上出現困難，會有許多限制產生。基於以上的論述，所以才會大膽提出將窗戶更改為牆面的構想。

由於窗戶是屬於共同住宅的共用部分，而無法拆除。因此筆者決定將內側的窗框拆除，在格狀結構處鋪設基底材，並放入隔熱材，最後在表面鋪設石膏板。只需要破壞部分窗戶，就能讓空間有煥然一新的感覺，這樣的設計提案內容，可說是只有設計師才會想到的巧思。

重點在於如何讓從對面所看到的住家外觀，不要顯得不自然，於是便在玻璃面鋪設白色帆布。如此不

照片1 在牆上裝設窗戶的技巧

除了窗戶數量多視野雜亂的壞處以外，另一項缺點則是不好配置家俱和電視的擺設方式。多數的翻修工程都能有效增加收納空間，而將窗戶拆除，變更為木工家俱的方式，則是有一定的效果存在。

正面為一整面的開口設計，不好配置家俱的擺設方式。

組裝木頭基底材的樣子

配合窗戶的邊界線而組裝的木頭基底樣貌，如果要進行塗漆作業，因為邊緣的基底材有所更動，為了避免裂開的情況發生，可以在表面多鋪設幾層的木板。為了防止從室外直接會看見隔熱材，而在窗邊鋪設白色帆布。

拆除大部分的開口，在牆面的腰部高度部分設置木工收納家俱。

※1　將木工家俱裝設在牆上，以及在牆上裝設懸掛圖畫的扶手、金屬物件時，需要在進行翻修工程時安裝合板基底材。
※2　為確保空間的採光，要先確認建築基準法的相關內容。住宅活動空間的採光必須要到達有效採光面積／活動空間面積的1／7以上。

但能隨時恢復原有住家樣貌，還能有效防止水氣凝結，所以要在施工時也要慎選隔熱材和防濕帆布。

變更天花板外觀時的注意事項

將原來的天花板從基底材開始全部拆除，再全面翻新的手法雖然費用較高，但是在技術的執行面上卻是最簡單。至於將基底材保留的方式，則是要看基底材的材質來決定難易度。若選用輕鋼架基底材，好處是可以調整高度，只要移除石膏板的部分，就能進行細部的調整。如果是選用木頭基底材，就比較難進行調整，因為放入薄木板，所以只能進行微幅的調整。再加上作業手續繁複，多數的施工者都會有所抱怨，到底是要從基底材開始全面翻新，還是只需要進行細部調整，還是必須向施工方確認哪種作業方式的費用比較便宜〔**照片2**〕。

與牆面翻修相同，如果要將貼有壁紙的天花板改為塗漆，最好還是直接鋪設多層的石膏板。但是要保留多少的基底材，還是要看是否會受到移動的照明設備，以及天花板空調、天花板的排氣管移動等因素的影響，再來決定開口的大小。依筆者的經驗判斷，如果需要在原有的石膏板上，設置面積達3分之1以上的開口，那麼最好還是將所有的石膏板拆除換新會比較好。其他像是高層住宅的灑水設備位置更動，有許多因素也和天花板有關聯。在這樣的情況下，還是將所有的石膏板都全面拆除，才能有效提升之後的作業速度。

拉門裝設上方軌道

最後要介紹護壁板和拉門的規劃方式。若是貼有壁紙的牆面要裝設護壁板，就不得不選用突出式的護壁板。但如果是新設置的牆面，大部分都會像**照片3**①在牆面和接合處裝設護壁板。不過要在沒有門框的拉門裝設護壁板，因為很難處理護壁板的接合，所以還是必須和施工方進行會議討論。

拉門設計的使用能幫助空間產生通風和採光的效果，尤其在住宅翻修時很常會發生地板不平整的現象，這時候採用上方軌道式的拉門裝置，就會發揮很好的效果。在這樣的情況下，和調整天花板高度一樣，都會在拉門關閉時會清楚看見牆面的垂直面，所以一定要請施工方多加注意。為了讓接合處顯得整齊俐落，最好是連拉門收合處都要裝設護壁板〔**照片3**②〕。

〔各務兼司〕

照片2 不同基底材的天花板高度處理方式

①輕鋼架基底材

輕鋼架基底材的特色在於能調整高度，所以要盡量保留可再使用的石膏板。

②木頭基底材

雖然說全面拆除比較能確保測量準度，但也要考慮到價格和空間的平衡感，可以請施工者進行微幅的調整。

照片3 KAGAMI風格！如何善用護壁板

①新設置的牆面

要裝設護壁板就要減少周圍不必要的因素，這樣就能讓空間顯得俐落整齊。可使用塑膠製的接合材讓作業內容簡單化。

②無門框的拉門設計

無門框拉門的牆面在裝設護壁板時，要將護壁板裝設在拉門收合處的入口部分。

圖2 如何解決和室和西式房之間的高低差問題（S=1:10）

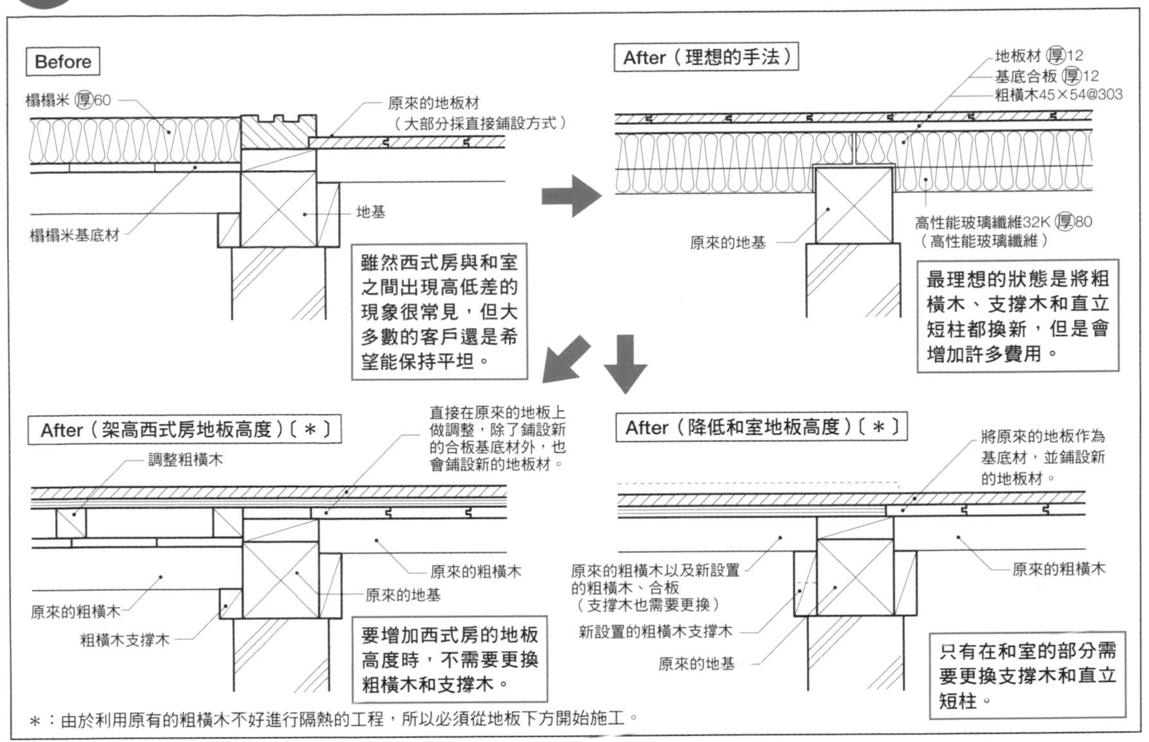

Before
榻榻米 厚60
原來的地板材
（大部分採直接鋪設方式）
地基
榻榻米基底材
雖然西式房與和室之間出現高低差的現象很常見，但大多數的客戶還是希望能保持平坦。
After（理想的手法）
地板材 厚12
基底合板 厚12
粗橫木45×54@303
高性能玻璃纖維32K 厚80
（高性能玻璃纖維）
原來的地基
最理想的狀態是將粗橫木、支撐木和直立短柱都換新，但是會增加許多費用。
After（架高西式房地板高度）〔＊〕
直接在原來的地板上做調整，除了鋪設新的合板基底材外，也會鋪設新的地板材。
調整粗橫木
原來的粗橫木
原來的地基
原來的粗橫木
粗橫木支撐木
要增加西式房的地板高度時，不需要更換粗橫木和支撐木。
After（降低和室地板高度）〔＊〕
將原來的地板作為基底材，並鋪設新的地板材。
原來的粗橫木以及新設置的粗橫木、合板
（支撐木也需要更換）
新設置的粗橫木支撐木
原來的地基
原來的粗橫木
只有在和室的部分需要更換支撐木和直立短柱。

＊：由於利用原有的粗橫木不好進行隔熱的工程，所以必須從地板下方開始施工。

獨棟住宅要解決地板高低差問題，最好是保留粗橫木將其他部位都拆除

屋齡20年左右的獨棟住宅，各個空間的出入口大部分都會有地板高低差的問題。特別是鋪設地板材（西式房）和榻榻米（和室）之間，因為大多設有30～50㎜的溝槽，這也是造成年長者步行困難的其中一個因素。在這樣的情況下進行住宅翻修工程，客戶會積極表達需要立即解決地板高低差問題，以及想要打造出無障礙空間的想法。

想要解決地板高低差的問題，要針對構造和隔熱設施進行補強，將地板構造先拆除之後再重組，就施工技術來說是最簡單的作業〔圖2〕。但如果連粗橫木都拆除，可能會引發其他的「衍生工程」，增加工程費用。所以在進行拆除作業時，最好盡可能保留粗橫木，如果地板下的狀態沒什麼問題（沒有被白蟻啃蝕，也沒有因為濕氣和漏水導致木材發霉），不需要將原來的地板高度降低時，就可以繼續沿用原來的直立短柱和支撐木。

拆除範圍和素材的選擇

想要降低和室地板高度，讓地板保持平坦，就必須被迫重新設置支

照片4 鋪設地板材的2大手法

①複合地板材

地板材的大小固定，日本合板技術很好，也很有設計感。照片中為橡木複合地板。

②原木地板

先向客戶說明原木地板可能會出現收縮、變形的情況，以及如何保養清潔之後，再達成共識。照片為橡木地板。

column

提升附加價值的陽台設計

可多加變化的陽台空間

住宅翻修工程中能展現費用高成效，並提升客戶整體滿意度的其中一項作業就是設置木造陽台。最大的原因在於大多數的公寓住宅陽台外觀都很陽春，缺乏設計感。

公寓的陽台通常是拿來當作空調室外機擺放處，以及晾衣空間使用，但只要多花些心思規劃，就能在陽台空間放置植栽，從室內欣賞陽台的綠化景觀。其中最顯而易見的，就是購買DIY木頭方形建材和簡單的木製板材來鋪設陽台地板，這樣就能省去換穿拖鞋的動作，而為了營造出與室內空間的接續感，會採用正統木造走道陽台設計，但由於現在還不普及，所以只能就現狀進行小幅度的翻修。

但由於公寓陽台是屬於共用部分，還是會因為設置固定設施，而違反管理規則。

一般公寓通常會每10年進行一次大規模的翻修工程，其中包括陽台面的防水和設備更新作業。而在施工過程中所裝設的額外設施，也都必須在施工後全部拆除。

木製走道材1片重達30～40kg

筆者是按照以下方針來進行翻修作業。為了能方便自力移除木造陽台的設施，決定利用木製板材來鋪設地板走道。考慮到1片建材需要2人的搬運作業，所以最理想的重量是設定在30～40kg左右。雖然說重量較輕的建材，在移除時會比較輕鬆，但由於木製走道材的素材和厚度固定，如果木製板材的尺寸太小，在接合時會產生容易移動的空隙空間。

而室內與室外的地面高低差，則是跟室內空間的地板落差一樣重要。陽台地面和落地窗之間的高度關係，會決定是否要更換木製走道下方的基底材。外觀統一的集中式住宅，以及中階公寓的室內室外空間，高低差通常是100～150mm，在這樣的情況下，就只要裝設樹脂製短柱，就能調整走道材的高度，而為了防止傾斜和達到隔音效果，可以在下方鋪設不容易受外在環境影響變質的橡膠墊。如果高低差超過150mm，可越過作為基底來調整高度的粗橫木，再直接以螺絲釘固定即可。在陽台裝設基底粗橫木時，需要緊密接合腰壁和窗框下方的牆面後再固定。

逃生設備與法規等注意事項

而不論工程項目為何，都必須留意的就是排水口和逃生梯的位置關係。裝設在陽台走道的逃生口，須留有足夠的升降動作範圍再鋪設木製走道。

排水口的部分也不能鋪設走道木板，理由是會有植栽的落葉和灰塵堆積，隨著雨水和澆花後的泥水會一起流向排水口，很有可能造成排水口堵塞的現象。如果要加裝排水口蓋，必須是容易開合的設計，也要提醒客戶定期察看排水口狀況，做好清潔工作。

最後要注意的是容易被遺忘的法規問題。建築基準法有規定陽台的扶手高度距離地面限制為1.1m以上，所以在木製走道上設置扶手，若低於這個高度會被視為違法設施。這個時候可以選擇在扶手兩端不要鋪設木板材，各自留有30cm以上的空隙，這樣就不會有違法問題〔※〕。

〔各務兼司〕

開口部細部圖（S=1:30）

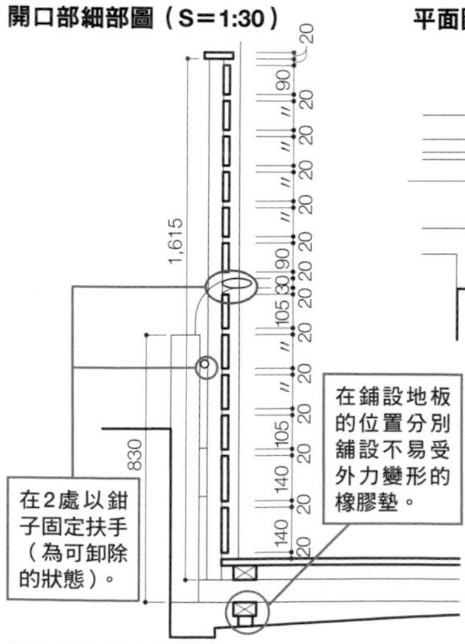

1,615

830

在鋪設地板的位置分別鋪設不易受外力變形的橡膠墊。

在2處以鉗子固定扶手（為可卸除的狀態）。

平面圖（S=1:120）

750 1,500 1,500 1,500 900 575.1

750 750

排水溝

鋪設陽台踏板的起始線

木造陽台20×140@115

將木板分割成可搬運的大小

陽台木造踏板重量計算

陽台木材 0.02×0.14×1.65×5根=0.0231≒0.024㎥
粗橫木材 0.045×0.07×0.75×5根=0.0118≒0.012㎥
0.024+0.012=0.036
鋸葉風鈴木材的比重 1.05t／㎥
1片踏板的重量=0.036×1.05=0.037t≒37kg

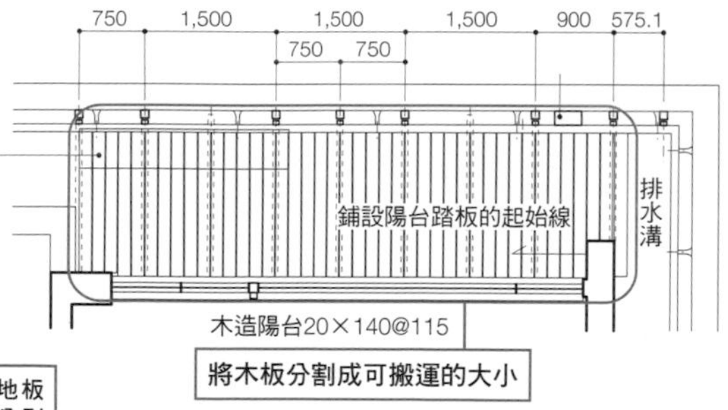

整修後的陽台

透過鋪設木板走道的方式，提升與室內空間接續感的陽台設計，扶手側有裝設遮蔽外部視線的木板材。

※　如果要追求較高層級的設計感，可以在腰壁前方搭建和走道相同材質的木板牆。但由於會違反管理規定，所以不能在牆上裝設錨栓，在這樣的情況下，可利用鉗子夾住原有扶手等方式來固定基底材。

Part 12

活躍於現場的施工圖

- 翻修工程不可或缺的原有現存狀態圖、拆解作業圖
- 製作翻修建材表、設備配置圖的重點
- 壓低追加費用的補強計劃圖
- 專欄　讓工程得以順利進行，現場說明的重點

應該有不少的設計師認為製作施工設計圖的相關手法，和搭建新屋沒什麼大的差別，但是住宅翻修工程和從一無所有的土地，再靠著設計圖一磚一瓦搭起的新房子，其實還是有不同處存在。由於翻修工程是將原來的住家空間當作是土地來重新規劃，所以要先從製作出正確的原有住宅狀態圖開始。

在這個階段需透過實際測量，以設計方向來思考該如何運用原有住宅的構造和設備。若決定沿用原來的基底材和覆蓋材，也需要將自己的想法準確傳達給施工者，向對方明確表達「需保留和不需保留的部分」，清楚劃分拆除範圍。

工程進行時，因應現場狀況改變計劃的部分也是住宅翻修工程的一大特色。大規模的變更計劃包括木造獨棟住宅的構造補強計劃變更（拆除後）等作業內容，這時候可以參考地板構造圖等圖表內容，憑感覺進行修正。

在這裡要說明住宅翻修工程的施工圖製作方式，並介紹除了圖表以外，應該傳達給施工方知道的各種意見等，以自身經驗敘述如何讓工程現場作業更為順暢的心得。

現存狀態平面圖需調查的內容（S=1:150）

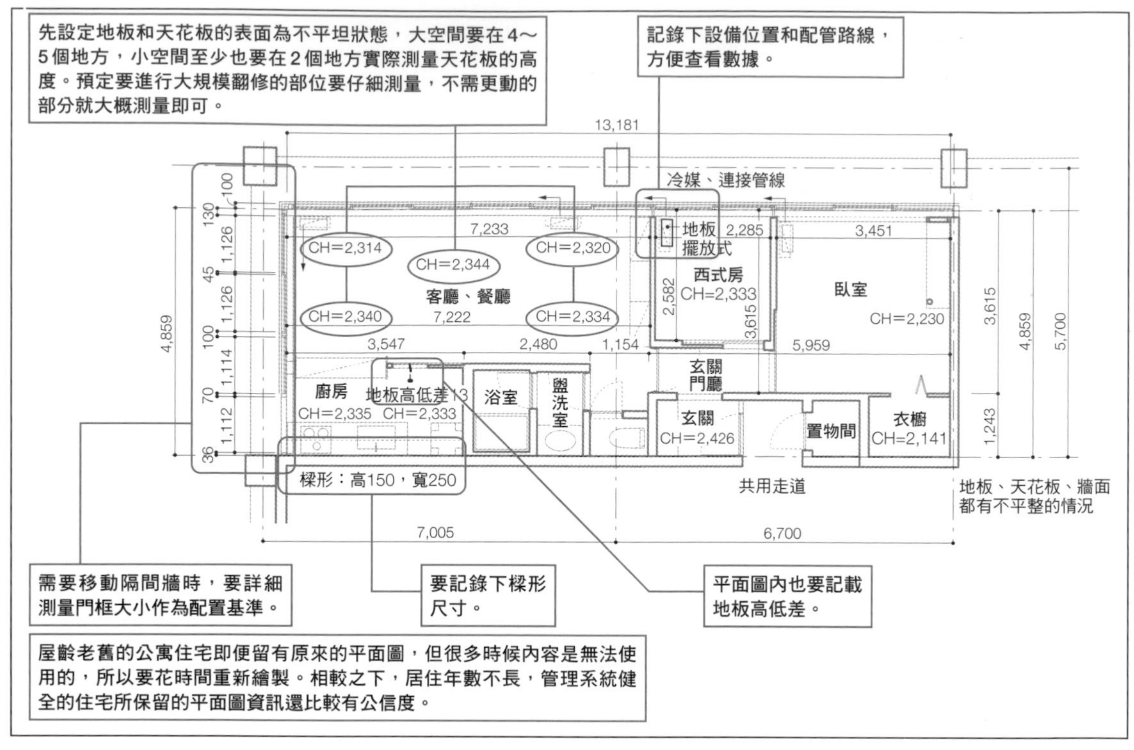

先設定地板和天花板的表面為不平坦狀態，大空間要在4～5個地方，小空間至少也要在2個地方實際測量天花板的高度。預定要進行大規模翻修的部位要仔細測量，不需更動的部分就大概測量即可。
記錄下設備位置和配管路線，方便查看數據。
13,181
冷媒、連接管線
7,233
地板擺放式
2,285
3,451
CH=2,314
CH=2,344
CH=2,320
西式房
CH=2,333
臥室
客廳、餐廳
CH=2,340
7,222
CH=2,334
CH=2,230
3,547
2,480
1,154
5,959
玄關門廳
廚房
地板高低差13
浴室
盥洗室
CH=2,335
CH=2,333
玄關
CH=2,426
置物間
衣櫥
CH=2,141
樑形：高150，寬250
共用走道
地板、天花板、牆面都有不平整的情況
7,005
6,700
需要移動隔間牆時，要詳細測量門框大小作為配置基準。
要記錄下樑形尺寸。
平面圖內也要記載地板高低差。
屋齡老舊的公寓住宅即便留有原來的平面圖，但很多時候內容是無法使用的，所以要花時間重新繪製。相較之下，居住年數不長，管理系統健全的住宅所保留的平面圖資訊還比較有公信度。

現存狀態圖和拆解作業圖的研究心得

住宅翻修工程在規劃施工圖時，現存狀態圖和拆解作業圖是很重要的資訊來源。

住宅的現存狀態圖並非只是按照透過管委會所拿到的平面圖資訊來描繪，而是要經過現場調查所進行實際測量，來繪製內容準確度相當高的平面圖。

筆者所屬的設計事務所是使用雷射探測器，來精確描繪出詳細尺寸的現存狀態圖，其中要特別重視的是平面圖〔圖1〕和天花板構造圖。重點是要正確標示出門框、窗框、天花板高度，以及空調的天花板送風口位置。設定中心基準線，將無法直接以肉眼看見的構造標示在圖上，就會很好判斷不確定的樑柱，到底是否房屋構造還是設備位置。在實際調查時，就要掌握不確定構造和設備的情報，將調查內容和之後的拆除作業情報相互整合。

拆解作業圖如果是將所有的覆蓋材以及基底材都拆除（丟棄）的大規模翻修，那麼只要將剩餘的結構和設備標記在圖上，但若是要沿用原來的基底材，就必須要清楚標明作業指示。若因為某種原因而搞錯了拆除（丟棄）部位，不但要花時間處理後續的拆除＋廢材回收＋部位重建的衍生作業，也會導致整體的翻修費用急速增加。為了不要讓施工現場發生錯誤，最好還是要準備好需要使用的平面圖資訊。

製作平面圖的重點是不要標示太多情報在1張圖內，一旦指示過多，施工方就很容易發生錯誤。為了降低這樣的施工錯誤風險，筆者所屬的設計事務所會準備包括地板拆解圖，以及牆面（以及其他）拆解圖在內的多張區域拆解圖（若是工程內容過於複雜，也會準備天花板的拆解圖）〔圖2〕。技巧在於使用大張的平面圖（報價時為1／50左右，現場參考用則為1／30的大小），利用不同顏色來區別也更容易分辨，還要用文字在圖中記錄下「保留設施清單」。

也要特別注意牆面等部位的部分拆除作業，如果要沿用原來的基底材，不只要清楚交代拆除範圍，也要明確指示拆除作業是要由拆除工人進行（費用低速度快，但作業現場雜亂），還是要由木工人員來進行（費用較高，但工作態度謹慎）。

如何有效利用覆蓋材清單表？

除了現存狀態圖和拆解作業圖以外的平面圖，在搭建新屋時也會用

拆解作業圖按部位標示看起來容易理解！

拆解作業圖內容要注意不要讓施工現場出現混亂場面，也要分別製作牆面和地板的拆解圖。要在繪圖內容中標明拆除作業的相關設施狀態，最好不要像平面圖那樣記錄下設施尺寸。下圖為牆面拆解作業圖。

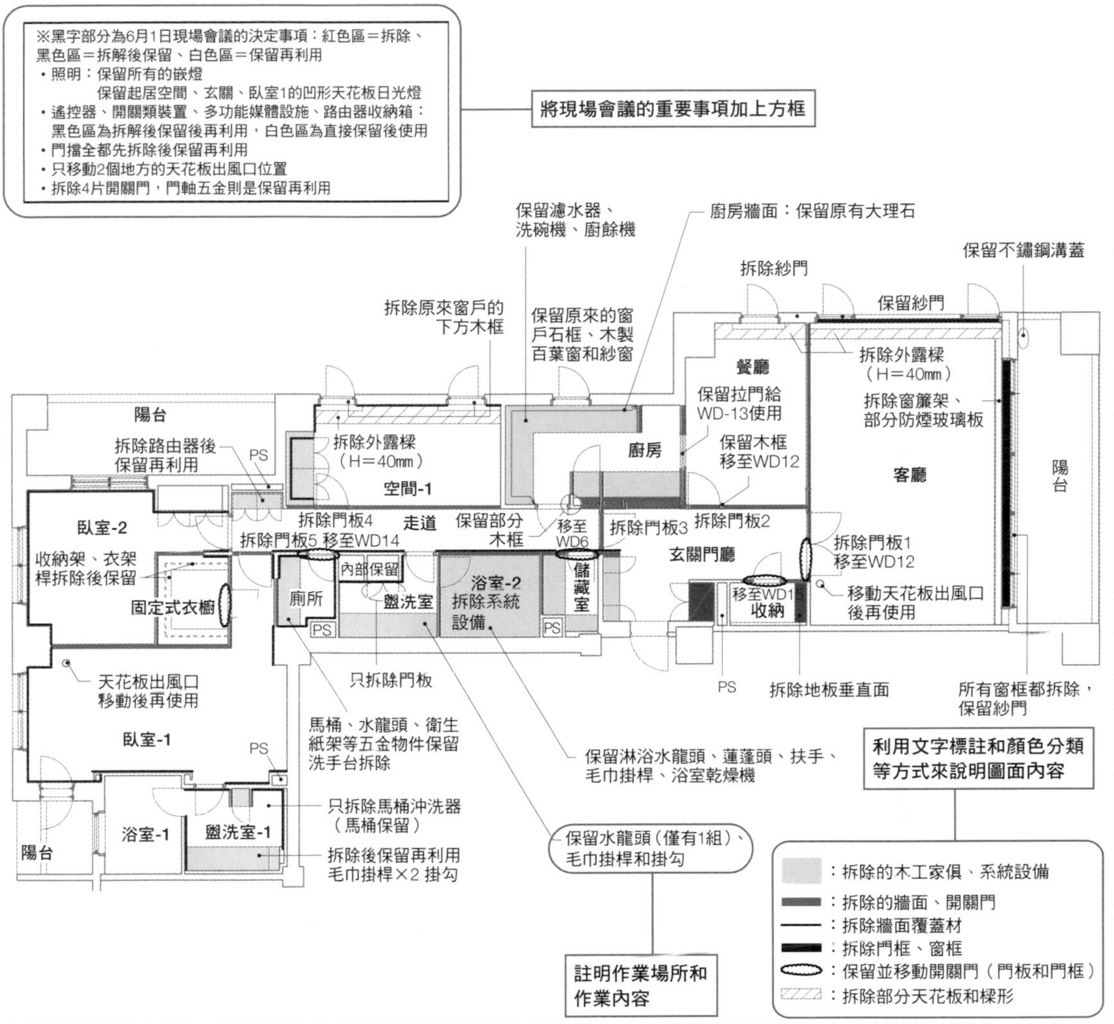

※黑字部分為6月1日現場會議的決定事項：紅色區＝拆除、黑色區＝拆解後保留、白色區＝保留再利用
- 照明：保留所有的嵌燈
  保留起居空間、玄關、臥室1的凹形天花板日光燈
- 遙控器、開關類裝置、多功能媒體設施、路由器收納箱：黑色區為拆解後保留後再利用，白色區為直接保留後使用
- 門擋全都先拆除後保留再利用
- 只移動2個地方的天花板出風口位置
- 拆除4片開關門，門軸五金則是保留再利用

將現場會議的重要事項加上方框

保留濾水器、洗碗機、廚餘機
廚房牆面：保留原有大理石
保留不鏽鋼溝蓋
拆除紗門
保留紗門
拆除原來窗戶的下方木框
保留原來的窗戶石框、木製百葉窗和紗窗
拆除外露樑（H＝40mm）
拆除窗簾架、部分防煙玻璃板
餐廳
保留拉門給WD-13使用
保留木框移至WD12
陽台
拆除路由器後保留再利用
PS
拆除外露樑（H＝40mm）
廚房
客廳
空間-1
臥室-2
拆除門板4
走道
保留部分木框
移至WD6
拆除門板3
拆除門板2
拆除門板5 移至WD14
玄關門廳
拆除門板1 移至WD12
收納架、衣架桿拆除後保留
內部保留
浴室-2 拆除系統設備
儲藏室
移至WD15 收納
移動天花板出風口後再使用
固定式衣櫥
廁所
盥洗室
PS
PS
只拆除門板
PS
拆除地板垂直面
所有窗框都拆除，保留紗門
天花板出風口移動後再使用
馬桶、水龍頭、衛生紙架等五金物件保留洗手台拆除
保留淋浴水龍頭、蓮蓬頭、扶手、毛巾掛桿、浴室乾燥機
利用文字標註和顏色分類等方式來說明圖面內容
臥室-1
PS
只拆除馬桶沖洗器（馬桶保留）
浴室-1
盥洗室-1
陽台
拆除後保留再利用毛巾掛桿×2 掛勾
保留水龍頭（僅有1組）、毛巾掛桿和掛勾
註明作業場所和作業內容

：拆除的木工家俱、系統設備
：拆除的牆面、開關門
：拆除牆面覆蓋材
：拆除門框、窗框
：保留並移動開關門（門板和門框）
：拆除部分天花板和樑形

到，為了讓翻修工程順利進行，也同樣需要花心思製作。例如覆蓋材清單表，只要在清單上標記某些項目，就能提升表格的利用價值。

除了按照空間和部位分別標示覆蓋材外，還必須標明拆除程度，以及使用何種基底材來搭配覆蓋材，善用清單表，讓翻修作業順利進行〔**130頁表格**〕。重點在於將地板、牆面、天花板都分別標明「基底材」和「覆蓋材」的選項，再分別記錄下內容。基底材的項目可以按照「移除地毯，合板基底材外露」的方式記載，而覆蓋材則是以「新毛氈＋新地毯」的方式記載，這樣就能明確看出拆除與施工的範圍，也能夠大幅減少與施工方提供的詳細報價內容有出入的部分。

也要特別注意以空間名稱標示的方式。以往作為臥室使用的空間，在經過翻修後可能會變更為書房的情況，而這樣的事例也很常見。不但要將翻修後的名稱標示為「書房」，還要另外標明「舊臥室」，這樣就能避免讓施工現場發生混亂。

另外像是新屋會用來記錄重點的補充事項欄位，也可以拿來善加利用。筆者所屬的設計事務所是會整理出保留和移動的部分，以及需要修補的項目等情報內容，並記錄在

表格 仔細分類的覆蓋材表格

內部覆蓋材表（部分摘錄）					
	地板				
	基底材	覆蓋材		護壁板（mm：高度）	
玄關前方地面＆門廳	移除原有大理石（包括水泥基底），再放入合板加高，保留部分大理石	前方地板：原有大理石 門廳：地板材A，設置新的玄關木框	±0 +38	新設置的木頭護壁板（橡木刷白）	45
客廳、餐廳	移除原有大理石（原來的玄關門廳部分）和原有地毯，合板基底外露，部分空間增設地板暖爐	地板材A	+38	新設置的木頭護壁板（橡木刷白），一部分無裝設護壁板	45
廚房	移除原有地毯，合板基底材外露	地板材A	+38	新設置的木頭護壁板（橡木刷白）	45
書房（舊獨立空間）	移除原有地毯，合板基底材外露	地毯D	±0	新設置的木頭護壁板（華東椴OSCL）	60
走道1	移除原有地毯	地毯D一部分有斜坡	±0、+38	新設置的木頭護壁板（橡木刷白），要注意斜坡的接合	45
走道2	移除原有地毯	地毯D	±0	原有護壁板	60

清單內容中。而「調整原來的門框位置，讓開合度更為流暢」的翻修訊息，則是會記載在補充欄位上。

最後要來說明電力關係配置圖的部分。房屋結構翻修工程幾乎就和搭建新屋一樣，如果沒有太多的工程預算，大部分都不會針對所有空間進行全面性的升級整修，而是會以LDK為重點，以不同規格方式來進行各區域的翻修作業。在這樣的情況下，需要思考原來的照明設備，以及將空調移往臥室，或是再利用等項目的細節配置方式，而配置圖在此時就能派上用場〔圖3〕。

不論是要沿用原有設施，或是先拆除再移動位置，還是要安裝新設備，重點是將這些資訊內容以不同顏色記錄在圖上。特別是在進行公寓翻修作業時，對講機和警報器等機器類設施，很容易會因為不經意的碰觸而直接通報管委會，導致工程進度上的混亂。至於住家周邊的鄰居，也很有可能因為受到翻修工程影響，而向管委會提出抗議，為避免造成不必要的事端，所以必須要平面圖上詳細記錄下各項裝置的

圖3 避免讓施工現場出現混亂場面的電力關係配置圖

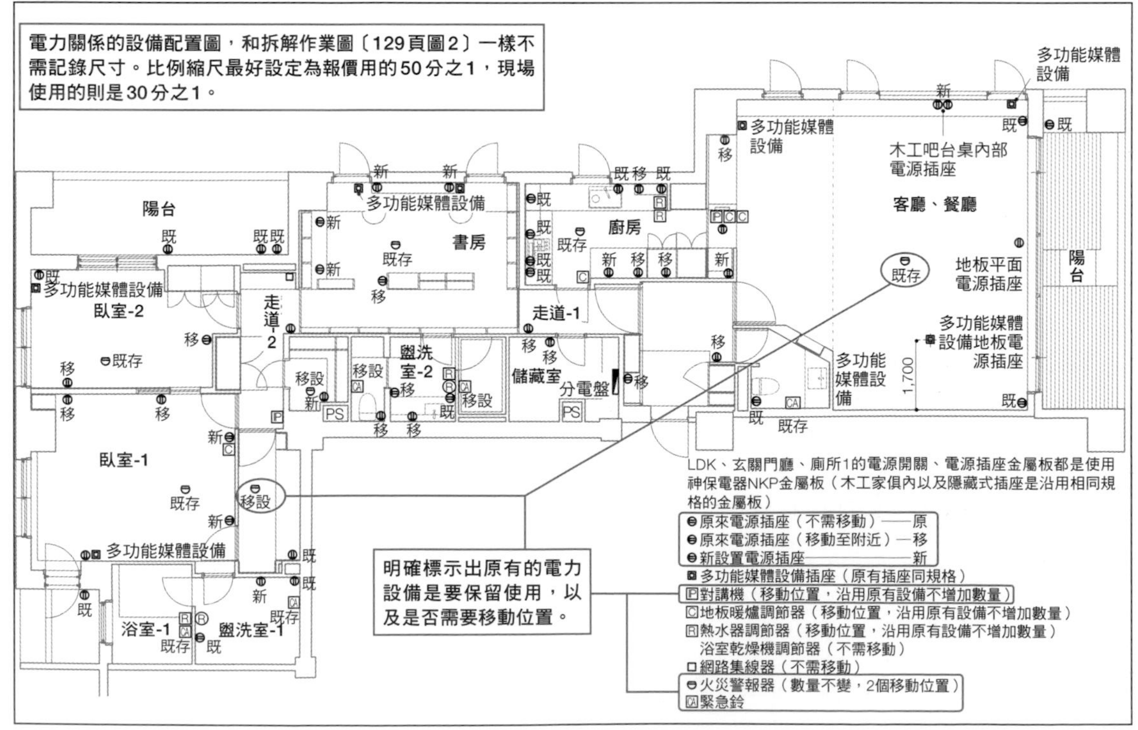

處理方式。〔各務兼司〕

木造住宅翻修最重要的是構造圖！

木造住宅的施工圖的重點在於如何壓低不在設定範圍內的追加項目費用。開始施工後的高額追加費用，不但會影響到設計案的存在與否，也會連帶拉低設計師在市場上的評價。因此施工圖上最好是盡可能詳細記錄與費用相關的所有情報〔※1〕。

會嚴重影響木造獨棟住宅翻修費用的則是構造的整修範圍，特別是耐震翻修和隔間變更、牆面和樑柱的移動和增加，就必須考慮到部材強度，以及思考要整修到何種程度，也要決定住宅架構與接合方式。一開始進行拆除作業或許有很多不是很瞭解的部分，但要在事前調查時，努力降低會發生錯誤的風險。而整個過程的順序敘述如下。

首先是以現場調查所獲得的情報為基礎製作現狀構造圖〔**132頁圖4、133頁圖5**〕。調查最好是針對屋頂內、地板下方進行調查與實際測量，也要詳細記錄是否有對角支撐木，以及樑柱的接合位置。

接下來則是隨著住宅格局的變更來製作配置圖，在確認樑柱和牆面的直下率後，接著製作補強計劃圖〔**132頁圖4、133頁圖5**〕。以樑柱距離表為基礎，來推估是否要裝設輔助樑，如果不清楚原來的樑柱尺寸，就要預估裝設輔助樑能承受的重量再決定尺寸〔※2〕。

總之，這個階段需明確標示於圖上的內容是輔助樑的有無，因為這部分會大幅影響費用，而並非樑柱的尺寸。要確實標明哪些部份需要進行補強，有個比較誇大的說法是即便平面圖上只記載「樑柱補強範圍」，有些技術熟練的工程公司就能直接大概估算出需補強的價格。

實施設計就是以這樣的補強計劃案為基礎來進行耐震診斷，而且要確保評分在1.0以上（即便發生震度6級的大地震，房屋也不會倒塌）。接著記錄必要的補強五金，把費用加進工程費用內，就能在幾乎不需追加費用的狀況下完成補強作業。

但由於住宅受到白蟻侵蝕的部分，無法從外觀判別，所以一定要拆除原有設施後，才能掌握白蟻的損害程度，嚴重的話有可能連2樓的地板樑柱都會被啃蝕。而這個部分的費用，並不包含在報價項目內，要當作是實際花費，所以要另外算在其他用途的費用裡。

〔中西HIROTSUGU〕

矚目 補強地板構造圖〔132～133頁圖4、圖5〕來深入瞭解！（參照4～7頁）

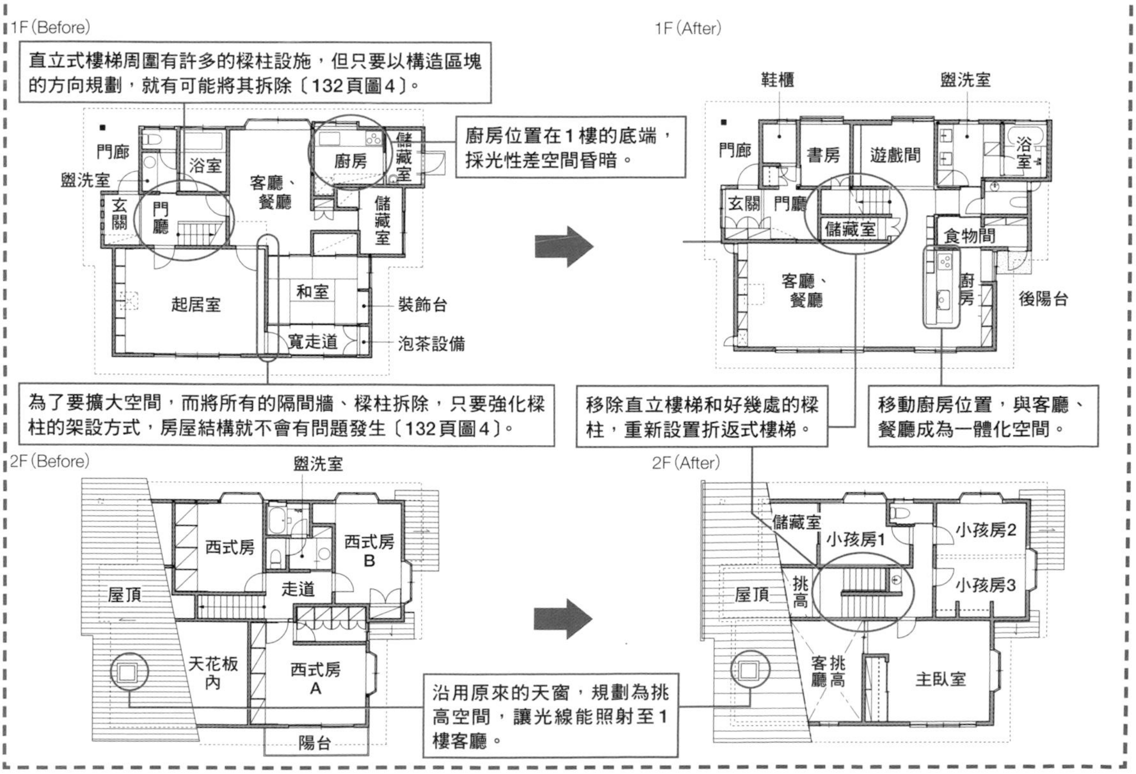

※1　即便製作非常詳細的平面圖，在施工現場還是有可能無法完全按照圖上指示去執行。如果圖上資訊過於詳細，可能無法讓施工者得知正確尺寸數據，因此筆者所屬的事務所製作的施工圖只會記錄報價所需的情報，詳細的尺寸數據則是會記載在現場指示圖上。

※2　施工期間會在拆除設施後，進行房屋結構的調查，並配合狀態製作補強圖。這個時候會再一次進行耐震測試（基本上是採取一般診斷法），有再次檢測的必要。

column

讓工程得以順利進行，現場說明的重點

光靠平面圖無法正確傳達想法

翻修工程的設計是不論多麼詳細在平面圖上記錄下文字，還是有許多內容是無法光靠設計圖來得知的。所以說翻修方針和報價條件的部分，還是需要在現場直接做說明。

在進行住宅翻修工程時，設計方要事先確認搬運建材和保護設施條件等狀況，並將情報傳達給施工方知道。如果有多家業者在報價競爭時，一旦業者將意見調查交由管理方負責時，管理事務所就必須一一向業者說明相同的內容，這個部分可以當作是設計方的業務範圍內工作。特別是保護設施是否要每天拆除，以及設施搭建範圍等事項都需要進行確認。

具體的討論會議

獨棟住宅的翻修經常發生問題的是工程使用的電費和水費的負擔區分方式。雖然會因為工程規模和工程時間長短而有所出入，但是就申請使用的手續，以及工程公司經費的角度來看，將屬於原本設施的部分，計算在客戶另外付費的部分，會比較能夠壓低整體的工程費用。其他像是工程車使用停車場的有無，以及家用品是否要進行處理等資訊，這些很難從平面圖上得知的內容，需要另外準備其他的現場說明資料，接著再委託業者進行報價。

至於工程的部分，除了在平面圖上標明拆除範圍以外，必須在現場進行討論會議。原來的覆蓋材和基底材要如何運用，以及有哪些需要拆除的部分，最重要的是這些問題都要取得雙方一致的共識。另外也必須注意新設置的設施接合狀況。不只是要準備詳細的圖面資料，也要認真討論施工順序。

下方的表格為公寓住宅和獨棟住宅各自需注意的事項，開會討論時務必參考此表格內容。

（各務兼司、中西HIROTSUGU）

表格｜施工圖無法傳達的項目訊息

		項目	說明
現場周邊狀況	公寓	□共用部分的保護措施範圍以及拆除條件	可以在施工期間設置保護措施，但是要確認每天都要拆除。管理嚴格的公寓，可能會禁止放置保護措施設備和膠帶的使用
現場周邊狀況	公寓	□搬運建材的進出路線以及推車型式需事前報告獲得許可	要確認工程公司業者的進出路線，以及使用推車的限制。需要大規模搬運時，有義務要在幾天前向管理事務所報告
現場周邊狀況	公寓	□共用走道的天花板高度和寬度， 以及搬運建材時使用的電梯尺寸和使用規則	確認長形的木工材以及大型的木工家俱（向家具業者訂購等情況）是否能以電梯運送，無法運送時要走樓梯徒手搬運
現場周邊狀況	公寓	□施工時段的確認	一般來說是9～17點，但是要確認能進入現場的時段，以及會產生噪音的時段（最好是9點前進入現場，17點開始收拾整理後離開）
現場周邊狀況	獨棟住宅	□施工時段的確認	不同於公寓翻修，施工時段比較沒有限制，但還是要注意是否有地區規定，或是有周遭鄰居期望的指定施工時段
現場周邊狀況	獨棟住宅	□前方道路的使用	私人道路的作業使用道路（位置指定道路），需要獲得每位擁有者的使用許可
現場周邊狀況	獨棟住宅	□是否有停車場和建材放置場所	進行拆除作業以及搬運大型設備時，住家前方最好有停車空間，一定要確認是否有足夠空間
施工現場	公寓住宅、獨棟住宅共通點	□地板基底的拆除範圍	一定要確認基底的拆除範圍（公寓是否要更換為雙層地板，獨棟住宅則是要將確認範圍是否包括粗橫木、基底粗橫木、立立短柱和柱腳石）
施工現場	公寓住宅、獨棟住宅共通點	□窗框、 護壁板、 飾條的再利用範圍	無法在平面圖內詳細標明的部材，就不需要標明，最好是在現場以繪圖等方式說明
施工現場	公寓住宅、獨棟住宅共通點	□是否需要處理家用品	一定要向客戶說明「家俱和家電的處理需要付費」
施工現場	公寓住宅、獨棟住宅共通點	□空調的拆除、 保管、 移動設置	舊式空調拆除後就很難再裝設回去，這部分要特別注意
施工現場	公寓住宅、獨棟住宅共通點	□是否有需要申請使用的部分 （包括放置家用品）	居住在住宅內邊進行翻修工程，以及將家用品放置在同個空間集中保管時，必須確定作業順序。在工程進行時移動家俱，如果家俱出現損傷或故障，施工方不必負責
施工現場	公寓	□地板基底的限制	若想要提升隔音效能，按照管委會的規定，不只要鋪設地板材或石材，有時候還會指定要裝設地毯基底
施工現場	公寓	□設備配管的更換範圍	事前需確認要全面更換，還是只需要更換部分區域配管。如果要更換直立管的連接部材，由於會影響到共用部分，還是需要向管委會提出申請
施工現場	公寓	□住宅軀體結構裝設錨栓	有些公寓住宅禁止在鋼筋水泥結構裝設錨栓，要特別注意
施工現場	公寓	□陽台	有些公寓住宅禁止將建材擺放在陽台，要特別注意
施工現場	公寓	□量表裝置的安裝	量表裝置要安裝在共用部分，在施工時要取得管委會的許可
施工現場	獨棟住宅	□外牆、 屋頂	施工順序確認（屋頂材更換 or覆蓋工法，屋頂合板更換或重疊鋪設，以及屋頂結構材的利用）
施工現場	獨棟住宅	□設備配管的更換範圍	確認是只有住宅內部更換，還是連同外部全都更換（更換or塗漆or覆蓋工法）
施工現場	獨棟住宅	□雨水引管、 屋頂側材的整修範圍	確認整修方式（更換or塗漆or覆蓋工法）
施工現場	獨棟住宅	□是否要設置臨時廁所	若要使用原來的廁所需取得客戶許可
施工現場	獨棟住宅	□外部整修範圍	確認整修範圍是否包括住宅邊界線的圍牆、玄關走廊以及停車場等區域

Part 13

現場監工的訣竅！

- 工程進行時周遭鄰居的顧慮
- 保護設施、標示作業基準線的心得
- 原有建築物的判斷推估能力
- 手繪的現場指示圖
- 專欄　工程相關的客戶考量

對沒有任何住宅翻修工程經驗的設計師來說，施工現場的監工作業的確會產生極大的不安，而這樣手足無措的感受，也當然會連帶影響到現實中的工程作業進度。住宅翻修工程和搭建新屋相比施工期較短，再加上有各種工程需要同時進行，而讓施工現場經常會發生無法預期的狀況，所以應該要以寬廣的視野，並抱持著快速且開放的工作態度，來決定工程中的一切瑣事。

公寓住宅和獨棟住宅的共通點在於都會出現空間歪斜的現象，但由於空間的歪斜狀況若不進行拆除作業，就無法掌握正確的歪斜程度。因此在設計時要以空間的歪斜為前提，思考哪些翻修方式能夠改善歪斜問題，再將想法傳達給施工者知道，這樣的情況會在施工期間一直反覆發生。

與搭建新屋相比，住宅翻修工程的經費相對較低，所以很常會選擇由施工費用不高的工程公司負責。這個時候如果將作業現場都交由施工方負責，那麼就有可能出現不在設計師規劃內的空間裝潢方式。所以在現場除了要詳細說明施工圖的內容，也可以透過手繪現場圖等方式來讓施工方容易理解。

照片2　需標註的內容和使用道具

抱持能讓後續作業更有效率的想法來測量基準線，不只是牆面中心線和垂直面需要測量，也要在地板上標明覆蓋材的厚度和邊緣尺寸、開關門的有效尺寸。

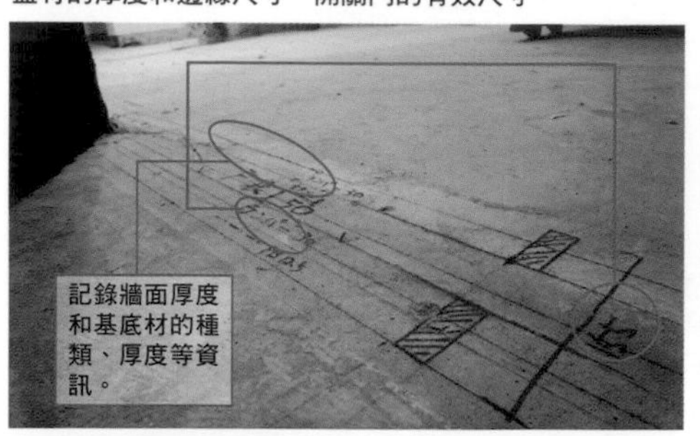

記錄牆面厚度和基底材的種類、厚度等資訊。

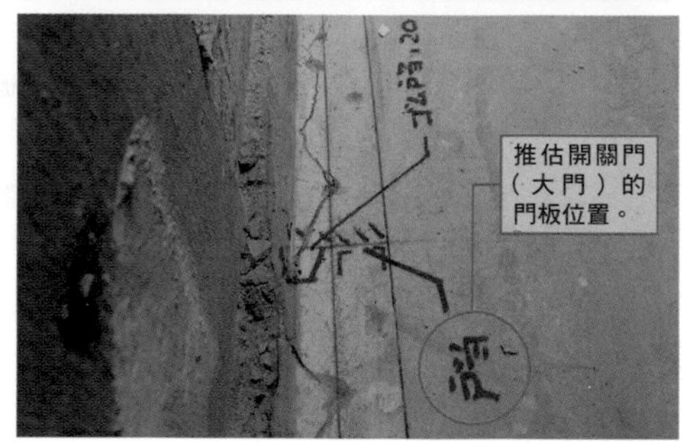

推估開關門（大門）的門板位置。

測量標註時所使用的 11 種道具

①雷射測量器（基準器）…以雷射光照射出水平線和垂直線的機器。需要在黑暗處才能看清楚的雷射光，最適合在翻修工程時使用　②雷射受光器…即便是不容易看到雷射光的場所，只要將此受光器貼近，測量器就會發出聲音，告知雷射光位置，是1個人作業時方便使用的機械　③高度、水平測量器　④測量線…在雷射光測量出的基準線等部位，拉開黃色測量線作記號，重點是要輕拉不要讓線鬆開，要呈現直線延伸狀態　⑤測量記錄器　⑥角尺…能對應公制（m、cm單位）或是尺貫法，還能用來計算屋頂斜面等部位尺寸　⑦黑墨　⑧捲尺、量尺　⑨毛刷…能在地板上畫黑線的重要道具，尤其是在拆除作業結束後，有很多時候都需要使用這項必需品做記錄　⑩自動鉛筆　⑪油性筆

以空間歪斜為前提的測量標示

公寓翻修工程中，最令設計師感到不安的，應該是就是拆除作業〔※5〕。有時候還需要根據現場狀況，而被迫修正計劃內容。拆除作業如果能順利完成，真的會讓人放下心中一塊大石，不過後續的測量作業也絲毫不能大意。而拆除後的實際狀態，以及不得不做出改變的應對方式，或是測量時無法做出修正，這些都會嚴重影響整體的空間構成、施工日程以及預算花費。

實際上，許多設計師會將測量作業，交給施工人員負責，但如果是空間歪斜程度嚴重的施工現場，設計師應該決定測量記錄的方針，掌握主導權，讓工程順利進行。輕微的歪斜和接二連三的錯誤尺寸，累積下來就會導致嚴重的空間歪斜狀態，恐怕會造成作業結束時，空間會無法緊密接合的狀況，所以要盡量避免出現無法放置原有家俱等空間協調性不佳的問題。

接著會說明經拆解後沒發現多大問題，但是卻有牆面沒對齊，以及在沒有直角的狀態下，要如何進行測量記錄的方法。筆者所屬的設計事務所作法是會先準備按顏色劃分的測量平面圖〔**137頁圖1**〕，並設定可能會成為基準的幾處原來牆面，圖面內容也會標示如何決定必要尺寸的具體過程。如果是在相同方向的2道原有牆面沒有對齊的狀態下，又要決定兩側的空間大小時，就必須設定某個位置作為平衡歪斜度的地點，所以要將這些平衡歪斜度的地點都標明在圖面上。

這個部分會記載為「多留空間」，只要先設定地點，接著以一般的尺寸為優先來進行測量，如果出現問題，就有多餘的緩衝空間，能夠作為現場臨機應變的解決方式〔※〕。不過還是要確認當初預設值和實際測量大小的誤差程度。此外，如果標示的尺寸出現錯誤，而在之後由設計師修正，地板上就會出現很多的記錄數字，這樣混亂的資訊一定會出問題，所以在記錄前要先仔細說明規定。

另一方面，施工人員需要在施工處標明更詳盡的尺寸記錄〔**照片2**〕。大部分都會直接在地板標明牆面中心基準、垂直面尺寸，但這並非有效率的方式。如果將現場的尺寸記錄帶回事務所，用這些數據來修正圖面內容，接著之後還要回到施工現場，這樣只會浪費時間。所以只要釐清現場有哪些較複雜的作業，並掌握覆蓋材的厚度、接合

※　前提是四周牆面都呈現歪斜狀態，才能使用這個方法。

表格 按屋齡推斷！木造獨棟建築的構造和隔熱設施

完工年	構造			隔熱
	基礎	耐力牆	接合部	
1981年以前	以無鋼筋水泥倒T型基礎結構為主流〔140頁圖2A①參照〕	木條基底牆（沒有設置對角支撐木，耐震性能差）〔140頁圖2A②參照〕	只以鐵釘或ㄇ型釘連接	無隔熱設施，或是放入厚50㎜的玻璃纖維（10K）〔140頁圖2A④參照〕
1981年～（施行新耐震基準、省能源基準）	必須是鋼筋水泥倒T型基礎結構	增加必要牆面厚度，並使用厚度30㎜的對角支撐木	使用直角接合金屬和羽木板螺栓等金屬小物連接	施工時不只牆面，就連天花板也要放入厚50㎜的玻璃纖維（10K）
1992年～（新省能源基準）	以鋼筋水泥倒T型基礎結構為主流	開始使用支撐角板	開始使用樑柱補強金屬（只限通柱）	施工時會在牆面、天花板放入厚100㎜的玻璃纖維（10K），地板則是會放入厚50㎜的聚乙烯塑板（1種）
2000年以後（建築基準法改正、次世代省能源基準）	有規定基礎尺寸和配筋方式，以鋼筋水泥格狀基礎結構為主流	必須均衡分配耐力牆位置（平12建告1352號），使用構造用合板作為耐力牆增加厚度	規定構造材的接合物和連接方式（平12建告1460號），接合處需要以金屬緊密連接〔140頁圖2A③參照〕	會在牆面內放入厚100㎜的玻璃纖維（16K），地板則是放入厚45㎜的聚乙烯塑板（3種）。近年來經常使用的高性能玻璃纖維，是採用能避免內部產生蒸氣的分層防潮設計，或是使用外鋪式的隔熱設施

尺寸和有效尺寸，直接將資訊記錄在地板上，在現場快速判斷哪些地方需要進行微調。〔各務兼司〕

獨棟住宅的翻修監工困難點是？

木造獨棟建築翻修工程現場監工的困難點可整理成以下2點，①必須進行拆除作業，掌握結構和設備配管的真實狀況，②施工期較短時，要先針對①可能會發生的問題找出解決方式。這些都是從失敗中累積經驗，磨練自身能力的好機會。

具體來說應具備的能力為①需要的是在拆除前觀察建築物狀態的推斷能力，②則是需要能夠在施工現場下達容易理解的明確指示能力。

以上內容也同樣能套用在公寓翻修的狀況，但是對可修改住宅軀體結構的獨棟住宅來說，還要再加上如何在拆除作業後，正確判斷構造的狀態，以及該如何提升耐震性能等困難點。

磨練自己的推斷能力！

這裡所指的推斷能力，換句話說就是「按照屋齡、內外部裝潢狀況，以及隔間方式來想像住宅架構，找出應該進行翻修的部位」，也就是能夠從建築物的屋齡來推估看不到的部分會呈現什麼狀態的能力。其中需要特別注意的則是構造和隔熱設施的部分〔**表格，140頁圖2A**〕。以屋齡在30年以上的老舊木造住宅來說，大部分都沒有在基礎結構中設置鋼筋，但是到了1981年（新耐震基準）之後所搭建的木造住宅，則是已經採用有鋼筋的連續基礎結構。

至於內外部裝潢的狀況，可以從外觀有無裂縫，或是雨漬殘留等細節來判斷建築物的老舊程度。如果內部的壁紙出現脫落和污漬，那就有可能有雨水滲漏的傾向。而且也要考慮到住宅構造軀體是否已經遭到腐蝕，這些都必須特別注意。

隔間的部分則是要掌握架構上的問題點〔**140頁圖2B**〕。屋齡老舊的木造住宅很容易出現1、2樓樑柱和牆面位置歪斜的情況，呈現出耐震性能不佳的狀態。所以必須到現場調查隔間、樑柱、牆面的位置，確認各個部位的直下率（2樓的牆面、樑柱和1樓牆面、樑柱位置是否一致的比例）。

另一方面，樑柱的判斷方式則不太相同。由於樑柱狀態沒辦法直接從外側判斷，但是可以從1、2樓的樑柱關係來推算樑柱位置（因為並不是百分之百都符合推斷內容，所

圖2 提升推斷力降低發生錯誤的風險！

A 可從屋齡推斷的木造住宅特徵

①基礎（1981年以前）

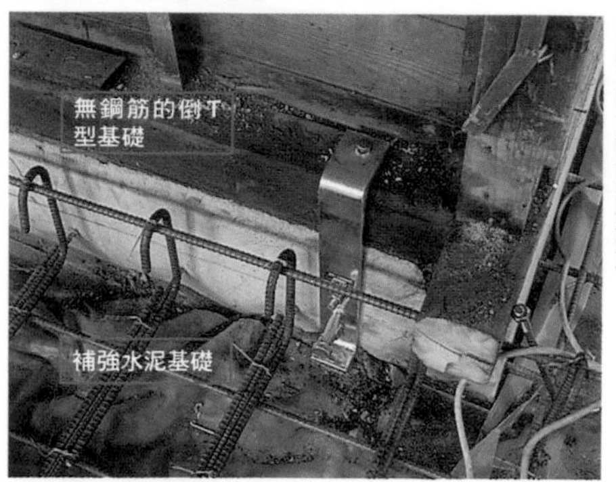

無鋼筋的倒T型基礎，1981年以前的建築多採用此方式。圖片為補強水泥基礎和地基之間的一體化加強設施。

②耐力牆（1981年以前）

木條基底牆，有設置薄型的對角支撐木，外牆為一般的水泥牆，不能說完全不沒有耐力，但是耐震性能不是很好。

③接合部（2000年以前）

在2000年的法規改正之前，沒有硬性規定柱腳要以金屬連接。圖片為新裝設的對角支撐木使用金屬緊密結的樣子。

④隔熱（1981年以前）

牆面完全沒有填充隔熱材的木造住宅，大部分1981年以前的木造住宅都是相同情況。

B 從隔間推斷構造軀體的位置

從上下樑柱位置關係推斷2樓地板樑柱位置的事例（S＝1:100）

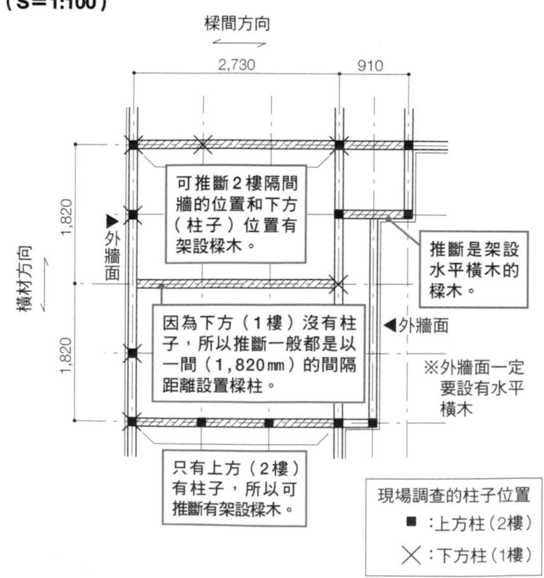

以推斷的左圖內容為基礎進行內部結構翻修的樣子，真實情況和推斷內容相符，只有2樓有柱子的部分有架設樑木。

以還是需要在拆除作業後進行調查，就實際狀況補強計劃）。

手繪圖的重要性

對於施工人員來說，會希望監工者能具備比較好的現場作業說明能力。住宅翻修和新屋最大的不同，在於翻修工程有很多部分的想法，無法直接呈現在施工圖上。

像是不夠平坦的地板和柱子中心偏離等資訊，就很難透過圖面傳達給現場的施工人員。因為空間的修繕頂多只能以原來的狀態為基準來思考變動方式，大部分都會在結束拆除作業後，才會針對邊緣的詳細尺寸進行調整。因此筆者在實施設計的階段，除了施工人員報價用的必須施工圖外，不會使用CAD電腦繪圖來製作，而是提醒自己在監工時準備手繪的細部圖和透視圖，於現場說明指示時使用（**圖3**）。

之所以需要使用到這項輔助道具，其中1個理由是就筆者的經驗來說，與其使用CAD電腦繪圖繪製詳細的圖面內容，以手繪方式呈現必要部分的平面圖，比較具備傳達設計者想法的效果。如此一來，就算和施工人員關係不是那麼親近，就算不透過言語說明，對方還是能直接從手繪圖中獲得資訊。

而需要針對設施邊緣的詳細尺寸下達具體的指示時，也可以使用手繪的細部圖作為輔助。這時如果現場有需要變更的設計，也不必重新繪圖，只要以紅筆在原圖上做記號修正，再將圖面交給施工人員，對方也會比較容易直接理解需要進行何種程度的調整。

另一方面，有關牆面、地板、天花板的接合、木工家俱擺設的部分，與其使用細部圖，最好是以手繪的平面圖或是透視圖來下達指示會比較有效果。使用這樣的道具，不但能直接表達出設計者的思考細節想法，也因為以設計者的設計想法為基礎，還能從施工人員處得到更為合理的設計構想。的確是值得推薦的手法！〔中西HIROTSUGU〕

圖3 手繪現場指示圖

①周遭細部圖

需要依現場狀況變更設計時，不用再重新繪圖，只要以紅筆標明修正處，不但節省時間，而且一眼就能看出修改部位。

直接寫下樑柱傾斜等尺寸調整內容。

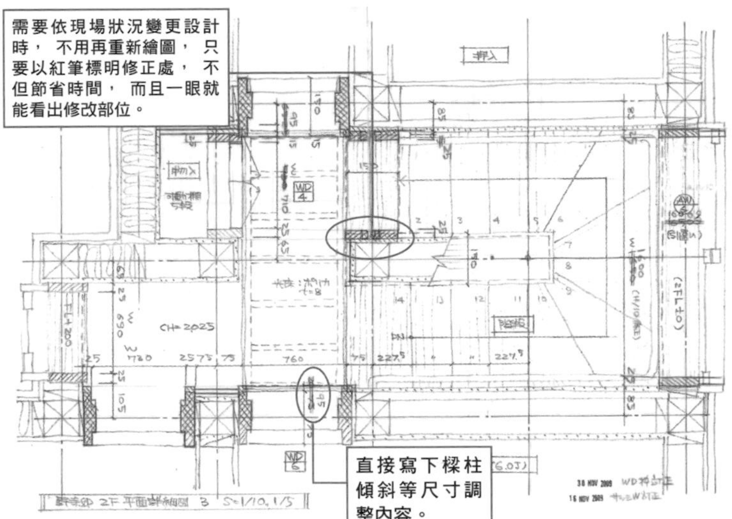

開口部邊緣細部圖。與其使用CAD電腦繪圖，手繪方式比較能將想法傳達給現場的施工專家知道。等到現場的拆除作業結束後，再依照現場的軀體歪斜程度來調整圖面內容。

②廚房手繪透視圖

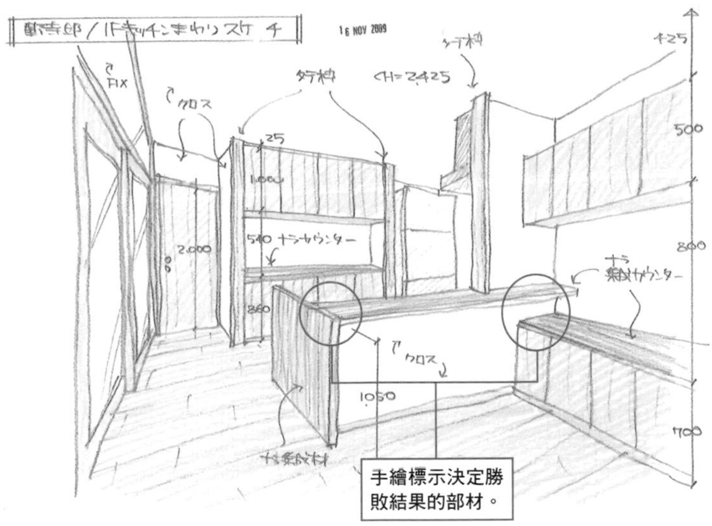

手繪標示決定勝敗結果的部材。

木工打造的廚房吧台桌，將收納設備的外觀和尺寸以立體透視圖呈現。塗上顏色後，視覺效果會感覺更逼真，也可以直接張貼在施工現場。

column

工程相關的客戶考量

要特別注意租屋時間！

本章節的內文主要是在說明住宅翻修工程的現場監工方式，重點是放在與施工人員之間的溝通互動手法。另一方面，也別忘了要向客戶仔細說明設計階段的施工相關資訊。

有時候太輕忽「翻修」一詞，若是要進行大規模的翻修工程，不管是不是的住宅結構翻修，原則上還是建議客戶要另外找房子居住。因為如果在居住的狀態下施工，有可能會另外衍生出防護措施和施工時間等，各式各樣限制性的問題，如此一來，會導致工程費的增加和施工期的延長，結果造成客戶更多的負擔。所以在設計階段的說明時，一定要獲得客戶的理解。

若是要針對整體建築物進行結構補強，最少也必須拆除大部分的內部裝潢，所以就現實情況來說，不太可能在客戶還居住的狀態下同時施工。而且如果是只保留地板和牆面的翻修作業，施工期間還會有許多的專業人員進出。不只是會增加防護措施和清掃等物理層面的負擔，甚至還會因為擔心遭竊或隱私曝光等因素，導致客戶的心理層面負擔加重。所以除非是只有部分住宅空間須翻修的情況下，才能讓客戶繼續居住。如果是以大規模的翻修工程為前提，那麼在與客戶的開會期間，也要針對另外租屋居住的考量作出討論。

在簽訂施工契約之前，必須要事先確認好租屋契約的時間。由於在翻修工程期間，有可能會發生不可預知的問題，而導致無法在原訂施工期內完工。因此，最好是在簽訂租屋契約時，預留一段緩衝時間，這才是聰明不會出錯的作法。

說明書的效果

翻修工程結束後，接著就是完工和交屋。雖然和新屋一樣進行完檢查項目後交屋，但是在此階段通常會拿到的交屋資料是使用說明書，大部分為設備機器相關的資訊，完全不會出現所謂的建築物相關說明書。

雖然現在還是會在新屋住宅交屋時，附上維持管理計劃等資料，但幾乎都只淪為一種形式，因為事實上對客戶來說，真的很難看懂居住方式和使用素材的部分說明內容。所以在入住後的一段時間後，很有可能會因為不適當的使用，或是錯誤的維護方式，而影響到居住空間的舒適度。

因此筆者便針對建築物的維持管理方法，整理出一連串相關內容的使用說明書，通稱為「說明書」，會在交屋時會轉交給客戶。當中的內容會註明所使用的素材特徵和保養方式等，有部分資料會直接影印目錄，堪稱是內容簡單易懂的使用寶典（**照片**）。除了會列出如何妥善對待建築物空間的知識，還具備有讓客戶能更瞭解設計理念，變得更加珍惜住家空間的附加效果。

而使用說明書的最大效用，則在於能立即解決客戶在交屋後的使用上問題。這樣就能省去在客戶感覺不太會使用設備時，還必須見面進行解說的後續動作，也由於內容充分說明居住方式和平常的保養方法，對於設計師和施工人員來說，也省下不少力氣。不過也就是因為市面上設備機器和新素材的不斷增加，有關居住方式的說明重要性才會與日俱增。

〔中西HIROTSUGU〕

照片｜「說明書」刊載的內容

① 「維持管理方針」一覽表

針對建築物的維持管理所整理出的各個部位概要，主要是列出檢查項目和檢查修補期的預定內容一覽表。

②各個部位的確認事項

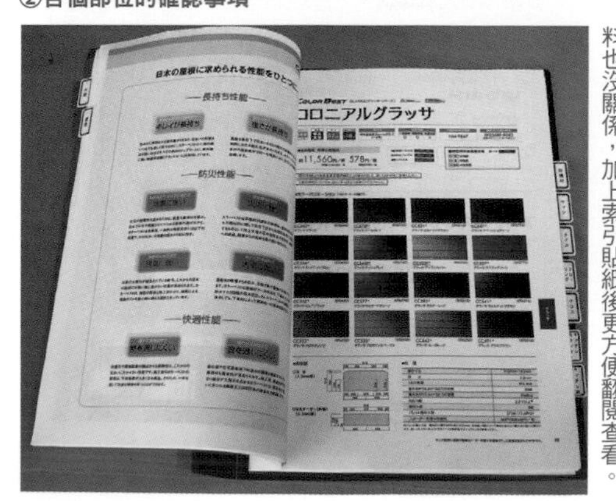

整理出各個部位的具體特徵和維持管理手法，即便內容有部分是直接從目錄上影印下來的資料也沒關係，加上索引貼紙後更方便翻閱查看。

Part 14

市場的擴大

- 公寓住宅的翻修技術提升
- 獨棟住宅（在來軸組構法）的翻修技術提升
- 分析各個構造的設計特徵
- 市場上的各種壓力
- 專欄　何謂最棒的升級改造方式？

經過漫長時間的等待後，「新屋時代」終於退燒，現在可以說已經是「住宅翻修時代」了。然而，卻很少聽說有設計事務所，想要轉型為專門經營住宅翻修領域的消息。筆者所屬的事務所轉戰住宅翻修市場也已有7年之久，但是實際上，平常有業務來往的設計事務所，從來沒有認真向公司詢問過這方面的設計相關問題，或是具體的事務所營運方式。

另一方面，這個市場也正在擴大中，以知名的連鎖修繕公司為首，房屋公司和家居設備廠商、工程公司，以及位在郊區的大型家俱賣場等，也都對這塊市場大餅虎視眈眈。這個現況也讓本身擁有豐富的法規、構造和設備相關知識，具備提案能力的設計事務所感到羨慕，發現到不能光是望著這片榮景，但卻遲遲不踏出那一步。雖然說設計師不一定要追隨市場走向，但是想在這個酬金達日幣1千萬以上的市場中佔有一席之地，也必須擁有新屋設計規劃層級的技術能力。具備豐富住宅設計經驗的設計師，應該能在此領域有大展長才的機會。同時也期望透過本書內容，讓更多的設計事務所和設計師都能投身至住宅翻修業界。

圖1 公寓住宅翻修市場的變化

	過去	現在
市場的趨勢	消費者：在1960～80年代購入公寓的世代（現在60～70歲） 需求：老舊化的設備機器、配管的更新，使用上不便的格局變更，以及無障礙空間	消費者：以中古公寓進行翻修為前提購屋的世代（30～40歲） 需求：符合自身喜好的住家空間，看中轉賣的投資價值，所以著重設計性
設計師的能力提升	重視硬體設備的提案能力 統整意見的能力 設備的擺設規劃能力	購買中古屋的意見諮詢 符合客戶生活型態的提案能力 投資住宅的增值判斷能力 與客戶一起完成設計的工作態度

有足夠收納空間的翻修事例

著重生活型態的翻修事例

30～40歲的年輕世代對全新公寓興趣全失

住宅翻修需求可分為獨棟住宅和公寓住宅2大類，首先要說明有關位在市區，近年來翻修工程需求量激增的公寓住宅翻修工程概要。

其中包括有原先主宰房市，在1960～80年代購入公寓住宅，現在60～70歲的夫婦，很多都是因為孩子獨立離家，以及年歲的增長，想要擁有更舒適的老年生活空間，而有住宅翻修的需求（圖1）。

不過近年來，卻有另一群人取代原有的購屋消費者，而讓中古屋市場蓬勃發展。只要針對中古屋需修繕的部分，大規模更新設備機器，就能夠按個人喜好，具體打造出合適的住家空間，而這樣的手法也在業界迅速地傳播開來。這些人就是對現今全新公寓價格高漲感到悲觀，轉而選擇投資中古屋的30～40歲年輕世代。

符合生活型態的提案為生存與否的關鍵

之前的住宅翻修方式，是只要告知住戶住家構造和設備弱點。因此設計師只要以高成本效益為出發點，提出納入老年生活必備的無障礙空間等設備在內的設計提案即可。另一方面，金錢預算比較吃緊，重視生活型態的新世代年輕人客戶，則是會從網路、報章雜誌，或是從各式各樣的公司資料中蒐集相關情報。其中也有為了之後可賣到好價錢的投資型客戶，設計師在與這些客戶接觸時，也需要具備一定的知識。

在提供客戶購買中古屋的意見時，對方除了會提出住宅的構造與設備相關問題，也會擔心上下樓的噪音，還會詢問具體的工程費用和施工日程。此外，也會徵詢居住方式與之後轉賣價差等相關意見。

實際上，有別於獨棟住宅，公寓住宅的翻修因為不需動到共用部分的構造（樑柱、牆面），所以施工規模較小，因此有很多以市區為主的翻修案，也都會有設計師參與其中。不只要提供硬體設施上的協助，還要再搭配上符合生活型態的彈性化設計，否則設計師就很難順利接下這個案子。

設計師的立場

接著要說明設計師在「購買中古屋→大規模翻修」流程的各種情況下，應該抱持的立場（圖2）。

在客戶購買中古屋前，設計師應

圖2 購買中古屋→公寓住宅（私有部分）翻修的流程

不變法則 3 提升作業效率，於施工期內完工

- □ 會產生噪音的時間點
- □ 與附近鄰居和管委會之間的關係
- □ 簡單明瞭的現場指示
- □ 拆除基底材的考量
- □ 搬運建材的進出方便度

etc.

簡單明瞭的現場指示圖

不變法則 1 包括硬體設施和彈性設計在內的綜合性判斷

- □客戶需求和空間的協調性
- □翻修作業的施工便利度
- □空房率、長期修繕費用
- □大規模修繕、翻修的履歷
- □住宅投資的價值判斷

etc.

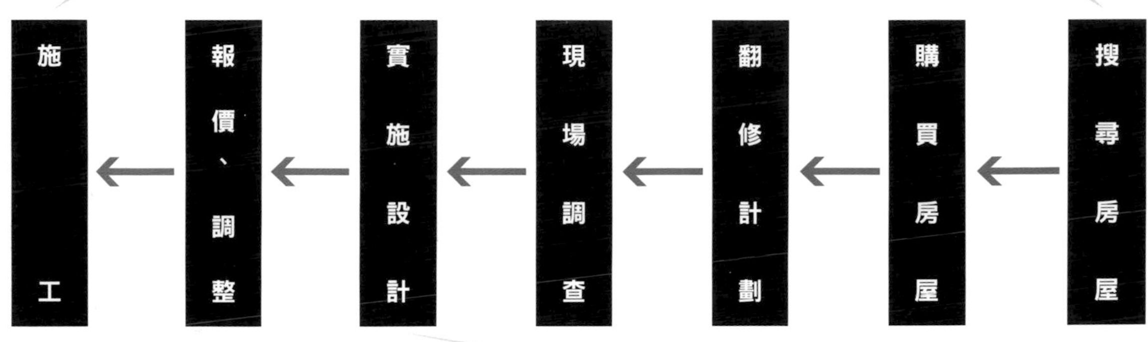

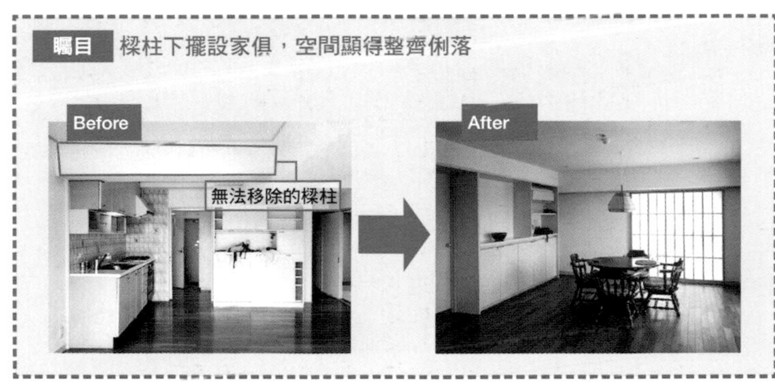

矚目 樑柱下擺設家俱，空間顯得整齊俐落

不變法則 2 以不能更動的部分為主軸來規劃

- □ 樑柱的處理
- □ 仰賴管道間、排氣管位置的用水區移動
- □ 營造開放性的空間
- □ 設備商品的尺寸

etc.

該告知住宅的可能翻修程度，雖然不必是具體的提案內容，但還是要掌握空間的明顯特徵，按客戶期望的生活空間規劃方式給予可行意見。

如果不需要更換設備，就要擬定住宅整體的修繕計劃，也要判斷合適的更新時間。而且大規模的修繕計劃，也能成為公寓管理體制是否健全的判斷基準，還有就是要站在不提房屋缺點的房屋公司反向立場，以第三者身分發表對房屋的個人意見。

若決定購買中古屋，接著要想辦法拿到原有住宅的平面圖。在調查管道間、地板下方傾斜面、樑柱位置等現場資訊後，再導引出用水區的可能移動範圍，以及無用處樑柱的處理方式。並以蒐集到的實際狀況為基礎，盡可能多準備幾種規劃內容，最後再選出最吸引客戶的提案內容。

到了施工階段，重點就要放在與鄰居之間的問候應對，以及有助於現場監工順利進行的對策。尤其是在拆除地板磁磚和破壞結構磚頭時會產生巨大噪音，所以要設定施工時間。並利用顏色分類和手繪平面圖等方式，在現場下達明確易懂的指示。

column

何謂最棒的升級改造方式？

對古老建築抱持崇敬之意的美國

筆者在完成美國建築研究所的學業後，有2年的時間都待在紐約的設計事務所工作。公司主要負責的是以曼哈頓為中心的老舊公寓、獨棟透天厝，以及位在郊區的新落成別墅的設計。客戶大部分都是歐洲知名品牌的老闆和其家人親戚，還有所謂的上流人士，以及從事電影業和歌手等擁有龐大財產的權貴階層。這些人喜歡購買獨具風格、歷史價值，和大有來頭的建築物，之後再進行大規模的翻修作業。

生在日本其實真的很難想像美國（尤其是紐約）居然會如此尊重古老的歷史文化。這些上流人士除了會珍藏大型古董和蘇格蘭短裙等小物，為了增加房地產總值，也會購買戰爭期（第二次世界大戰前搭建）的公寓住宅，讓這些古老建物重新在現代甦醒過來。

改造也是建築價值之一

除了要在摸清老舊公寓外觀和文化脈絡的狀態下進行翻修，也要處理內部擺設裝潢與設備更新的修繕作業。客戶甚至還會要求設計師要抱持比新屋設計還要謹慎仔細的態度施工。

尤其是有行政方面歷史認定價值的建築物，因為光是行政的申請許可，就要花上半年到1年的時間，而且有時候還要等到拿到許可後才能動工。之後則是要再次利用原來的裝飾物和連接金屬（這些也是屬於建築物的財產），所以要很小心地進行拆除作業。有許多案件施工期都超過1年以上，缺少的部材還必須前往從歐洲購得。

至於將年久失修的部分全都拆除，把內部設備全都更新的結構更動作業，則是顯得簡單許多。對此設計師應該要瞭解建築物的由來和之前屋主的來歷，充分掌握相關的歷史情報，思考客戶想要呈現出的住宅印象，與歷史因素相互結合，打造出獨特的空間風格，這才是以經驗融合創造性，展現出機智能力的最高層級翻修技術。還要隨時掌握現場的狀況，針對覆蓋材的素材和顏色搭配性，以專業姿態，作出臨機應變的指示來掌控施工進度。

筆者曾經處理過兼具畫家和作家身分的女性，和兩子同住的獨棟住宅全面翻修設計，最後決定配合客戶本身作品的方式來做規劃。並沿用2樓2個原有的併排使用浴缸，從照明到磁磚的鋪設，都是和客戶一起到古董店選定。還特地讓牆面露出修補後的痕跡，就是要刻意突顯出建築物的歷史性。

設計師的目標

在日本「升級改造」的概念終於開始成形（圖），根據國土交通省的定義，這是指更新老舊建築物的性能，透過修繕方式讓住宅恢復活力，並打造出超越新屋，提升住宅價值的「升級改造」。雖然認為這種方式，比起傳統的住宅拆除或重建風潮要來的好，但個人還是無法完全捨棄「老舊東西就是該汰換」的觀念。

雖然一定會有各式各樣風格的升級改造方式存在，但是設計師應該專研某1種風格，向歐美學習有別於以往的升級改造技術。如果從頭到尾只在乎外觀的設計、設備機能、工程費用和施工期管理，那麼要和那些擁有高資本和眾多施工人員的住宅翻修業者競爭，到最後只會顯得疲於奔命。

筆者衷心期望在住宅翻修工程的世界裡，應該將重點放在「如何打造出建築物的歷史性」的價值觀上，營造出以專業的建築設計作為競爭方式，還能夠將設計能力升級至不同境界的環境。

圖｜「升級改造」的定義解釋

歐美　日本

拆毀 & 建造

發揮歷史價值

老舊建築物的性能更新與提升

沿用原來的樓梯、暖爐和地板的翻修事例，還在裝潢中。

Part 15

商業模式與法規

- 經營模式
- 新屋設計和住宅翻修的業務差異
- 不可不知的法規
- 專欄　房屋、設計和施工之間應保持的關係

設計事務所若想要讓住宅翻修成為主要事業範圍，那就一定要認清新屋設計和住宅翻修業務之間的差別。可歸類為商業模式、工作方式以及法規的3大重點部分。

商業模式的部分因為和新屋設計相比競爭對手較多，所以工程費用會比較少。想要有穩定的收入，就必須將目標鎖定在能讓設計師充分發揮實力的高價翻修工程。

工作方式方面則是要注意到有別於新屋設計的快速完工方式，一般的住宅翻修從首次的見面諮詢到完工、交屋，多數都會超過半年以上的時間，有許多情況不能完全按照新屋設計的標準來實行。

有關公寓和獨棟住宅（4號建築物）的翻修法規，由於大部分都不需要經過確認申請，所以可減輕部分業務負擔。不過在遵守法規的同時，也要留意許多灰色地帶，要謹慎確認是否有觸犯法規。

接著要說明住宅翻修工程的注意事項，以及和房屋業者、施工方之間的合作關係。

圖1　「溢價區」的陳設規劃

①公寓住宅（私有部分）結構翻修設計

工程費達日幣1,000萬以上。住家面積有100m²以上，客戶為60多歲的夫婦，職業是外商公司上班族。施工範圍某種程度上的限制，要以成為該地區設計事例最豐富的設計師為目標〔※〕。

利用另外付費的藝術品、 生活用品點綴空間的裝潢事例

②獨棟住宅的結構翻修設計

工程費達日幣1,000萬以上。住家面積有100m²以上，客戶為兩代同堂的同居家庭。必須具備使用方便、外觀有設計感，以及達到提升性能（耐震和隔熱）效果的提案能力。

耐震、隔熱翻修，以及鋪設地板暖爐等設計的裝潢事例

③別墅裝潢

工程費達日幣1,000萬以上。住家面積有70m²以上，客戶為繼承上一代別墅的屋主一家。除非是對房子有特殊情感，否則大多都會要求重建，須提出讓對方感興趣的裝潢設計提案。

以保留回憶為主的裝潢事例

④和室、茶室的裝潢

工程費為日幣300萬以上。住家面積有20～30m²，客戶偏好住家的和式設計。要打造出正統的和室和茶室裝潢，在材料的選擇上不是那麼容易，需要很多特殊設計和連接金屬。

材料選擇搭配取得平衡，反映客戶喜好的裝潢事例

明確的擅長領域和收支模式

設計事務所如果真的想進入住宅裝潢市場從事商業活動，那麼最應該注意的部分可分為以下2點。

首先是確立自己的設計規劃特色。住宅裝潢業界比起新屋設計的門檻要低，所以會有各式各樣的業者都想來分一杯羹，如果只是考慮到當下情況做出反應的工作態度，不太可能讓這樣的商業行為長期營運，很有可能會因此闖關失敗。

就和新屋裝潢一樣，也有各種形式的住宅翻修手法存在。老舊住宅的耐震翻修是否要增加樑柱，以及公寓和獨棟住宅中客戶需求最多的用水區（尤其是廚房）是否要加強修繕等，這些都是進入到裝潢市場必須深思熟慮的部分。

第2點是新屋和住宅翻修的工程費用差距。雖然和新屋的工程費用一樣都會按比例設定設計監工費，還是會有收支不平衡的情況發生。

而住宅翻修的工程費用則大多在日幣1千萬以下，容積率高的區域大多落在日幣200～300萬左右。如果將設計監工費設定為工程費用的10～13%，收入也只有日幣20～40萬元。所以一定要慎選有包括一定程度的設計費在內的住宅翻

※　擅長管理規定和解決工程期間鄰居抱怨問題等方面的設計師，比較能提升客戶的信賴感

矚目 日幣2,000萬以上的高級公寓翻修工程

Before

After

價格帶　日幣2,000萬以上，尤其是以住宅翻修為前提而購買中古屋的客戶，有很多人也會同時考慮買新屋的可能。以相同面積的住宅來說，新屋和中古屋的價差可能多達數千到上億日幣，這個差價剛好可以用來支付翻修費用。

面　積　150m²以上，大部分都是有寬敞的玄關、長距離的走道空間、2個廁所，以及臥室有固定式衣櫥的住宅。住家面積很少會超過200m²，不過在雷曼金融風暴過後，也出現許多專門出租給外國人居住的公寓住宅。針對15坪大的客廳和餐廳空間，須需要具備規劃家俱擺設的能力。

客戶層　主要是地主、醫生以及在外商投資金融機構的上班族和公司老闆。也有不少人是海外留學歸國人士，或是曾經在國外讀書，以及異國婚姻夫婦。要求設計師必須有一定品質的住宅翻修經驗，也會將見面聊天的感覺和學歷都當作合作判斷條件。

特殊性與複雜性　因為有很多客戶都有自己的獨特嗜好，所以設計師本身要瞭解進口廚具、烹調機器，以及紅酒櫃等設備的優缺點，也要非常熟悉高檔音響、電視，以及電腦等電子產品的相關知識，還有高檔家俱、裝飾品，以及生活用品等物件的空間搭配能力。也要思考和室、茶室、西式餐具櫥櫃和共用部分的使用方式，以及包括擺放餐盤和聚會派對的動線在內的設計考量要件。

修設計案。

鎖定工程費達千萬日幣的溢價區

設計事務所除了要慎選事業領域和取得安定的收益，還需要做什麼呢？當然是要把目標鎖定在「溢價區」，也就是翻修費用達日幣1千萬以上的住宅（**圖1**）。其中最具代表性的就是公寓和獨棟住宅的整體結構翻修，這類工程的費用的確都會超過日幣1千萬以上。

但這類工程的好處可不只表現在費用數字上，以技術的觀點來看，住宅整體結構翻修工程，可說是對擁有許多新屋設計監工經驗的設計師而言，最適合不過的目標。但由於工程費用高達日幣1千萬以上，與其他價格較低的翻修市場相比，這類翻修工程提案的複雜性和特殊性就必須一下子向上調整。因為這個領域是講求需要以對設備、構造以及高檔素材的認知作為基礎，要能夠提出反映客戶生活方式的提案內容能力。

如果是整體翻修費用高的工程，通常大多都會有用水區的位置變動，這個部分就需要有一定的相關知識才能進行。所需技術是如何妥善運用天花板內部和地板下方空間，作為配管和排氣管的安裝位置（一旦工程費用超過日幣2千萬，還會考驗設計師是否具備高度的空間設計搭配能力）。另一方面，獨棟住宅則是會要求建築物整體的耐震性能，以及高度整合的規劃設計。想要移除隔間牆，讓空間變得寬敞，就必須仔細思考原來的住宅架構問題，再制定高成本效益的補強計劃。

住宅的整體翻修工程，由於很講求要有新屋程度的設計監工能力，有許多業者對這樣的提案表現並不是太過突出，所以現在還無法成功卡位進入這波價格競爭市場。

考量到設計和開會討論的繁複手續，應該可以將設計監工費標準設定在總費用的12％以上。這表示工程費用在日幣1千萬以上的案子，就可以拿到約日幣120萬的設計監工費。雖然說大部分住宅翻修市場的1件案子，所收到的設計監工費沒有新屋設計監工費多，但還是有可能解決這個問題（**參照154頁**），也就是設定最低設計監工費標準（日幣100萬以上）。設定方式並非以工程費用依比例分配，而是會隨著工程面積有所變動（以1坪單價為日幣60～80萬的工程費用來計算）。

新屋和住宅翻修的施工日程比較

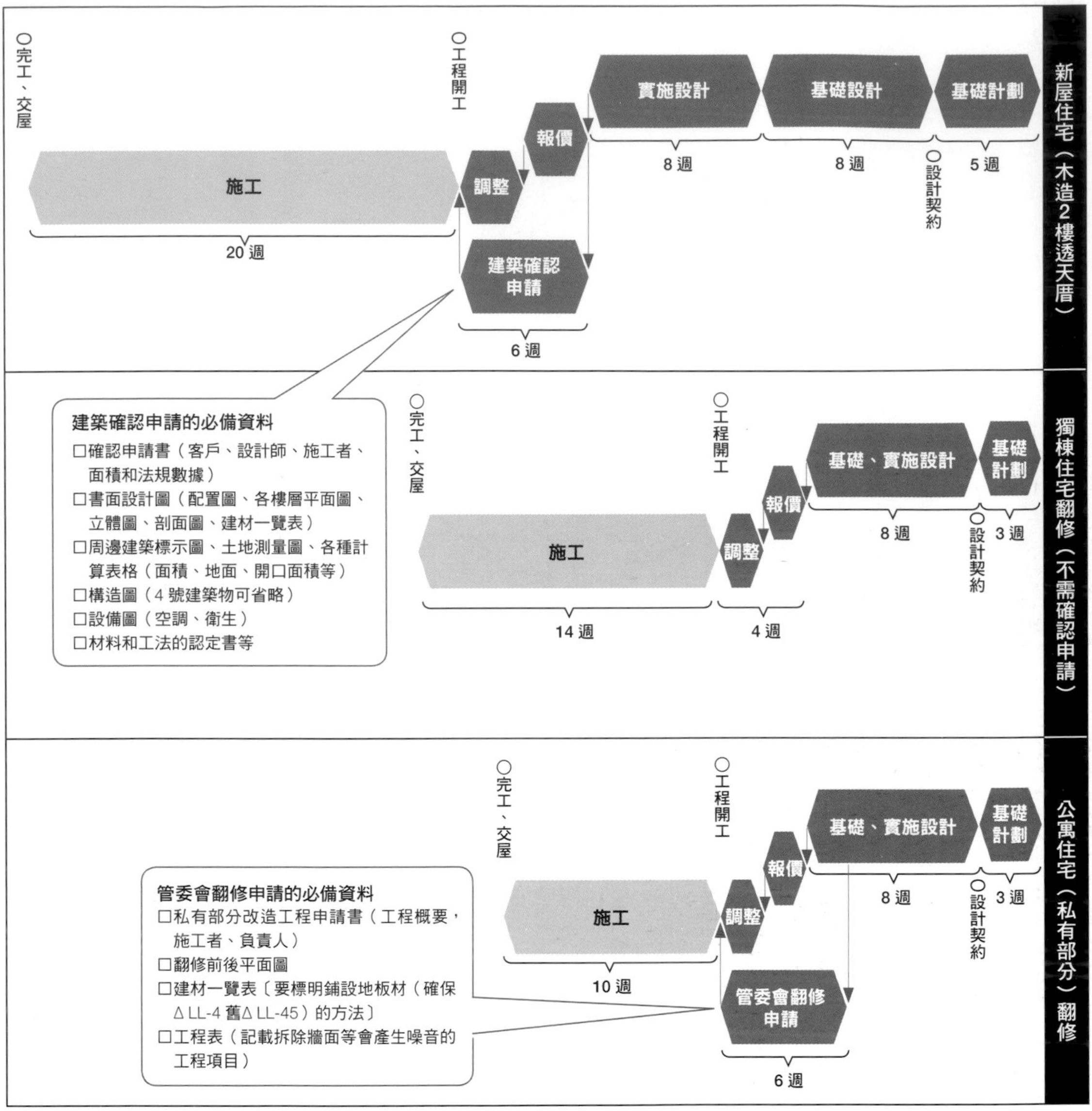

新屋住宅（木造2樓透天厝）

基礎計劃 5週 → ○設計契約 → 基礎設計 8週 → 實施設計 8週 → 報價 → 建築確認申請 6週 → 調整 → ○工程開工 → 施工 20週 → ○完工、交屋

建築確認申請的必備資料
- □確認申請書（客戶、設計師、施工者、面積和法規數據）
- □書面設計圖（配置圖、各樓層平面圖、立體圖、剖面圖、建材一覽表）
- □周邊建築標示圖、土地測量圖、各種計算表格（面積、地面、開口面積等）
- □構造圖（4號建築物可省略）
- □設備圖（空調、衛生）
- □材料和工法的認定書等

獨棟住宅翻修（不需確認申請）

基礎計劃 3週 → ○設計契約 → 基礎、實施設計 8週 → 報價 → 調整 4週 → ○工程開工 → 施工 14週 → ○完工、交屋

公寓住宅（私有部分）翻修

基礎計劃 3週 → ○設計契約 → 基礎、實施設計 8週 → 報價 → 管委會翻修申請 6週 → 調整 → ○工程開工 → 施工 10週 → ○完工、交屋

管委會翻修申請的必備資料
- □私有部分改造工程申請書（工程概要，施工者、負責人）
- □翻修前後平面圖
- □建材一覽表〔要標明鋪設地板材（確保ΔLL-4 舊ΔLL-45）的方法〕
- □工程表（記載拆除牆面等會產生噪音的工程項目）

短期的翻修工程比較有資金運用空間

接著要比較剛搭建完成的獨棟住宅和翻修工程的工作方式。大致有以下的6個重點，分別是①施工日程②設計規劃的難易度③書面資料數量④現場監工次數和複雜度⑤外包費的有無⑥與其他業者之間的合作。

「①施工日程」的部分，全新的木造獨棟住宅（在來軸組構法）搭建施工期約需要1年的時間，而住宅翻修工程則是要花費半年時間〔圖2〕。所以在處理住宅翻修案時，還可以同時進行其他的設計案。由於施工期短，可以事先預估設計監工費，以事務所資金的立場來說，這絕對是加分效果。實際上現在有很多設計事務所在經營上，會將新屋和住宅翻修當作是公司的2大收入主要來源。

「②設計規劃」則是在進行公寓那樣設定以設備、內裝的更換，以及隔間變更為主要設計內容時，需要處理樑柱的配置和用水區的移動範圍，在有所限制的情況下，翻修的技術性會比較低。另一方面，有耐震性能和隔熱性能問題的木造獨棟住宅的翻修方式，則是必須判斷

圖3 確認申請必要性的判定流程

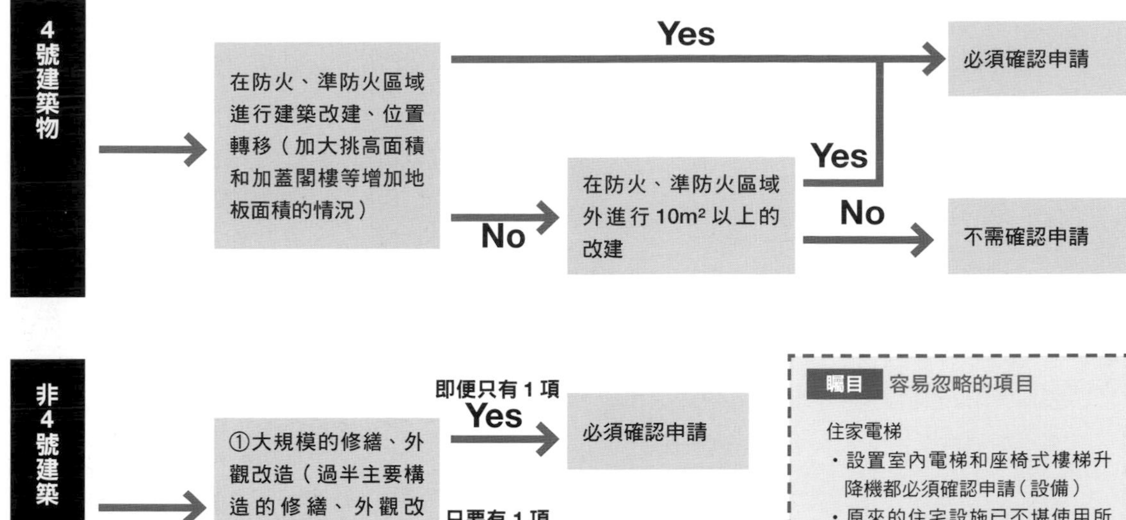
4號建築物
在防火、準防火區域進行建築改建、位置轉移（加大挑高面積和加蓋閣樓等增加地板面積的情況）
Yes
必須確認申請
No
在防火、準防火區域外進行 10m² 以上的改建
Yes
No
不需確認申請
非4號建築
①大規模的修繕、外觀改造（過半主要構造的修繕、外觀改造）。②進行建築改建、位置轉移
※主要構造包括牆面、樑柱、地板、屋頂、樓梯
即便只有1項
Yes
必須確認申請
只要有1項
No
不需確認申請
矚目 容易忽略的項目
住家電梯
・設置室內電梯和座椅式樓梯升降機都必須確認申請（設備）
・原來的住宅設施已不堪使用所進行的改建，需進行建築確認申請時，可附上「原來住宅設施不合格調查書」（參照157頁），有可能獲得增設緩衝設施的許可

房屋的原有狀態來個別規劃，有時候甚至需要展現比新屋還要困難的技術。

這裡要提醒各位的是，在處理新屋設計案件時與客戶之間的應對方式。因為客戶來自不同的階層，所以一定要向客戶仔細說明住宅內裝、覆蓋材和家俱等設備的細節部分。

住宅設施的翻修要和公所協調

「③資料數量」的部分，則是要注意獨棟住宅（4號建築物）需要翻修時，必須進行確認申請。這幾年來因為有政策的推動，過程變得輕鬆許多〔**參照157頁**〕。像是申請銀行代貸款用的平面圖製作，以及房貸等資料的製作業務，選擇翻修工程的負擔會比較小。

不過獨棟住宅的改建等大規模改造工程，有時候也是需要確認申請〔**圖3**〕。若是要符合現有法規，有原來建築需要更換設施或違法建築的情況，那麼可以向特定行政機關進行縝密的協調。

而之後的大環境變化，應該也會讓貸款方式變得更普及，所以必須注意「中古屋購入→大規模翻修」這類的商品，利用這項服務，也需要製作詳細的報價資料。

如何與外部業者合作？

再來是住宅翻修的「④現場監工」狀況，由於施工期較短，所以到現場的次數不會很多。但是翻修工程有個特有的困難點，那就是必須對拆除作業後所發現的結構缺失，決定最符合現場狀況的解決方式。

「⑤外包費」則是新屋比較常會有將構造設計、設備設計等項目發包給其他業者負責的情況，住宅翻修則是少有外包情況。另一方面，可更動構造的獨棟住宅，在進行大幅度的耐震翻修時，視情況有時還是需要結構設計師在場指導，或是針對老舊化的大型公寓，給予設備設計方面的意見。但是現在熟悉住宅翻修工程中構造、設備設計問題的設計師並不多，所以這部分要特別留意。

至於「⑥其他業者的合作」的部分，其中最令人感到頭痛的，應該就是木工出身的設計事務所會衍生出的問題。所以在「中古屋購入→大規模翻修」現象逐漸增加的情況下，應該也要認真思考與房屋公司之間是否能有合作等商業行為上的互動〔**參照158頁**〕。

圖4 公寓住宅（私有部分）能否更換窗戶（共用部分）？

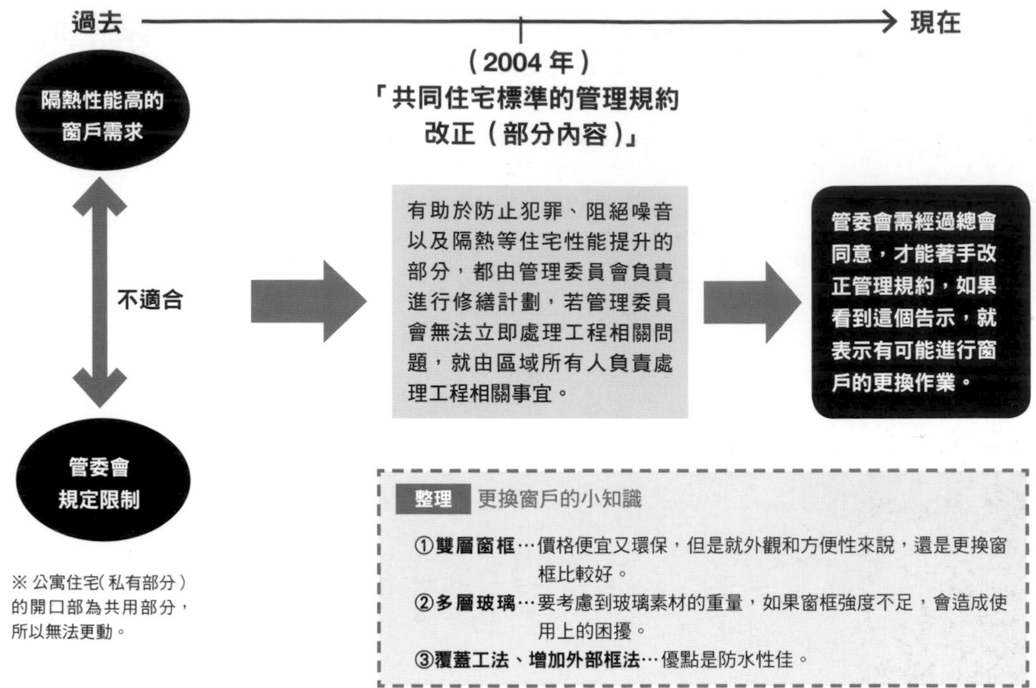

過去
現在
（2004年）
「共同住宅標準的管理規約改正（部分內容）」
隔熱性能高的窗戶需求
不適合
管委會規定限制
有助於防止犯罪、阻絕噪音以及隔熱等住宅性能提升的部分，都由管理委員會負責進行修繕計劃，若管理委員會無法立即處理工程相關問題，就由區域所有人負責處理工程相關事宜。
管委會需經過總會同意，才能著手改正管理規約，如果看到這個告示，就表示有可能進行窗戶的更換作業。
※公寓住宅(私有部分)的開口部為共用部分，所以無法更動。
整理 更換窗戶的小知識
①雙層窗框…價格便宜又環保，但是就外觀和方便性來說，還是更換窗框比較好。
②多層玻璃…要考慮到玻璃素材的重量，如果窗框強度不足，會造成使用上的困擾。
③覆蓋工法、增加外部框法…優點是防水性佳。

公寓翻修要注意陽台扶手的高度

翻修工程一定要對法規內容有一定的瞭解，所以接下來會分別介紹設計事務所針對公寓住宅和獨棟住宅（4號建築物），比較會容易搞錯的法規和不好理解的事例。

公寓住宅除了要遵守建築基準法外，也必須瞭解如何區分所有權，目的在於能夠清楚掌握所有可能的翻修範圍。

其中和翻修工程有相關的法規，則是有要注意起居空間的採光和排氣、內部裝潢限制等規定。在這裡要介紹多數設計師容易在無意中違反法規的幾個事例。

當中最常發生的違法事項，就是沒有將陽台的扶手高度設定在1千100㎜以上。有許多的事例就是為了配合起居空間地板高度，而在陽台鋪設木頭走道，使得原本勉強達到規定高度的扶手，最後卻變成高度不足的狀態（**參照126頁**）。

而內部裝潢和防火區塊內的管線貫穿空間也相當重要。前者是指3樓以上的起居空間天花板建材，有規定只能採用防燃材料或是準防燃材料，如果使用沒通過防燃標準的合板等材料就是違法。後者則是指若是在共用部分的管道間設置新的配管，貫穿的空間兩側也要覆蓋1m的防燃材料。由於公寓翻修不需要確認申請，所以設計師更要小心謹慎，不要違反任何一項規定。

法規的理解＝加強提案能力

掌握法規內容也能達到強化提案能力的效果，最典型的事例就是窗戶的更換。由於窗戶是屬於共用部分，很容易誤以為是絕對不能更動的設施，但其實只要透過正當的手續，就有可能更換窗戶，這部分要一定要謹記在心（**圖4**）。

而面積在100㎡以上的高樓、大型公寓在法規的部分，則是有自己的問題存在。首先是防火區域。由於在1987年的法規改正，將排煙設備和特殊建築物內部裝潢的相關防火區域，從原本的100㎡變更為200㎡。至於1987年以前面積超過100㎡的公寓防火區域，雖然還是需要經過設置理由的判定，但是依筆者經驗來說，大多都能夠直接移除。

至於面積超過200㎡的區域牆面，除了特例認定、避難安全檢証法、垂直防火區域等規定以外，其他法規都有可能透過消防署的手續來移動位置（但如果防火區域是在

4號建築物的改建折衷相關基準

前提：改建後的原有部分須佔地板面積的１／２以下

	附上原有住宅設施不合格調查書後，可接受變動的情況		不接受變動的情況	
原有部分和增建部分在構造上為一體	・增建部分符合外觀規定 ・原有部分符合耐久性等相關規定 ・整體建築物在耐力牆的分配上取得平衡，符合相關標準，就不必進行構造計算		・需進行構造計算來檢驗耐震和耐風安全性 ・以鋼筋水泥為基底的重建 ・樑柱接合處遵照現行標準，利用金屬連接物緊密接合	
原有部分和增建部分在構造上分離	・增建部分符合外觀規定 ・增建部分不需要進行構造計算（4號建築物特例） ・原有部分符合耐久性等相關規定		・增建部分符合外觀規定	
	原有部分為1981年6月之後的住宅	**原有部分為1981年6月以前的住宅**	**原有部分為1981年6月之後的住宅**	**原有部分為1981年6月以前的住宅**
	符合新耐震基準就不需進行構造計算	①耐力牆有符合平均配置的相關基準 ②耐震診斷基準，或者是 ③符合新耐震基準就不需進行構造計算	原有部分必需的改造工程和不能變動的一體構造相同	原有部分必須的改造工程和不能變動的一體構造相同（為確保有平均配置牆面，而增加牆面數量）

軀體結構中，和區分所有法相互牴觸，因此兩者都無法移動）。火災自動警報設備和灑水器的部分，只要遵照法規向消防署提出書面資料和檢查，再經過公寓管委會的申請，就能夠移動至適合的位置。

公布新耐震基準後，4號建築物的法規應對毫不費力

獨棟住宅（4號建築物）的翻修工程中，針對主要構造部位的過半修繕，和改變外觀的部分並不需要確認申請。但前提是翻修建築物已經確認申請，或是一開始已經有4號建築物的確認申請。為了不要出現「不需申請＝不需遵守法令」的情況，身為設計師當然要負起這部份的責任。

需要進行翻修的住宅，即便之前已經有部分整修過，沒更動的部分還是有可能觸犯法規，所以包括構造在內的舊有不敷使用部位，也要想辦法調整至符合現行法規的狀態。這個部份比較難得到客戶的諒解，對設計師來說也是相當棘手的狀況，而政府所採取的作法是變更政策，讓整個法規變得比較有轉圜空間。

在2008年公布的施行準則為①原有部分若符合1981年的新耐震基準，就可以不用繳交原有部分改造的相關構造設計圖資料②變更計劃如果已獲得特定行政機關的計劃認定，那只要在完工後的20年後進行耐震修繕工程即可。即便是1981年以前的4號建築物，還是適用建築基準法施行令42條、43條、46條，如果是壁體倍率不同，也可以增設幾處的耐力牆，這個部分是能夠在法規範圍內進行修正。

違法建築的修繕有風險存在

需要確認申請的住宅改建工程，只要附上能證明原來的建築物已不堪使用的「原有住宅設施不合格調查書」，並符合現行構造耐力基準，建築物就能夠進行一部分的變動（**表格**）。調查書資料包括有①現況的調查書②原有部分的平面圖以及配置圖③新屋或是改建等時期的證明文件（※）。

違法建築如果是在取得檢查證明後，才進行改建成為違法建築，理論上只要將違法部分更改為原來符合標準的樣貌，才能進行住宅的翻修。若能仔細查明違法部分，接著再向特定行政機關進行協調，事情有可能就會有轉圜的空間，但不是每個翻修案都能因此過關，還是要慎重處理相關事宜。

※　4號建築物以外的建築需要有「確認符合公布基準前的建築基準關係規定的書面資料等證明」，4號建築物本身就是「①現況的調查書」

column

房屋、設計和施工之間應保持的關係

找出與房屋公司之間的影響力平衡點

想成功地將住宅翻修市場擴大，一定要和房屋公司相互合作，理由是選擇購買中古屋的客戶越來越多。對房屋公司來說，最重要的是如何在第一時間和客戶接觸，藉此營造彼此之間密切的買賣關係。房屋公司也能向客戶提供住宅構造、法規，和工程費用等相關資訊，讓客戶感到放心而決定購屋，所以房屋公司絕對是經驗豐富的設計事務所，要保持良好合作關係的對象。

但是這樣的想法卻不容易實行，因為雙方都是在尋找客戶，卻要從原本的主動出擊競爭立場，轉而變成尋求合作的微妙關係。而且和特定的房屋公司合作，就無法承接其他房屋公司客戶群的設計翻修案。

不過由於近年來相似的事例有逐漸增加的趨勢，筆者所屬的設計事務所也一步步地與高階房屋公司負責人接觸，希望能取得商業合作關係。如何和對方站在同等立場，同心協力提升面對客戶時的服務品質，正是日後成功與否的關鍵。

值得信任的工程報價、現場調查對象

大部分的住宅翻修業者都是採取設計、施工一體化的工作模式，這對沒有所謂施工部隊作為後援的設計事務所來說是件好事，更有掌控業務的空間。因為最近有越來越多的客戶，選擇將購買中古屋的費用和翻修工程費一併向銀行申請貸款，所以必須要盡早告知客戶詳細的報價內容。但由於這裡的報價資料不能直接將設計事務所製作的概算報價內容拿來使用，所以要瞭解到「不會製作報價資料＝即便是技術有一定水準的裝潢業者也不能合作」的道理。

但如果和特定工程公司或承包商的來往過度頻繁，還是會影響到選擇施工方時的報價競爭結果，所以要盡量避免有這樣的情況發生，能夠向銀行提出報價內容的委託工程公司，事務所方面最好是保有2～3家業者的選擇權。

和施工公司的合作的另一個重點，就是現場調查的部分。在查看住宅設備關係的配管位置，和是否要加大電力、熱水等供給設備的容量，以及隱藏構造體的狀態，而必須進行拆除作業時，應該讓有豐富經驗處理過相似事例的工程公司一起陪同，在進行現場調查時，即便是難以在現場做出判斷的狀況，也能透過重要的錄影影像事後剖析來作出決定。

此外，如果是住宅翻修事例經驗不多的設計師，可以和有豐富相關經驗的工程公司打好關係，至於已經累積一定實例經驗的設計師，則是可以和資歷尚淺，但工作態度良好的工程公司合作，以傳授技術的方式讓對方有所成長。

累積業界相關知識

雖然現在是競爭關係，但還是要思考與一手包辦設計、施工的裝潢公司，日後往來合作的可能性。其實這類的裝潢公司，大部分也都是剛進入住宅翻修市場，多數業者會為了突顯自家公司的獨特性，而試著挑戰沒有經驗的業務領域（住宅構造或價格調整等）。在客戶重疊性相當高的情況下，想要和對方合作是比較困難，所以可以考慮保持相互支援的關係。筆者所屬的設計事務所，也計劃和負責高階住宅的裝潢公司合作，於日本設計協會上以設計師身分登錄，希望能藉此開拓客源。

最後希望能獲得改善的部分是個人經營的設計事務所，往往都會將設計監工實績，和相關知識都交由設計師個人來負責的現象。問題就在於事務所本身好不容易累積了如此多的知識技術，但卻只有少部分的客戶能接觸到此部分的資源。所以說透過與房屋公司、施工公司，以及裝潢業者之間的相互支援方式，共同累積相關技術知識，對彼此的事業發展有一定的加分效果。

圖｜房屋・設計・施工的相關性

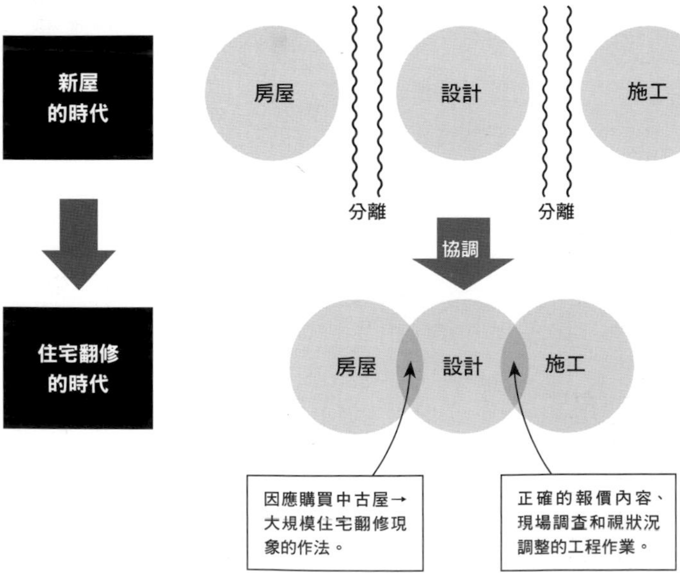

Part 16

有效的宣傳手法

- 高成本效益的網站宣傳
- 搜尋引擎優化（SEO）對策
- 部落格和網頁的使用分別
- 如何善用網路資源
- 網站以外的宣傳手法
- 專欄　檢視自己的室內設計能力。

一般客戶透過報章雜誌、廣告、電視節目及廣告、網站、座談會及演講、住宅參訪行程、廣告傳單、展示中心、店家參訪、朋友介紹等方式來獲知住宅翻修設計師的情報。特別是網站，是近年來大部分客戶蒐集訊息的主要來源。客戶在事前進入網站瀏覽情報內容，進而索取資料、見面洽談。對於30～40歲的住宅翻修市場中最大的消費族群而言，從網站蒐集相關資訊是一般常識，因此一定要著重網站的宣傳。

網站宣傳最具體的優點在於能獲得較高的成本效益，有別於傳統以特定對象為之的廣告，以及需要花費時間準備的宣傳活動。發信端可依照需求鎖定特定族群，並提供資訊。包含部落格在內的網路平台，其特色在於能迅速發表即時資訊的工具。對於資訊來源有限的小型設計事務所而言，這類的網路平台是最佳宣傳工具。本章節要說明如何有效利用網站進行各種宣傳。

藉由網站內容達到宣傳效果的4C

所有和筆者所屬設計事務所詢問過住宅翻修相關事宜的客戶中，有七成都是透過網站聯繫。有很多經由以前客戶介紹而來的新客戶，在聽聞介紹人的口頭推薦後，不會直接打電話聯絡，而是先仔細研究公司的網站內容後，才與我方聯繫。

設計事務所如果想加強網站的宣傳效果，那就一定不能沒有這4個要件（4C）。分別為①Concept（對翻修作業有一定程度瞭解的明確態度）②Cost（註明工程費用、設計費的收取標準）③Contents（客觀呈現網站內容）④Constant（能按一定頻率持續更新網站內容）〔圖1〕。

圖1 利用網站成功達到宣傳效果的4C要件

KAGAMI Check!
盡量不要放上和住宅翻修毫無關聯的情報。
KAGAMI Check!
公開工程費用、設計監工費、設計提案費細節。
Concept
「一開始就要展現專業的翻修設計形象！」
Cost
「明確的費用項目內容！」
Contents
「客觀性的內容！」
Constant
「以一定的頻率更新網頁！」
KAGAMI Check!
重點是①刊載住宅翻修相關話題內容〔圖2〕②將作業流程登在部落格上〔163頁圖4〕。
KAGAMI Check!
經營部落格要提醒自己至少每週都要更新網頁內容。

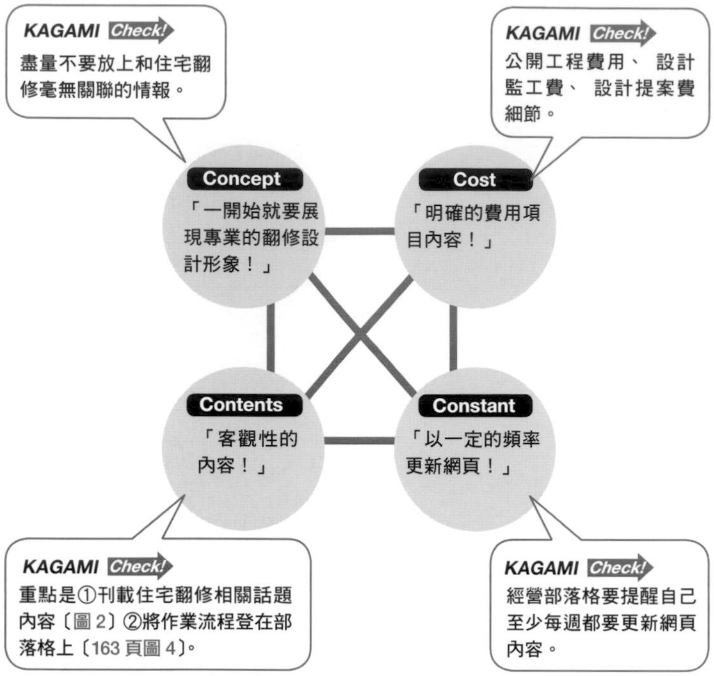

註明工程費用，避免出現資金調度問題

「①Concept」的目的在於引起大眾對住宅翻修的話題，讓有可能簽下契約的客戶，願意多花時間來瀏覽網頁內容。具體作法是將所有住宅翻修相關內容，經過仔細篩選後再放上網頁。筆者為了要突顯何謂住宅翻修技術再升級的經營方針，而在網站首頁標註「住宅翻修技術再升級的設計事務所」。網站上會刊出處理過的住宅翻修事例，至於其他像是新屋裝潢或是店鋪翻修，不屬於這個領域的設計案內容，則不會出現在這個網站內。

「②Cost」的部分則是要先做好心理準備，因為客戶往往會有「設計事務所＝有設計感但價格也很高」的預設立場。對客戶來說，工程預算絕對是最重要的選擇判斷因素，所以一定要標明設計監工費的計算方式，還有需要另外收費的提案設計情況，以及其他事例的工程費用等情報。如此一來，也能減少那些不會真正簽約的客戶詢問次數，還能調高資金運用的空間。

客觀的內容

「③Contents」則是和①有著密切的關係。為了讓訪客長時間停留在網站上，要盡量讓網站保持豐富的主題內容，因此網站內文的呈現必須是「不以主觀角度撰寫文章，而是要呈現客觀角度的內容」。將重點放在與外部的連結性，也就是以所謂的公共關係（Public Relations）為出發點的構想，這和展現個人風格的方式完全不同。

具體的手法有「整理出所有住宅翻修相關的話題」、「在網站放上整個工程作業過程」。前者最好是依主題刊載住宅各個部位構造的翻修特徵、隔熱材的比較，以及購買中古屋的注意事項等資訊，再整理出多年的經驗累積心得分享〔圖2〕。雖然以往的作法都是盡量不公開重要情報，但如果將這些內容放在網路上供人點閱，或許能引起更多的客戶和媒體工作者的注意（聯繫詢問相關事宜）。後者則是要針對現場調查、拆除工程、耐震修繕、用水區工程、內裝工程等作業過程，以照片記錄等方式放上網路，並搭配簡單易懂的文字說明，讓客戶更容易對這類主題感興趣。

「④Constant」的目的是增加訪客流量。因為即便網站內容可信度高，但如果沒有頻繁地更新內容，

網站公開！購買中古屋的注意事項

==印刷用はこちらへ(PDF)==

■大規模リフォームを前提とした中古住宅購入時のチェックリスト

カガミ建築計画　各務謙司　作成

重要度	チェックポイント	チェック内容やその考え方
◎	基礎のヒビ	巾1ミリ以上のヒビが多数ある場合は、基礎が歪んでいる可能性が高いと考えられます。建物の足元を固める一番重要な部分です。基礎が痛んでいたり、脆弱な場合は、却って建替えた方が簡単で安価な場合があります。
◎	床下・天井裏の風通し	基礎の高さが地面から30 cm以上あることが望ましいです。床下も天井裏は、床下収納や押入れの天板を開けてチェックしたい箇所です。、湿らした指を差し込んでスッとすれば、風が通っている証拠です。蒸れていたり、室内に比べて温度や湿度が異常高い場合は、雨漏りやシロアリも考えられるので避けた方が良いと考えられます。床材がフカフカしているのも湿気の影響が考えられます。
○	扉や引戸、窓の開け閉め	閉めた状態で隙間があったり、開閉時にガタつくのは建物が歪んでいる証拠になります。全体の1～2割程度数の不具合であれば補修も可能です。
○	床のきしみ	床のきしみの原因は床下材料の不具合による可能性が大です。床下が湿気ていて、かつきしむ場合は要注意です。床下が十分に乾燥している場合は、簡単な工事での補修も可能な事もあります。
○	近隣との比較	専門的な事が判らなくても、近くに建っている住宅を比べ、屋根の勾配、外壁の材料などを見比べてみてください。明らかに違った様相をしている場合は、地域の特性や気候に配慮した工法や材料の使い方をしていない可能性がありますので要注意です。
△	カビ臭さや室内の湿気	一歩足を踏み入れれば一番判りやすいポイントですが、リフォームを前提と考えればそれ程気にしなくても良い項目となります。使っていない期間が長短の問題なので、それ程気にしないで良いでしょう。ただし、天井や壁に水がしみた跡があった場合は、要注意です。屋根からの水漏れの可能性が大きいですが、プロでも水がどこから沁みてきたかを判断するのは難しいことがあります。
△	内装材の痛み具合	上記と同様、リフォーム前提であれば、あまり気にする必要はありません。却って内装リフォーム済みの物件は、見た目が良くなっている分、隠れた部分の問題点を隠している可能性もあるので要注意です。リフォーム前の写真を確認したいところです。
◎	風通し、日当たり、プライバシー	地形的に風が抜けない場所や、近隣の建物の影響で日差しが足りない場合は、リフォームで手当てする事は不可能です。比較的判りやすい項目ですが、季節的な注意が必要となります。現地を見る場合は、土日だけでなく、普通の日や、朝や夜など異なったシチュエーションで訪問してみると、色々なことが判ります。
○	水廻り	キッチンの汚さや、浴室やトイレの不潔さはリフォームで機器を刷新すれば良いので、気にしなくて良いでしょう。むしろ水栓からの水の出や排水のスムーズさの方が重要となります。給排水の配管を引き直す事になると、リフォーム費用も増大する傾向があります。水廻りの位置の変更は大規模リフォームでは可能ですが、専門家に意見を効いてみたいところです。
○	図面一式 確認申請図書・検査済証	住宅の履歴書にあたりますので、是非確認したいものです。耐震診断の大きな材料になり、かつリフォームの計画し易さに影響します。図面は不動産屋が作成した広告用のものではなく、工事の際に使用されたもので、立面図や仕上げ表、設備図や構造図が揃っていればベストでしょう。 07年6月の建築基準法改正後、法規が厳しくなったので、増築を伴うリフォームをする場合は必要書類と考えられます。元の持ち主が紛失していたり、築年数が古くて書類が存在しない場合は、役所に確認する必要が生じます。ただし、増築しない場合はなくても、何とかなります。

■付録：中古別荘を探す際に持ってゆきたい物リスト

◎	懐中電灯	床下や天井裏の暗がりを照らし、隠れた部分の問題を探す必需品
◎	デジタルカメラ	床下や天井裏などで直接覗けない箇所も、デジカメを差し入れて撮影。後日写真を元に建築家や工務店と相談も可能。
○	双眼鏡	少し離れた場所から屋根や外壁の状況を確認できる。
○	踏み台（脚立）	60～100cm程度のものがベスト。天上裏のチェックに役立つ。不動産屋に事前に用意してもらう事も。
△	ビーダマ	床が傾いていないかの確認に役立つ。ただし、木造住宅の1階床は主要構造物には当らないので、それ程神経質になる必要はない。
△	スキンガード	夏場の蚊は避けたい。
△	使い捨てカイロとスリッパ	冬場の寒さに耐える。使っていない住宅は予想以上に冷え込む。

中古住宅リフォームのチェックリストです

中古住宅チェックリスト リフォーム用

住宅リフォーム
中古住宅/戸建住宅・耐震リフォーム

カガミ建築計画

これまでの戸建住宅のリフォーム設計のお手伝いをして経験から、「リフォームしやすい住宅を探す際の注意事項」を選んで纏めてみました。

住宅の規模や構造、築年数、そしてどのように使いたいかによって項目は変わるので、以下のリストは戸建木造住宅で2階屋までを対象としたものと考えてください。

ただ幾つかの項目はそれ以外の構造・規模のものにも当てはまります。専門家でない一般の人でもチェックできる建築的な項目を重視し、あまりに一般的な事や不動産屋的のチェック項目（駅からの距離など）は割愛しています。

住宅リフォーム一覧へ

別荘リフォームのご相談

使いやすく、自分らしく、ちょっと誇らしい空間は、何かを変えるはずです。早く家に帰りたい気持ち、人を招待したくなる気持ち、…ライフスタイルも少し変わって行く、そんな空間作りを一緒にしてゆきたいと思います。
相談ご希望の方はお気軽にこちらからお申し込み下さい。

・無料相談フォーム

這是以住宅翻修為前提，而有意願購買中古屋的客戶所整理出的注意事項清單。只要在網路輸入「中古住宅　翻修　注意事項」的關鍵字搜尋，就會看到這個高人氣的網頁內容。採用PDF格式，方便直接列印出來。

訪客人數就會逐漸減少。尤其是有完工後的翻修事例，更是要第一時間就將內容放上網路作品集分享。這就和企業的產品發表會一樣，不過要注意的是下標題的方式。不要以「世田谷的住宅翻修」作為標題，要改成「世田谷K邸住宅的電氣化整修」，讓訪客能直接從標題抓到重點。

低搜尋關鍵字的搜尋引擎優化（SEO）對策

接著要說明和4C一樣重要的搜尋引擎優化對策，也就是在搜尋平台（Google或Yahoo！等）輸入關鍵字時，網站會出現在比較前面的戰略方式。在網路的世界裡，如果一開始沒有人會搜尋所架設的網站，那就不會有人看到這些花時間編排撰寫的主題內容。因此可以在網站上將內容分類為事務所特色、各個設計案的地名和用途、部落格文章、網頁標題和內容等頁面，讓訪客比較容易透過搜尋方式點擊連結。

而關鍵字的選擇方式，最重要的是要先瞭解搜尋次頻繁的關鍵字，以及搜尋次數低的少見關鍵字之間的差別，再藉由複數的關鍵字組合

圖3 善用附屬網站的有效宣傳

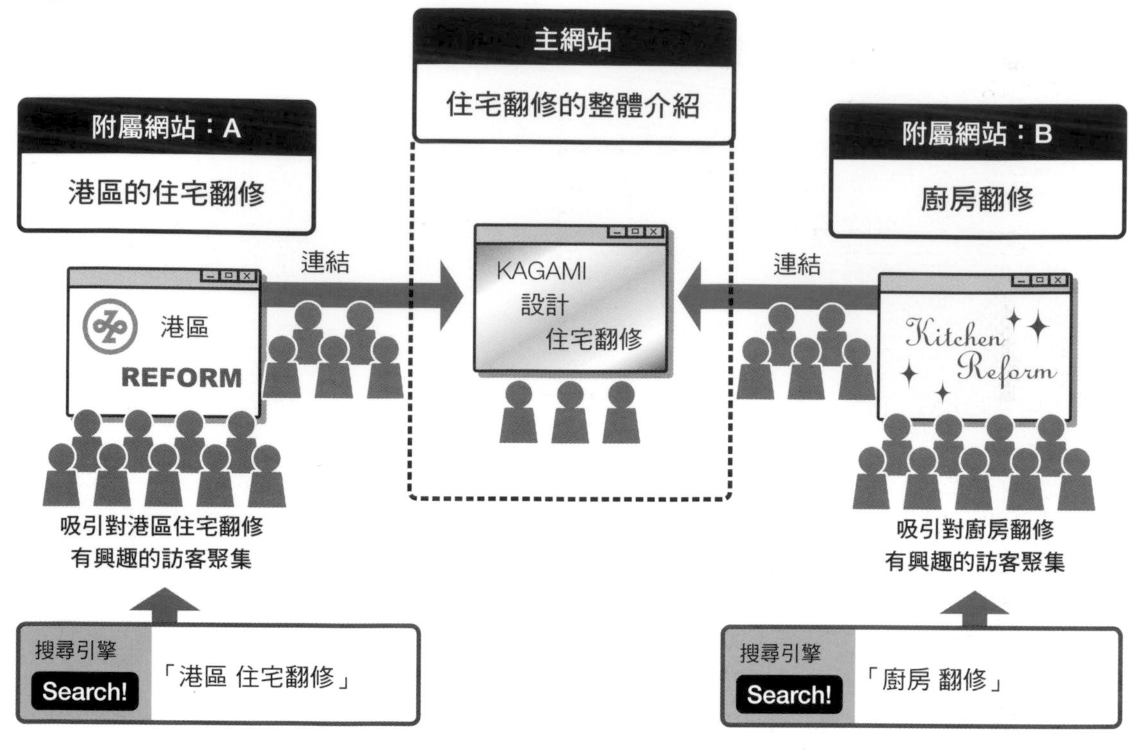

方式，來增加網站的訪客數。詳細的內容可翻閱搜尋引擎優化的相關書籍，簡單說明就是與其需花費金錢和繁複手續讓「住宅翻修」關鍵字來讓網站排名往前進，還不如使用「世田谷區 公寓住宅翻修」的組合關鍵字來增加網站的曝光率。雖然不一定能讓訪客數大量增加，但還是能提升同質性訪客的點擊率。

盡量避免花費過多的心力和金錢，在建立搜尋引擎優化的對策上，最好先找出與所屬設計事務所經歷和業務項目相似的假想敵對手，透過研究方式一步步加強網站的內容扎實度，這才是成功的關鍵。

只要找出有關聯的多個網站頁面的共通關鍵字，將這些字詞分散放入網站內容內，就能夠增加網站關鍵字的搜尋機率。如果能找到被搜尋率高的關鍵字，除了主要網站以外，建議另外架設能連結到主網站的附屬（衛星）網站（圖3）。

分為動態和靜態內容

網站上的刊載情報可分為事務所概要和文件夾等「靜態情報」，以及記錄正在進行的設計案和工程進度的「動態情報」，而之前提到過的161頁圖2事例，則是屬於前者。但講求新鮮度的「動態情報」，並不容易在整理過後公開在網站上。這時候應該使用輕鬆就能更新的部落格（圖4）來刊載內容，以住宅翻修為主要業務的設計事務所，可以利用以下項目作為內容架構。

①進度狀況（放上照片和彩色透視圖、提案資料、平面圖等）
②每天的工程現場情況（照片搭配詳細說明文字）
③住宅翻修的相關知識（特殊設計和現場心得分享等）
④透過媒體播放方式的介紹，以及展示屋等情報

如果大部分是屬於設計案件，而且是現場每天都有施工的狀態，那可以針對以上項目每天進行更新動作。但若是沒有太多的動態情報，那麼最好是以建築和展示中心的參觀心得、累積到現在所找尋到的器具與連接金屬的比較介紹，或是住宅翻修工程相關新聞的評論等，把這些設計相關的話題情報，以生動活潑的方式刊載在網站上。若公司是位在同業競爭業者眾多的區域，正在思考翻修主題的設計事務所，那麼更新內容最好是以地區的活動和主題相關文章為主（如果是寵物的住宅翻修，就可以提到各種寵物相關的情報），應該能夠拉近與訪客之

間的距離感。

不過最重要的還是要定期撰寫內容，如果無法每天更新，那麼就以每週固定更新1次為目標。若是更新頻率太低，就會被判定為是已經死亡的部落格，無法有效增加定期點擊的訪客數。一旦訂定每週更新的規則，那就一定要遵守，這樣才能讓部落格繼續存活。

不喜歡版面有廣告，可使用付費部落格

網路上有各式各樣的部落格平台，一般最容易使用的是各家業者提供的免費部落格（「ameblo」和「cocolog」等）。若是有朋友也使用同個部落格服務，就比較不用擔心留言和點擊率，有不懂的地方還可以直接問對方。

筆者自己是使用付費伺服器（年繳日幣6千元）以及特定的網路區域名稱（年繳日幣1千800元），再導入wordpress系統（免費）的部落格。

因為免費部落格會出現廣告，而且又沒有自己專屬的網址名稱，版面變化自由度不高等種種限制，才會選擇拒絕使用免費部落格。但由於有收費的伺服器，在設定和版面設計等變更項目需要具備一定的知識，所以不妨一開始先使用免費部落格，等到瀏覽人數保持穩定流量後再搬家。

從部落格連結至網站

常更新的部落格往往很容易就會被搜尋出來，訪客數也會快速增加。但由於部落格通常只是用來刊載日常生活情報的平台，所以像是

圖4 差別在這！經營部落格的心得

建築家が考える上級リフォーム・リノベーション

目黒S邸 造作家具据え付け開始

整理出作者的檔案，能提升信賴感
放上清晰可見的大幅照片，多張照片要整齊排列
將文章依目錄和設計案分類，方便讀者搜尋
標註關鍵字能增加搜尋率

重點在這裡！Google Analytics的使用方式

すべての訪問
55.43%

エクスプローラ

利用状況　目標セット 1　e コマース

訪問数 ▾ 対 指標を選択　　日 週

● 訪問数

140

70

2013年9月　　2013年10月

プライマリ ディメンション: トラフィックの種類　参照元　キーワード　キャンペーン　その他 ▾

グラフに表示　セカンダリ ディメンション ▾　並べ替えの種類: デフォルト ▾　　アドバンス

	キーワード	訪問数	訪問別ページビュー	訪問時の平均滞在時間	新規訪問の割合	直帰率
		9,370 全体に対する割合: 55.43% (16,904)	3.94 サイトの平均: 4.20 (-6.15%)	00:02:24 サイトの平均: 00:02:52 (-16.47%)	66.68% サイトの平均: 64.41% (3.52%)	サイトの平
□	1. (not provided)	2,957	3.96	00:02:35	71.90%	
□	2. カガミリフォーム	151	3.44	00:03:02	11.92%	
□	3. カガミ建築 ソファ	131	3.24	00:03:19	0.00%	
□	4. キッチンリフォーム実例	125	5.37	00:01:44	88.80%	
□	5. 港区三田リフォーム	105	1.13	00:00:45	0.00%	
□	6. 建築家リフォーム	76	1.87	00:00:30	2.63%	
□	7. カガミ建築	72	2.50	00:00:33	5.56%	
□	8. デザインリフォーム	70	4.21	00:02:03	81.43%	
□	9. 高級キッチン	70	6.69	00:05:10	67.14%	
□	10. カガミデザインリフォーム	65	6.06	00:05:43	18.46%	

表示する行数: 10　移動: 1　1 - 1

除了要鎖定「設計」、「住宅翻修」這類抽象程度高的關鍵字以外，也要懂得搜尋「廚房」和「沙發」這類比較具體的關鍵字。查看每個關鍵字連結頁面的閱覽頁數以及跳離率，再來思考該如何增加關鍵字連結的相關內容主題。

需要花費大量金錢的住宅翻修的委託買賣行為，很少會透過部落格來聯繫。在這樣的情況下，最重要的就是如何讓訪客可以從部落格直接連結至網站。所以只要將部落格當作是撒下飼料的餌，透過自由書寫方式來張貼各種主題文章，以及放上各種照片來吸引讀者注意聚集即可（163頁圖4）。

但如果文章內容無法呈現最重要的核心思想，那麼好不容易吸引來的訪客，很快就會選擇駐足到別人的部落格，所以要以怎樣的方式來誘導訪客從瀏覽部落格文章，順勢連結至網站查看內容，就是接下來需要努力的目標。不但要在部落格的所有文章中放上網站連結，將內文中的關鍵字和介紹的設計案都放上連結，也是經常會使用的手法。如果能將1件設計案內容按不同空間說明拆除方式，以及將相似事例內容放在旁邊做比較，透過各種方式來增加文章的情報豐富性，也能連帶讓部落格的引擎搜尋優化獲得成效，累積更多的訪客人數。

而在經營部落格和網站的過程中，重要的是要懂得分析點擊率。要思考文章的主題和關鍵字是否合適，以及訪客為何會來點擊網頁的理由，針對各項因素進行數據分析，再針對網站內容做出改善。具體的作法是可以使用Google Analytics（免費）來協助分析，這是只要擁有Google帳號，就能隨意使用的網路工具軟體（圖5）。可以從資料中看出不同關鍵字的點擊率、平均瀏覽網頁時間、訪客的瀏覽頁面記錄、跳離率，以及離開網頁的時間點等相關情報。

善用其他網站媒體

透過網站達到宣傳效果的方式，其實不僅止於架設自家公司的網頁和部落格，也要懂得有效利用外部的網站媒體。善用外部的網站媒體，也能夠快速提升想法的客觀性。像是筆者最近則是為「建築家改造」的專欄定期撰寫文章，內容會刊載在線上雜誌「家的時間」網頁上。但是要接到這類連載專欄的工作並不容易，即便是感興趣的網站，還是要經過好幾次的電子郵件往來，才能獲得連載文章的機會。

相較之下，建築翻修相關的Q&A網站的投稿標準門檻就沒那麼高。如果發現有自己擅長的領域問題，就能夠直接上去回覆。以前我也曾經回答過有關200㎡以下的公寓住宅防火區域的法規問題，那個時候也有許多民眾是因為看過這篇回文而和公司聯絡，結果還因此簽訂了200㎡以上的公寓住宅翻修設計案。

圖6 建築物翻修升級改造的相關媒體報導

媒體	類別	細分	相關媒體
電視	住宅專業領域		全能住宅改造王 SEASON II、渡邊篤的建築探訪
電視	多領域		所羅門流、World Business Satellite、蓋亞的拂曉
報紙	一般報紙		日本經濟新聞、朝日新聞
報紙	報紙專刊		建築翻修產業新聞
雜誌	一般雜誌	住宅專業領域	My Home +、I'm home、MODERNLIVING
雜誌	一般雜誌	多領域	家庭畫報、Pen、Casa BRUTUS
雜誌	雜誌專刊		建築知識、日經 ARCHITECTURE
其他網站媒體			All about、家的時間、Q&A 網站

宣傳指標性排名第1的是雜誌

不過最好是積極鎖定傳統的媒體（電視、報紙、雜誌），來增加設計團隊的曝光率（圖6）。依筆者的經驗來說，這些傳播管道中，對公司的營運業務最有幫助的其實是雜誌。因為和以不特定族群為主要客戶的電視與報紙相比，雜誌比較能夠吸引到特定意向的讀者，還能提高話題討論度。所以說在雜誌上刊載文章後，會比較容易獲得多數有需求的客戶來電詢問相關事宜。

雜誌可分為①一般雜誌和專刊雜誌。專刊雜誌則是可略分為②住宅翻修雜誌③刊載部分住宅翻修相關內容，主要是以一般大眾為讀者群的雜誌。其中最容易敲定合作的對象應該是③，這類雜誌較具代表性的有《My Home+》（X-Knowledge）、《I'm home》（商店建築設）、《MODERNLIVING》（HEARST婦人畫報社）和《Good Reform》（RECRUIT）等。最近則是有以「中古屋改造翻修，預算在日幣1千萬左右」的主題為目標，發表相關報導內容的《relife+》（扶桑社）等雜誌也陸續出刊。

此外，②其實也非常有宣傳效果。若能投稿文章至專刊雜誌，公司的信賴度也會一口氣上升。撰寫文章時雖然需要下點功夫，整理出一般讀者都看得懂的內容，在文章出刊後，如果能將這個情報放在網站上，應該就能增加不少的合作機會。筆者也曾經透過《建築知識》（X-Knowledge）來回應讀者的相關問題。另外像是①的《Casa BRUTUS》（Magazine House）和《家庭畫報》（世界文化社）等雜誌，也都有刊載設計規劃的相關內容。

近年來因為受到趨勢影響，有不少的住宅翻修相關內容的雜誌書和書籍紛紛上市。而這類書籍在書店的陳設時間，比雜誌來得長，所以一定要想辦法拿到刊載文章的機會。

column

檢視自己的室內設計能力

簡潔現代化風格設計根本稱不上設計能力

想要認真經營住宅翻修市場的人，應該要思考身為建築設計師的自己，對於室內設計這個領域的瞭解和相關知識是否足夠。大部分的人都會以為「設計師應該對自己設計的住宅空間相當熟悉，所以對室內設計裝潢的部分，也一定很在行」，然而就自身經驗來看，我必須很遺憾地說這絕對是誤解。

實際上看到那些刊載在雜誌和網站上，註明是由「建築設計師」負責設計規劃的住宅裝潢事例，多數都是採用以木質性的地板，再搭配上白色系的牆面和天花板的規劃方式。木工家俱也因為牆面色澤而失去存在感，反倒是照明器具所使用的崁燈（內嵌式照明）相當顯眼。應該不難判斷這就是所謂主打「簡單現代機能」的室內設計手法。

從建築到室內設計

然而在住宅翻修的世界裡，有很多的情況其實並不適合套用「簡單現代機能」的概念和理論。住宅翻修的設計規劃，應該是要以「解決讓客戶感覺不滿的舊有空間問題」，以及「如何從構造與設備的限制中重現空間價值」的思考模式來作為設計時的概念。除了能透過建築手法來改變獨棟住宅和公寓的隔間，也要將重點放在等同新屋的住宅容積率計算、外觀的設計，以及各個空間的位置和分配。

因此，住宅翻修的設計絕對不能只專注於建築方面，應該也要將注意力放在空間的裝飾擺設上。在思考空間的設計規劃時，必須先摸清客戶要繼續使用的家俱和裝潢喜好，從眾多的情報中選定裝潢風格，接著朝這個方向去規劃。在翻修後改頭換面的空間內，以簡單明瞭的風格為概念，巧妙運用色彩的搭配，並藉由謹慎的作業方式，打造出符合客戶期望的生活空間氣氛。

如果不懂得這其中的道理，依舊以處理新屋的方式規劃，那頂多就只能提出跟在純白色調的展示中心，直接擺放老舊家俱同樣水準的設計內容。因為一旦排除色彩和素材等設計要素，應該就很難呈現出強調個人生活型態，突顯室內氣氛的空間設計。

其他像是窗簾、百葉窗捲簾，以及鋪在地板上的地毯和踏墊等織物類相關知識和思考方式，應該也算是設計師能力不足的部分。最好是能具備從家俱的選擇到牆上懸掛的藝術品，都知道該如何搭配，有效調和空間感的能力。

在亞洲風格的南麻布MT邸的設計事例中，不但在室內擺放眾多大型家俱，在搭配上特別注重家俱的色澤和質地，以及面向客廳的開放式中島廚房的吧台桌材質和面材，還特別規劃了置物架，目的是用來擺放蒐集的餐盤（照片①）。另一方面，六本木T邸則是從一開始的確定設計概念，一直到之後的家俱和藝術品選定，設計師都有全程參予的事例（照片②）。最後打造出融合紐約風格，充滿藝術感的開放式空間設計。

而我也詢問了那些曾經透過網站與公司聯絡，還見面討論的客戶，為何會想要和我們這家公司見面諮詢設計相關事宜，得到的回答大多都是「喜歡設計裝潢的風格」和「感覺能夠忠實呈現出反映客戶生活方式的空間設計」。看到這裡應該不難瞭解為什麼我會覺得住宅翻修，其實也是在考驗設計師的設計提案能力的說法。

照片｜住宅翻修的室內設計重要性

①亞洲風格的裝潢

在充滿亞洲風情的裝潢擺設中，選擇在廚房玻璃牆面放入訂製的和紙，讓空間飄散些許日式風，呈現搭配得宜的整體空間感。

②紐約複合式空間的裝潢

以紐約藝術感融合開放性的空間為靈感來源，主題是能保護隱私的成人住家。採用鐵框作為室內的隔間，再搭配上胡桃木的木工家俱，擺放真皮沙發，牆上則掛有藝術作品，打造出彷彿身處藝廊的住家空間。

執筆者檔案

各務兼司

KAGAMI建築計劃
KAGAMI DESIGN REFORM

日本一級建築士，公寓住宅翻修經理人。擅長規劃位在都市中心，面積100m²以上的公寓住宅翻修工程。2006年後憑藉自身的設計實績和專業背景，致力於包括設計事務所功能等議題在內的複合性思維創新，將房屋的翻修、裝潢工程進化到更高階的境界。之後便拒絕新屋的建築設計邀約，專心研究公寓住宅翻修技術，以及鑽研包括室內設計在內的房屋升級改造案。曾經處理過的建築物大規模翻修工程中，費用超過日幣1000萬以上的大規模工程建案就有25間房屋之多。曾先後於東洋大學、早稻田藝術學校、桑澤室內設計研究所、法政大學設計工學部等學校擔任專任講師。

Profile

1966年 出生於東京都港區白金台
1990年 早稻田大學理工學部建築學科畢業
1991年 就讀早稻田大學研究所，首次參與住宅翻修案的小石川S邸的第一期設計
1992年 完成早稻田大學理工學研究科建築專攻碩士課程
1993年 獲得傅爾布萊特科技獎學金，成為哈佛大學設計研究所的交換學生
1994年 完成哈佛大學研究所碩士課程（March II 建築計劃）
1994～1995年
任職於Chicognani Kalla設計事務所，學習高級公寓翻修技術
1995～1996年
前往歐洲、中東旅行7個月
1995年 負責管理各務建築計劃（之後改名為KAGAMI建築計劃）的營運

Project

2006年 第23屆住宅翻修競賽 優秀獎（高輪S邸茶室）
2012年 第28屆住宅翻修競賽
住宅翻修、紛爭處理支援中心 理事長獎（高輪I邸）
2012年 第28屆住宅翻修競賽 優秀獎（目黑S邸）
2012年 第29屆住宅翻修競賽 優秀獎（田園調布F邸）
－與中西ヒロツグ先生共同設計
2013年 第30屆住宅翻修競賽 優秀獎（神戶M邸）

中西ヒロツグ

in-house建築計劃

日本一級建築士。任職於菊竹清訓建築設計事務所時，曾擔任京都信用金庫以及九州媒體巨蛋的設計案負責人。獨立開業後則以個人住宅設計案為主，在需要具備超越新屋落成的跨領域知識，以及各項技術的住宅翻修業界中，發揮從各式各樣經驗累積而來的設計專才。在以修繕為中心的翻修業界，憑藉嶄新創意和巧妙的設計而聲名大噪，尤其是具備有豐富的木造獨棟住宅翻修經驗，除了屢次獲得大獎外，也是出現在《全能住宅改造王》（國興衛視）節目最多次（8次）的設計師。擔任知名房屋公司的顧問和技術指導，極受同業者的信賴。

照片：今井惠蓮

Profile

1964年 出生於大阪府堺市
1986年 京都工藝纖維大學工藝學部住環境學科畢業
1986年 任職於菊竹清訓建築設計事務所
1999年 設立in-house建築計劃

Project

2000～2008年
擔任文化女子大學專任講師
2001年 第18屆住宅翻修競賽 綜合部門優秀獎（港區H邸）
2002年 第6屆TEPCO舒適住宅競賽 作品部門佳作（杉並區K邸）
2003年 第5屆溫馨居住空間設計、翻修部競賽 入圍（杉並區O邸）
第20屆住宅翻修競賽 住宅翻修推進協議會會長獎（杉並區O邸）
2004年 第21屆住宅翻修競賽 綜合部門優秀獎（千葉縣山武郡W邸）
2005年 第1屆住宅外觀設計競賽 最優秀獎（山中湖N邸）
2012年 第29屆住宅翻修競賽 優秀獎（田園調布F邸）
－與各務兼司先生共同設計

編輯協助、內文設計：有朋社書籍封面設計：MAZDA OFFICE

TITLE

大師如何設計：《全能住宅改造王》的翻修裝潢建議

STAFF

出版　瑞昇文化事業股份有限公司
作者　各務謙司．中西ヒロツグ
譯者　林文娟

總編輯　郭湘齡
責任編輯　黃雅琳
文字編輯　黃美玉　黃思婷
美術編輯　謝彥如
排版　執筆者設計工作室
製版　明宏彩色照相製版股份有限公司
印刷　桂林彩色印刷股份有限公司
法律顧問　經兆國際法律事務所　黃沛聲律師

戶名　瑞昇文化事業股份有限公司
劃撥帳號　19598343
地址　新北市中和區景平路464巷2弄1-4號
電話　(02)2945-3191
傳真　(02)2945-3190
網址　www.rising-books.com.tw
Mail　resing@ms34.hinet.net

初版日期　2015年1月
定價　450元

國家圖書館出版品預行編目資料

大師如何設計：<<全能住宅改造王>>的翻修裝
潢建議 / 各務謙司, 中西ヒロツグ著；林文娟
譯. -- 初版. -- 新北市：瑞昇文化, 2015.01
168面；18.2 X 25.7公分
ISBN 978-986-5749-93-4(平裝)

1.房屋 2.建築物維修 3.室內設計

422.9　103023815